美国中学生　美国家庭
课外读物　必备参考书

1000个物理知识

用物理思考世界

THE HANDY PHYSICS ANSWER BOOK

运动、功、能量和简单机械、静物、流体
热和热力学、波、声音、光、电、磁学、电磁学和电子学
物理是无所不在的

[美] P.埃里克 · 甘德森 /著
李 哲 /译

上海科学技术文献出版社
Shanghai Scientific and Technological Literature Press

图书在版编目（CIP）数据

用物理思考世界：1000个物理知识 /（美）甘德森著；李哲译．—上海：上海科学技术文献出版社，2015.6（2022.6重印）
（美国科学问答丛书）
ISBN 978-7-5439-6650-5

Ⅰ.①用… Ⅱ.①甘… ②李… Ⅲ.①物理学—普及读物 Ⅳ.①O4-49

中国版本图书馆CIP数据核字(2015)第088640号

图字：09-2015-371

总 策 划：梅雪林
责任编辑：张 树 李 莺
封面设计：周 婧

丛书名：美国科学问答
书 名：用物理思考世界
[美]P. 埃里克・甘德森 著 李 哲 译
出版发行：上海科学技术文献出版社
地 址：上海市长乐路746号
邮政编码：200040
经 销：全国新华书店
印 刷：常熟市人民印刷有限公司
开 本：720×1000 1/16
印 张：21
字 数：354 000
版 次：2016年1月第1版 2022年6月第5次印刷
书 号：ISBN 978-7-5439-6650-5
定 价：48.00元
http://www.sstlp.com

前言

物理学家——那些真正优秀的物理学家，比如阿尔伯特·爱因斯坦——以问简单的问题而闻名于世。爱因斯坦关于光的最初思考是在5岁时产生的。他问道："如果能骑在一束光波上，世界将会是什么样的？"爱因斯坦终其一生不断地提出关于宇宙运行的最基本问题并寻求这些问题的答案。哈佛教授谢尔顿·格拉肖是一位获得过诺贝尔奖的物理学家，他说物理学家就像是孩子。孩子对任何事物都感到好奇，会问许多成年人觉得过于简单的问题。既然人文科学和物理科学包括对宇宙基本原则提出质疑，那么物理学家的主要特点就是不断地提出质疑。

为什么从帝国大厦上扔下一枚硬币是危险的？什么使曲线球沿曲线运动？冰鞋是怎样起作用的？哪里能形成最大的潮汐？为什么物体可以沿某一轨道绕地球旋转？如果使棒球绕地球旋转，需要多快的击打速度？什么是流体动力学？什么是冲击波？有可能的最低温度是多少？频率、波长和速度之间有怎样的关系？立体电影是如何产生的？当发生闪电时，为什么汽车总是最好的躲避地点？（提示：这并不是因为汽车有橡胶轮胎）

本书并没有采用与物理相关的数学解释法，而是采用了更具概念性的方式——用日常的语言进行描述。本书的开头介绍了物理学的概要，比如"什么是物理学"和"物理学家做什么"，然后用一系列与诺贝尔奖相关的问题为读者展现出一些著名物理学家所作出的杰出贡献。

接下来，本书介绍了运动，提出了关于速度、重力、动量等方面的问题。比如"月球是如何影响潮汐的"以及"安全气袋如何挽救生命"等问题。之后是"功、能量和简单机械"一章。与"静物"一章相关的问题有"为什么足球运动员和摔跤运动员在阻止对手移动或采取进攻时要将重心下移"和"最新型的桥是什么样的"等。而"为什么对飞机来说，下击暴流是非常危险的"则是"流体"一章典型的问题。"热和热力学"一章涉及"玻璃杯外壁为什么会积聚小水滴"

和“冰箱怎样对食物进行制冷”等问题。

在接下来的“波”“声音”和“光”的章节中，将解决“波动”、“我们如何能听到声音”和“彩虹是如何形成的”等问题。在“电”这一章，问题将会涉及电击伤害和电路等方面。而在“磁学、电磁学和电子学”章节中，我们将会讨论磁悬浮、金属探测器和指南针原理等。

“现代物理”一章介绍了物理学领域新的发现和突破。从量子到核反应等任何关于亚原子微粒的最新发现都会在这里进行阐述。本书的最后一章介绍了阿尔伯特·爱因斯坦和斯蒂芬·霍金等物理学家提出的卓越的、超乎寻常的理论。“深层理论”这一章的问题包括“在中微子的观测方面有哪些重要的突破”、“科学家认为宇宙最终会发生什么”以及关于爱因斯坦时空旅行概念的各种问题。

作为新泽西州希尔斯代尔市帕斯卡克谷中学的物理老师，我深知使物理有趣、令人兴奋并贴近学生的生活是非常重要的。我也试图通过本书实现这一点。无论你是连续地阅读这本书，还是简单地浏览几页，书中的问题和答案都会帮助你用物理学的方法对世界进行思考。或许某天当你在街上散步时，你会突然开始观察你周围所有的物理现象。当你看到正在行驶的汽车时，你可能会感到好奇“是车在移动？是我在移动？还是汽车和我在做相对的移动？”当发现天空中出现令人讨厌的雷雨云时，你会想“我最好躲进汽车里，因为它起到一个法拉第屏蔽的作用”。或者在一个晴朗天气里，你可能觉得有必要向他人解释为什么天空是蓝色的、云是白色的，为什么彩虹的颜色总是呈现出相同的次序。对于物理爱好者来说，这本书包含了许多知识和信息。

我们应该铭记物理学家说过的一句话：“物理是其乐无穷的。”

〔美〕P. 埃里克·甘德森

目录

CONTENTS

目录

Contents

目录

Contents

目录

Contents

目录

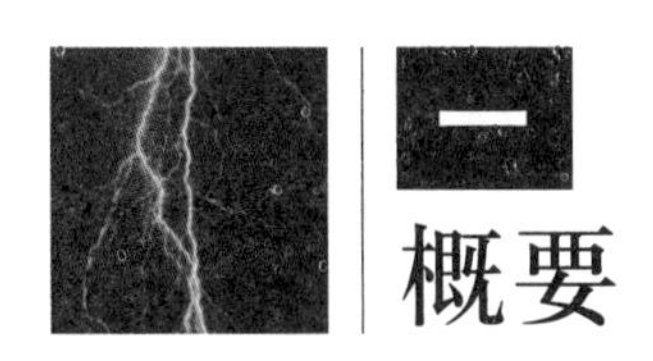

一 概要

基础物理

什么是物理学?

物理学被认为是所有科学的基础。它研究并描述宇宙中所有物体的运动、能量、动量和力。很多科学家认为,要想真正地了解其他自然科学(生物、化学、地质学、天文学等),必须先了解物理学。比如,在生物学中,血液的流动与运动、重力和流体动力学相关,而所有这些都属于物理学的范畴。在天文学中,行星、恒星和星系的运动都依赖万有引力定律。物理学在所有自然科学中都有一席之地,这就是为什么物理学经常被视为基础科学的原因。

物理学的分支是什么?

物理学直到19世纪才被认为是一门独立的学科。在此之前,物理学家被称作“自然哲学家”,他们在数学、哲学、生物和化学等其他领域工作。19世纪开始,物理从其他学科中分离出来,并被证明是一个重要的研究领域。物理学的领域很宽泛,约有17个分支。

分类	主要研究方向
力　学	物理学的主要领域。力学研究物体的力、运动和能量的作用和结果。
热力学	研究热以及热能如何从一种形式转化为另一种形式。
低温学	对极度低温下物体的研究。
等离子物理	研究高度电离的气体的运动。
固态物理	也称为凝聚态物理，研究固体材料的物理属性。
地球物理学	研究地球及其环境的物理学。包括地球内部的力和能量以及对地球的影响。地球物理学家研究地震、火山运动和海洋学。
天体物理学	对如行星和恒星等星体相互作用进行研究。
声　学	研究声以及声的传播。
光　学	研究光以及光的传播。
电磁学	研究电和磁场间的相互作用以及产生磁场的电荷。
流体动力学	观察气体和液体的运动。
数理物理学	将数学过程与物理相关联。
统计力学	是研究大量粒子集合的宏观运动规律的科学。
高能物理	研究基础粒子。
原子物理	使用基础粒子的知识研究独立原子的结构。
分子物理	将原子物理的知识运用到分子结构的研究中。
核子物理	研究原子核结构、核反应以及核应用。
量子物理学	研究微小的体系和能量的量子化。

科学和技术的区别是什么？

人们经常将科学和技术混为一谈。科学是将信息聚集，通过实验、观察，对假设进行归纳，并将信息和想法进行分类的过程。而科学和技术是不断满足人们物质需要的一个领域。科学和技术利用科学中的相关信息满足人们不断进步的需要。没有科学，科技便不会存在。许多人认为正是人们对科技不断增长的需要促进了科学的发展。

测　量

物理学中测量的标准是什么?

国际单位制(The International System of Units),其缩略名称为SI。国际单位制是1960年在巴黎召开的第十一届国际计量大会通过的。基本单位基于米—千克—秒(MKS)体系。这个体系被称为公制。

为什么美国不通用国际单位制?

尽管美国科学界使用国际单位制,但美国大众仍然使用传统的英制测量体系。为了转换成公制测量体系,美国政府于1975年颁布了公制转换法案。尽管该法案的颁布是为了促进人们更多地使用公制,然而该法案的要求不是强制性的,使用公制的做法是自愿的。1988年美国通过《综合贸易竞争法案》,要求所有的联邦机构于1992年前,所有的贸易活动必须采用公制测量单位。因此,所有持有政府合同的公司不得不使用公制的测量单位。尽管大约60%的美国公司生产公制的产品,英制测量体系似乎仍然是美国占支配地位的测量单位。

谁定义和发展了“米”这个单位?

1798年,法国科学家确定米是北极到赤道距离的一千万分之一的距离。在计算了这个距离后,科学家制作了一个铂铱合金米原器测定了1米的准确长度。这个标准一直被使用到1960年,之后形成了更新、更准确的测量米长度的方法。

测量质量的标准单位是什么?

公制中质量的标准单位是千克。千克最初被定义为4℃时1立方分米

一个原子钟。

的纯水的质量。人们将与1立方分米水的质量相同的铂质圆柱体定为质量的标准。1889年,铂质圆柱体被铂铱合金圆柱体所取代。这个铂铱合金圆柱体的质量与最初的铂质圆柱体质量非常接近,现在被永久地保存在巴黎附近。

秒是如何测量的?

原子钟是测量时间最准确的设备。比如铷原子钟、氢原子钟、氨原子钟和铯原子钟是科学家和工程师用来在全球定位系统(Global Positioning Systems,缩写为GPS)中测量距离以及测量地球旋转的仪器。

被用来作为秒数标准的最稳定的测量钟是铯-133原子钟。1秒被定义为铯-133原子振荡9 192 631 770周经历的时间。

第一个钟表是什么?

最早测量时间的方法是在公元前3 500年,当时人们使用一种叫做日晷的仪器。这种仪器由指针和圆盘组成。指针垂直地穿过圆盘中心。当太阳光照在日晷上时,指针的影子就会投向圆盘。通过测量一天中影子的相对位置就能记录一天的时间。后来在公元前3世纪时,天文学家贝罗索斯(Berossus)发明了第一个半球状日晷,这种半球状的日晷取代了原有的日晷。

当天空中没有太阳时,日晷就不能测定时间,这是日晷明显的缺点。为了弥补这一问题,人们制造了凹口蜡烛。后来,沙漏和水钟(滴漏计时器)很流行。

希腊发明家亚历山大城的特西比乌斯(Ctesibius)也在公元前3世纪制造了一种原始的机械钟,它使用齿轮来保持准确的时间。

公制的前缀代表了什么意思?

在公制体系中,前缀用来表示10的幂。10旁边的指数值代表了十进位应该向右移动的位数(如果这个数字是正数)。当数字是负数时,指数代表了十进位向左移动的位数。下面是经常使用的公制中的前缀。

兆分之一	pico	（p）	10^{-12}
十亿分之一	nano	（n）	10^{-9}
百万分之一	micro	（μ）	10^{-6}
千分之一	milli	（m）	10^{-3}
百分之一	centi	（c）	10^{-2}
十分之一	deci	（d）	10^{-1}
十倍	deka	（da）	10^{1}
一百倍	hecto	（h）	10^{2}
千倍	kilo	（k）	10^{3}
一百万倍	mega	（M）	10^{6}
十亿倍	giga	（G）	10^{9}
万亿倍	tera	（T）	10^{12}

日晷。

物 理 学 家

物理领域的职业生涯

如何能成为一名物理学家?

成为物理学家的第一个要求是要具备好奇的心志。阿尔伯特·爱因斯坦(Albert Einstein)曾经说过:“我就像一个孩子,我总是问一些最简单的问题。”其实,有时看起来简单的问题,回答起来却是最难的。

现在,除了具备好奇心以外,想成为一名物理学家还需要接受大量的学校教育。在中学,坚实的学术背景包括数学、英语。要想在进入大学时有很扎实的知识基础,科学这门学科的知识也是极其必要的。一旦进入大学成为物理专业的学生,学士学位所要求的课程有力学、电磁学、光学、热力学、现代物理和微积分。

研究型的物理学家要求具备更高的学位。这意味着要进入研究生院学习,进行调查研究,写论文并最终获得博士学位。

物理学家做什么?

物理学家可以在很多领域任职。许多研究型物理学家在可以做基本实验的地方工作,他们通常在工厂、研究型大学和天文台工作。而寻求新方法运用物理的物理学家受到工程、商业、法律和咨询公司的聘用。科学家在计算机科学、医药、通讯和出版业也起到了极其重要的作用。还有一些物理学家喜欢看到年轻人为物理而兴奋,他们选择了教师的职业。

非物理学家每天使用物理做什么工作?

每个工作都与物理有相关性,但是有些工作,人们并没有把它们与物理科

理论型物理学家和实验型物理学家有什么区别?

根据以前的定律和理论对事物做出预测的是理论型物理学家,而试图通过实验来验证(扩展或修正)理论的物理学家被称为实验型物理学家。比如,阿尔伯特·爱因斯坦被视为最伟大的理论型物理学家,但他的成名并不是因为他在实验室里做了实验。另一方面,另一个伟大的物理学家伽利略·伽利莱(Galileo Galilei)则不断地在实验室中验证他的理论。

学联系起来。无论是职业运动员还是业余运动员,一直都在使用物理原理。举、投、推、打、摔、跑、拖、跳和爬等运动原理随时都被呈现出来。运动员和教练理解掌握和使用的物理知识越多,运动员所取得的成绩就越好。

自动机械每天也使用物理概念。事实上,如光学、电磁学、热力学和机械学等物理学科一直被应用在机动车辆的制造和使用上,它们使机械车辆的设计越来越复杂。

物理学极其重要的另一领域是X光,电子计算机X线断层扫描、计算机X线断层扫描术和磁共振成像。在医院和诊所从事相关工作的技师必须了解X光和磁共振成像,掌握这些高科技设备的原理和使用方法。

是谁第一个声称地球是圆的?

大多数人都认为这个人是克里斯托弗·哥伦布(Christopher Columbus)。然而,比哥伦布早1 800年,希腊萨摩斯岛的阿利斯塔克(Aristarchus)不仅宣告了地球是圆的,而且还提出了地球绕太阳旋转。为了做出这样的假设,阿利斯塔克在两个不同的城市测量了太阳和地球表面的角度。他发现测量的角度呈现出很大的差异。通过测量和计算,阿利斯塔克成为证明地球是圆形的第一人。

著名的物理学家

▶ 最初的物理学家是哪些人？

尽管物理直到19世纪早期才成为科学领域的独立学科，但是人们对于宇宙之间存在的运动、能量和动力进行了上千年的研究。最早有文字记载的物理方面的设想包括行星的运动。这些记载可以追溯到古埃及、中美洲和巴比伦时代。希腊哲学家柏拉图和亚里士多德分析了物体的运动，但是他们对用实验来证明或反驳自己的理论并不感兴趣。

▶ 亚里士多德有哪些贡献？

亚里士多德是希腊的哲学家和科学家，生活在公元前4世纪，62岁时去世。亚里士多德是柏拉图的学生，是生物、物理、数学、哲学、天文学、政治、宗教和教育领域中的杰出学者。在物理领域，他认为物体的运动是由于物体自身有运动的需要，如果想改变这种运动则需要外部因素的作用。这种想法使他闻名于世。尽管这种想法不完全正确，但它被证明是关于运动的最初研究。伽利略和牛顿在几百年后对他的想法进行了补充和完善。

亚里士多德。

直到公元前3世纪，物理领域的实验才开始在地中海地区诸如亚历山大和其他主要城市开展起来。阿基米德（Archimedes）通过测量物体在容器中排出的水量来测量物体的密度。阿利斯塔克（Aristarchus）因为测量

了地球到太阳和月球的距离比率而闻名。厄拉多塞（Erathosthenes）通过使用影子和三角学测量了地球的周长。希帕克（Hipparchus）发现了分点岁差。最后，托勒密（Ptolemy）提出了星体运动的顺序，他认为太阳、恒星和月亮绕地球旋转。

哥白尼提出了怎样的太阳系观点？

尼古拉·哥白尼（Nicolas Copernicus）是认为太阳系不是以地球为中心，而是以太阳为中心的第一人。他于1543年去世，去世之前，他发表了《天体运动论》（*The Revolution of Heavenly Orbs*）。他的书被献给了教皇，这有一定的讽刺意味，因为天主教教会并不支持这种观点。奇怪的是，哥白尼的书并没有立即被教会禁止，这也许是因为哥白尼没有注意到书中的一个提法，意思是说书中的观点只是为了更方便地计算行星的运动，绝没有其他的意图。尽管哥白尼的书有一定的针对性，但这说明确实使这本书的发行更为长久，这恐怕是他所没有预料到的。

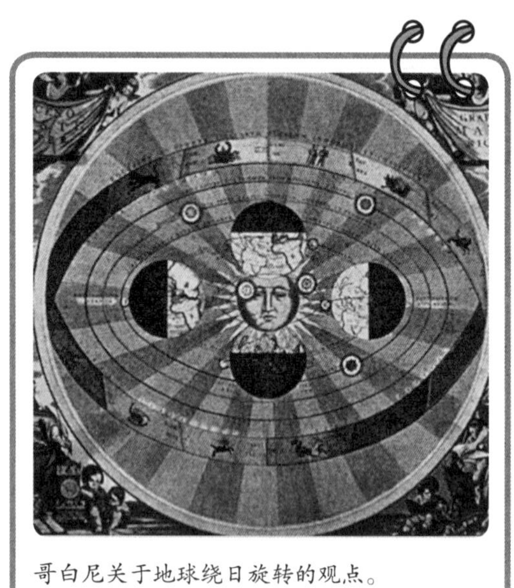

哥白尼关于地球绕日旋转的观点。

哪些科学家因为赞同哥白尼的想法而受到了软禁？

伽利略使哥白尼体系受到人们更多的关注。1632年，伽利略出版了《两个世界的对话录》（*Dialogue Concerning the Two Chief World System*）。这本书最初得到天主教教会的认同，但后来却遭到教皇的禁止，因为伽利略在书中表达了支持哥白尼的太阳系模式。尽管当时的教皇是伽利略一生的朋友，但他却毫不留情地审判伽利略，并让伽利略在软禁中度过了余生。

伽利略还将研究重点放在了运动上，并以此闻名于世。他最著名的实验是在比萨斜塔上所做的自由落体试验。他用实验证明了重物体和轻物体以同样的速度下落。这种想法具有革命性，并被认为是真正物理学的开始。

伽利略·伽利莱。

谁被认为是最具影响力的科学家？

很多科学家和历史学家认为艾萨克·牛顿（Isaac Newton）是一直以来最具影响力的科学家。牛顿发现了运动定律和万有引力定律，在光学领域取得了巨大的突破，发明了第一个反射式望远镜，并且发展了微积分。他在《自然哲学的数学原理》（*The Principia*）和《光学》（*Optiks*）中发表的科学发现是空前的。直到20世纪早期爱因斯坦提出相对论以前，牛顿的理论形成了所有物理学的基础。

牛顿的母亲希望他成为农场主，但他的叔叔看到牛顿在科学方面很有天赋，帮助他进入了剑桥的三一学院。然而，牛顿只在那里学习了两年就返回家乡伍耳索普镇躲避瘟疫。牛顿就是在伍耳索普镇得出了最为重要的科学发现。牛顿在1661年将他的研究留在了剑桥。

艾萨克·牛顿。

牛顿得到了什么官方头衔？

牛顿得到了同时代人们的尊敬和认可。尽管他的脾气非常暴躁，对同时期

的人非常无礼，但是他在17世纪60年代末期被授予剑桥大学卢卡斯数学教授一职。1703年成为伦敦皇家社团的主席，1705年被授予爵士头衔，是第一位被授予此荣誉的科学家。

▶ 谁是20世纪最有影响力的科学家？

1879年3月14日，阿尔伯特·爱因斯坦出生于德国乌尔姆。没有人知道这个小男孩长大后会成为改变人们认知宇宙方式的人。当他是个孩子时，他讨厌学校集中管理的模式，时常逃学，并自学物理和数学的自然定律。因为他从来没有给老师留下深刻的印象，所以在苏黎世的联邦工业大学毕业后，并没有在学校获得任何职位，却成为瑞伯尔尼一名专利局职员。

▶ 爱因斯坦为何享有如此盛名？

爱因斯坦是伟大的理论物理学家。他的成就之一是《狭义与广义相对论》（*Special and General Theories of Relativity*）。他在书中阐述的相对论改变了以往人们对物理学基础做出的假设。爱因斯坦用相对论描述了时间是如何流逝的，质和量是如何等值的。尽管相对论是爱因斯坦提出的最有深刻意义的理论，但他却没有因此而获得诺贝尔物理学奖。1921年，他在光电效应方面做出的贡献为他赢得了诺贝尔物理学奖。

▶ 为什么爱因斯坦没有因为相对论获得诺贝尔奖，却因为光电效应获此殊荣？

诺贝尔奖的获奖原则是对实验性的贡献授予奖项，而爱因斯坦的相对论是理论研究，因此被诺贝尔奖项排除在外。其实光电效应的大部分研究仍是理论性的，爱因斯坦在光电效应研究中所参与的实验性工作很少。因此人们都认为，诺贝尔委员会认为爱因斯坦应该获得诺贝尔奖，而光电效应只是他们把奖项授予爱因斯坦的一个借口。

为什么爱因斯坦不仅仅是一个世界著名的物理学家?

爱因斯坦知道他的理论对整个世界有极其重要的影响。第一次世界大战期间,爱因斯坦公然反对引发战争的德国人。希特勒当政后,爱因斯坦决定前往美国,成为美国公民,并在新泽西普林斯顿高等研究院任职。在与其他物理学家合作后,爱因斯坦给罗斯福总统写信,敦促美国对德国建造原子弹的要求做出回应,根据他的公式$E=mc^2$制造美国自己的炸弹。

尽管爱因斯坦并没有真正参加炸弹的研究和制造,但是他对第二次世界大战期间日本在炸弹中丧生的群众和炸弹带来的毁灭性灾难深感自责。他曾写信给总统,敦促他不要使用炸弹,但总统并没有读这封信。战后,爱因斯坦一直向当局游说解除军队中的原子武器。爱因斯坦的科学研究和他的社会及政治观点使他成为一个国家及全世界的偶像。

阿尔伯特·爱因斯坦(左)和以色列总理大卫·本–克恩(David Ben-Curion)。

诺 贝 尔 奖

▶ 诺贝尔奖是什么样的奖项?

诺贝尔奖是世界上最有声誉的奖项之一。该奖项以炸药的发明者阿尔弗里德·贝恩哈德·诺贝尔(Alfred B. Nobel)命名。他以托管的形式留下了900万美元,其中的利息被授予在各个领域做出杰出贡献的人们。诺贝尔奖涉及的领域有物理、化学、生理学、医学、文学、和平和经济学,奖金约达100万美元,除了奖金以外,诺贝尔奖获得者还将得到无上的光荣和荣誉。

▶ 谁是1997年诺贝尔物理学奖的获得者?

1997年诺贝尔物理学奖的获得者是美国的朱棣文(Steven Chu)、威廉·D.菲利普斯(William D. Phillips)和法国的克洛德·科恩·塔努吉(Claude Cohen-Tannoudji)。他们因为发明了用激光冷却和俘获原子的方法而共同分享了这一殊荣。获取和冷却原子为其他科学家精确研究原子基本性质创造了条件。

▶ 历年获得诺贝尔物理学奖的科学家是谁?

1996年　戴维·M.李(David M. Lee)、道格拉斯·D.奥谢罗夫(Douglas D. Osheroff)和罗伯特·C.里查森(Robert C. Richardson)
　　发现氦-3中的超流动性

1995年　马丁·L.佩尔(Martin L. Perl)
　　发现了T轻子
　　弗雷德里克·莱因斯(Frederick Reines)
　　观察到中微子

1994年　伯特伦·N.布罗克豪斯(Bertram N. Brockhouse)
　　发展中子光谱学

克利福德·G.沙尔（Clifford G. Schull）

发展中子衍射技术

1993年　拉塞尔·A.赫尔斯（Russell A. Hulse）和约瑟夫·H.泰勒（Joseph H. Taylor Jr）

发现新型的脉冲星

1992年　乔治·夏帕克（George Charpak）

发明和发展了粒子探测器

1991年　皮埃尔-吉勒·德·热纳（Pierre-Gilles de Gennes）

把研究简单系统中有序现象的方法推广到比较复杂的物质形式

1990年　杰尔姆·I.弗里德曼（Jerome I. Friedman）、亨利·W.肯德尔（Henry W. Kendall）和理查德·E.泰勒（Richard E. Taylor）

电子—核子深度非弹性散射实验，证实了质子和中子中夸克的存在

1989年　诺曼·F.拉姆齐（Norman F. Ramsay）

发明分离振荡场方法及其在氢微波激射器和原子钟中的应用

汉斯·G.德默尔特（Hans G. Dehmelt）和沃尔夫冈·保罗（Wolfgang Paul）

发展离子陷阱技术

1988年　利昂·M.莱德曼（Leon M. Lederman）、梅尔文·施瓦茨（Melvin Schwartz）和杰克·斯坦伯格（Jack Steinberger）

产生第一个实验室创造的中微子束，并发现中微子，从而证明了轻子的对偶结构

1987年　J.乔治·贝德诺兹（J. Georg Bednorz）和K.亚历山大·缪勒（K. Alexander Müller）

发现氧化物中的高温超导材料

1986年　恩斯特·鲁斯卡（Ernst Ruska）

电子光学的基础工作和研制出第一台电子显微镜

格尔德·宾宁（Gerd Binning）和海因里希·罗雷尔（Heinrich Rohrer）

研制扫描隧道效应显微镜

1985年　克劳斯·冯·克利青（Klaus von Klitzing）

发现量子霍耳效应

1984年 卡洛·鲁比亚（Carlo Rubbia）和西蒙·范·德·梅尔（Simon van der Meer）
对导致发现弱相互作用传递者场粒子W和Z的大型工程做出了决定性贡献

1983年 苏布拉马尼扬·钱德拉塞卡（Subramanyan Chandrasekhar）
对恒星结构及其演化理论做出重大贡献
威廉·阿尔弗雷德·福勒（William A. Fowler）
对宇宙中形成化学元素的核反应的理论和实验研究

1982年 肯尼斯·G.威尔逊（Kenneth G. Wilson）
对相转变临界现象理论的贡献

1981年 尼古拉斯·布隆伯根（Nicolaas Bloembergen）和阿瑟·L.肖洛（Arthur L. Schawlow）
激光光谱学发展方面做出贡献
凯·M.西格巴恩（Kai M. Siegbahn）
开发高分辨率电子能谱术

1980年 詹姆士·W.克罗宁（James W. Cronin）和瓦尔·L .菲奇（Val L. Fitch）
发现中性K介子衰变时存在不对称性

1979年 谢尔顿·L.格拉肖（Sheldon L. Glashow）、阿卜杜勒·萨拉姆（Abdus Salam）和史蒂文·温伯格（Steven Weinberg）
基本粒子间弱相互作用和电磁作用的统一理论，并预言弱中性流的存在

1978年 P.L.卡皮查（Pyotr Leonidovich Kapitsa）
低温物理领域的基础发明和发现
阿诺·A.彭齐亚斯（Arno A. Penzias）和罗伯特·W.威尔逊（Robert W. Wilson）
发现宇宙微波背景辐射

1977年 菲利普·W.安德森（Philip W. Anderson）、内维尔·F.莫特（Sir Nevill F. Mott）
和约翰·H.范·弗莱克（John H. Van Vleck）
对磁性和无序体系电子结构的基础和理论性研究

1976年 伯顿·里克特（Burton Richter）和丁肇中（Samuel C. C. Ting）
发现新的基本重粒子

1975年 奥格·玻尔（Aage Bohr）、本·莫特森（Ben Mottelson）和詹姆斯·雷恩沃特（James Rainwater）
发现原子核中集体运动和粒子运动之间的联系，并且根据这种联系发展了核结构理论

1974年 马丁·赖尔（Sir Martin Ryle）和安东尼·休伊什（Anthony Hewish）
射电天体物理学领域的研究，赖尔观察并提出了孔径综合技术，赫威斯在发现脉冲星方面有决定性作用

1973年 利奥·江崎玲于奈（Leo Esaki）和伊瓦尔·贾埃弗（Ivar Giaever）
发现半导体和超导体的隧道效应
布赖恩·D.约瑟夫森（Brian D. Josephson）
发现并提出通过隧道势垒的超电流的性质，即约瑟夫森效应

1972年 约翰·巴丁（John Bardeen）、利昂·N.库珀（Leon N. Cooper）和约翰·罗伯特·施里弗（John Robert Schrieffer）
创立BCS理论的超导性理论

1971年 丹尼斯·伽伯（Dennis Gabor）
发明并发展全息摄影术

1970年 汉尼斯·阿尔文（Hannes Alfvén）
磁流体动力学的基础及其在等离子物理中富有成果的应用
路易·奈尔（Louis Néel）
关于反磁铁性和铁磁性的基础

1969年 默里·盖尔曼（Murray Gell-Mann）
关于基本粒子的分类和相互作用的发现

1968年 路易斯·W.阿尔瓦雷茨（Luis W. Alvarez）
对基本粒子物理学的决定性贡献，特别是通过发展氢气泡室和数据分析技术发现许多共振态

1967年 汉斯·阿尔布雷克特·贝特（Hans Albrecht Bethe）
对核反应理论的贡献，特别是恒星能源的发现

1966年　阿尔佛雷德·卡斯特勒(Alfred Kastler)
发现并发展光学方法以研究原子能级的贡献

1965年　朝永振一郎(Sin-Itiro Tomonaga)、朱利安·施温格(Julian Schwinger)和理查德·P.费曼(Richard P. Feynman)
量子电动力学的研究

1964年　查尔斯·H.汤斯(Charles H. Townes)、尼克拉·盖迪维奇·巴索夫(Nicolai Gennadiyevich Basov)和亚历山大·米海维奇·普罗霍罗夫(Alexandr Mikhailovich Prokhorov)
在量子电子学领域的基础研究成果,为微波激射器和激光器的发明奠定理论基础

1963年　尤金·P.维格纳(Eugene P. Wigner)
原子核和基本粒子理论的研究,特别是发现和应用对称性基本原理方面的贡献
玛丽亚·格佩特−梅耶(Maria Goeppert-Mayer)和J·内斯·D.延森(J. Hans D. Jensen)
发现原子核的壳层结构

1962年　列夫·达维多维奇·朗道(Lev Davidovich Landau)
研究凝聚态物质的理论,特别是液氦的研究

1961年　罗伯特·霍夫施塔特(Robert Hofstadter)
关于电子对原子核散射的先驱性研究,并由此发现原子核的结构
鲁道夫·路德维格·穆斯堡尔(Rudolf Ludwig Mossbauer)
从事伽马射线的共振吸收现象研究并发现了穆斯堡尔效应

1960年　唐纳德·A.格拉泽(Donald A. Glaser)
发明气泡室

1959年　埃米利奥·吉诺·塞格雷(Emilio Gino Segrè)和欧文·张伯伦(Owen Chamberlain)
发现反质子

1958年　帕维尔·埃克塞维奇·切伦科夫(Pavel Alekseyevich Cerenkov)、伊利亚·米海维奇·弗兰克(Ilya Mikhailovich Frank)和伊戈尔·维根维奇·塔姆(Igor Yevgenyevich Tamm)
发现并解释切伦科夫效应

1957年　杨振宁（Chen Ning Yang）和李政道（Tsung-Dao Lee）
发现弱相互作用下宇称不守恒，从而导致有关基本粒子的重大发现

1956年　威廉·肖克利（William Shockley）、约翰·巴丁（John Bardeen）和沃尔特·豪泽·布喇顿（Walter Houser Brattain）
发明晶体管及对晶体管效应的研究

1955年　威利斯·尤金·兰姆（Willis Eugene Lamb Jr.）
发明了微波技术，进而研究氢原子的精细结构
波利卡普·库施（Polykarp Kusch）
精密测定电子磁矩

1954年　马克斯·玻恩（Max Born）
对量子力学的基础研究，特别是量子力学中波函数的统计解释
瓦尔特·博特（Walther Bothe）
发明了符合计数法

1953年　弗里茨·泽尔尼克（Frists Zernike）
论证相衬法，特别是研制相差显微镜

1952年　费利克斯·布洛赫（Felix Bloch）和爱德华·米尔斯·珀塞尔（Edward Mills Purcell）核磁精密测量新方法的发展及其有关发现

1951年　约翰·道格拉斯·考克饶特（John Douglas Cockcroft）和欧内斯特·托马斯·辛顿·沃尔顿（Ernest Thomas Sinton Walton）
用人工加速粒子轰击原子产生原子核嬗变

1950年　塞西尔·弗兰克·鲍威尔（Cecil Frank Powell）
研究核过程的摄影法并发现介子

1949年　海德克·汤川秀树（Hideki Yukawa）
提出核子的介子理论并预言介子的存在

1948年　帕特里克·梅纳德·斯图亚特·布莱克特（Patrick Maynard Stuart Blackett）
改进威尔逊云雾室方法和由此在核物理和宇宙射线领域的发现

1947年　爱德华·维克多·阿普尔顿（Edward Victor Appleton）
高层大气物理性质的研究，发现阿普顿层（电离层）

1946年　珀西·威廉姆斯·布里奇曼（Percy Williams Bridgman）

发明获得强高压装置,并在高压物理学领域获得发现

1945年　沃尔夫冈・泡利(Wolfgang Pauli)

发现泡利不兼容原理

1944年　伊西多・艾萨克・拉比(Isidor Isaac Rabi)

用共振方法测量原子核的磁性

1943年　奥托・斯特恩(Otto Stern)

开发分子束方法和测量质子磁矩

1942年　未颁奖

1941年　未颁奖

1940年　未颁奖

1939年　欧内斯特・奥兰多・劳伦斯(Ernest Orlando Lawrence)

研制回旋加速器及对研究成果的利用,特别是将其应用于人工放射性元素的研究中

1938年　恩里科・费米(Enrico Fermi)

发现由中子照射产生的新放射性元素并用慢中子实现核反应

1937年　克林顿・约瑟夫・戴维森(Clinton Joseph Davisson)和乔治・佩吉特・汤姆森(George Paget Thomson)

通过实验发现晶体对电子的衍射作用

1936年　维克托・弗朗茨・赫斯(Victor Franz Hess)

发现宇宙射线

卡尔・戴维・安德森(Carl David Anderson)

发现正电子

1935年　詹姆士・查德威克(James Chadwick)

发现中子

1934年　未颁奖

1933年　埃尔文・薛定谔(Erwin Schrodinger)和保罗・埃卓恩・莫里斯・狄拉克(Paul Adrien Maurice Dirac)

量子力学的新的发现和广泛发展

1932年　维尔纳・海森堡(Werner Heisenberg)

创立量子力学并导致氢的同素异形的发现

1931年　未颁奖

1930年　钱德拉塞卡拉·文卡塔·拉曼(Chandrasekhara Venkata Raman)
研究光散射并发现拉曼效应

1929年　路易·维克多·德·布罗意(Louis Victor de Brogliie)
电子波动性的理论研究

1928年　欧文·威兰斯·理查森(Owen Willans Richardon)
研究热离子现象,并提出理查森定律

1927年　阿瑟·霍莉·康普顿(Arthur Holly Compton)
发现康普顿效应
查尔斯·汤姆逊·里斯·威尔逊(Charles Thomson Rees Wilson)
发明用云雾室观测带电粒子,使带电粒子的轨迹变为可见

1926年　让-巴蒂斯特·佩兰(Jean-Baptiste Perrin)
研究物质分裂结构,并发现沉积作用的平衡

1925年　詹姆斯·弗兰克(James Franck)和古斯塔夫·赫兹(Gustav Hertz)
发现原子和电子的碰撞规律及其影响

1924年　卡尔·曼内·乔奇·西格巴恩(Karl Manne Georg Siegbahn)
X射线光谱学方面的发现和研究

1923年　罗伯特·安德鲁·密立根(Robert Andrews Millikan)
关于基本电荷的研究以及验证光电效应

1922年　尼尔斯·玻尔(Niels Bohr)
关于原子结构以及原子辐射的研究

1921年　阿尔伯特·爱因斯坦(Albert Einstern)
发现光电效应定律

1920年　查尔斯·艾德华·纪尧姆(Charles Edouard Guillaume)
发现镍钢合金在精密仪器中的应用

1919年　约翰尼斯·斯塔克(Johannes Stark)
发现极隧射线的多普勒效应以及电场作用下光谱线的分裂现象

1918年　马克斯·卡尔·恩斯特·路德维希·普朗克(Max Kail Ernst Ludwig Planck)
研究辐射的量子理论

1917年　查尔斯·格洛弗·巴克拉(Charles Glover Barkla)

发现标识元素的次级伦琴辐射

1916年　未颁奖

1915年　威廉·亨利·布拉格（William Henry Bragg）和威廉·劳伦斯·布拉格（William Lawrence Bragg）

用X射线对晶体结构的研究及研究设备的发展

1914年　马克斯·冯·劳厄（Max von Laue）

发现晶体中的X射线衍射现象

1913年　海克·卡末林·昂内斯（Heike Kamerlingh Onnes）

关于低温下物体性质的研究和制成液态氦

1912年　尼尔斯·古斯塔夫·达伦（Nils Gustaf Dalen）

发明点燃航标灯和浮标灯的瓦斯自动调节器

1911年　威廉·维恩（Wilhelm Wien）

发现热辐射定律

1910年　约翰尼斯·迪德克·范·德·瓦尔斯（Johannes Diderik van der Waals）

对气体和液体状态方程的研究

1909年　古列尔莫·马可尼（Guglielmo Marconi）和卡尔·费迪南德·布劳恩（Carl Ferdinand Braun）

发明无线电极及其对发展无线电通讯的贡献

1908年　加布里埃尔·李普曼（Gabriel Lippmann）

发明应用干涉现象的天然彩色摄影技术

1907年　阿尔伯特·亚伯拉罕·迈克尔逊（Albert Abraham Michelson）

发明光学干涉仪并使用其进行光谱学和基本度量学研究

1906年　约瑟夫·约翰·汤姆森（Joseph John Thomson）

气体电传导性的理论与实践性研究

1905年　菲利普·艾德瓦德·安东·莱纳德（Philipp Eduard Anton Lenard）

关于阴极射线的研究

1904年　约翰·威廉·斯特拉特·瑞利（John William Strutt Rayleigh）

对重要气体密度的研究以及氩的发现

1903年　安东尼-亨利·贝克勒尔（Antoine-Henri Becquerel）

发现天然铀元素的放射性

皮埃尔・居里（Pierre Curie）和玛丽・居里（Marie Curie）
发现并研究放射性元素钋和镭

1902年　亨得里克・安东・洛伦兹（Hendrik Antoon Lorentz）和彼得・塞曼（Pieter Zeeman）
关于磁场对辐射现象影响的研究

1901年　威廉・康拉德・伦琴（Wihelm Conrad Rontgen）
发现伦琴射线（X射线）

谁是第一个获得诺贝尔物理学奖的美国人?

德裔美国物理学家阿尔伯特・亚伯拉罕・迈克尔逊创造了精密的光学仪器并对光速进行了准确的测量，1907年，他被授予诺贝尔物理学奖。14年之后，另一名德裔美国人阿尔伯特・爱因斯坦因其在光电效应方面做出的伟大贡献获得了诺贝尔物理学奖。

哪个国家拥有最多的诺贝尔物理学奖获得者?

自1901年开始授予诺贝尔奖以来，尽管过了6年（即1907年）才有美国人得到诺贝尔物理学奖，但到目前为止，美国拥有最多的诺贝尔物理学奖获得者。

获得诺贝尔物理学奖的两位女士是谁?

1903年，玛丽・居里成为获得诺贝尔物理学奖的第一位女性。她与丈夫皮埃尔・居里和安东尼・贝克勒尔因为发现了四十多种放射性元素和在放射学领域的其他突破性贡献被授予诺贝尔物理学奖。

1963年，玛丽亚・格佩特–梅耶成为第二位获得诺贝尔物理学奖的女性，她也是到目前为止第一个，也是唯一获此殊荣的美国女性。

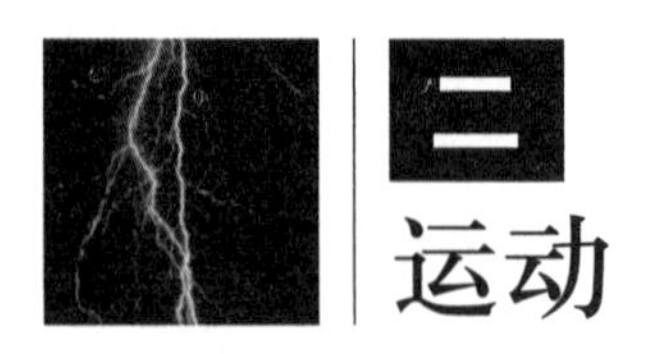

二 运动

▶ 如何理解“运动与特定的角度相关”？

宇宙中的万事万物都处在运动中。地球绕轴自转，并和太阳系中其他行星绕太阳旋转。在银河系中，太阳系也在星际之间不断地运动，这也引起了宇宙中其他星系的运动。“处于静止状态”在理论上是不可能的。当谈到物体运动时，一定会被描述为“相对于其他物体而言”。除非提到参考标准，否则运动的参照物被假设为地球表面站立的人。

即使是以地球为参照物，一个物体对于一个人来说是静止的，而对于另外一个人也许就是运动的。我们以在行驶的汽车中阅读《物理》为例，从读者的角度来说，这本书并没有运动，也就是相对于读者来说，它是静止的。然而，从站在路边的观察者角度来看，这本书连同车中读书的人都处在运动中。根据对比角度的不同，这本书有两种不同的运动形式，因此必须从特定的角度加以描述。

速度、速率和加速度

▶ 速度和速率是同一个概念吗？

速度和速率经常被交替使用。然而，对于物理学家来说，速度和速率的区别在于是否指明了方向。速度是物体在某一特定时间内移动的距离。如果一个交通工具在1小时内行驶了100千米，那么这个交通工具的速度是100千米/小时。速率与速度的定义是一样的，只是除了描述出物体运动的速度外，速率还定义了物体运动的方向。比如说，上述的交通工具的速率可能是东向100千米/小时。因此，一个转弯的交通工具可能以不变的速度行驶，却不能说它以不变的速率行驶，因为在转弯过程中，它的方向被改变了。一个交通工具如果将速率从0米/秒在1秒钟之内加速为10米/秒，它的加速度为10米/秒^2，如果一个以10米/秒运动的物体在1秒钟之内变为静止状态，那么它的加速度为−10米/秒^2。负数代表着减速度，或者表示相反方向的加速度。

▶ 如果速度以每秒钟的米数来描述（米/秒），那么英里/小时意味着什么？

在这本书中，大部分的速度被列成米/秒，即m/s，下表描述了米/秒和英里/小时的对应关系：

米/秒	英里/小时
5	11.2
10	22.3
15	33.5
20	44.6
25	55.8
30	66.9
35	78

▶ 什么是加速度？

加速度被描述为物体改变速率的速度，即用速率的变化除以时间的变化（速率变化所需的时间）。加速度有3种方式：速度增加（加速）、速度减慢（减速）和转向（改变方向）。

最快的速度是光速。爱因斯坦在相对论中将其定义为“终极速度限制”，速度为3×10^8米/秒。根据爱因斯坦的理论，如果有人真的能达到这个速度，那时间就会为这个人停止（参照爱因斯坦的相对论，在“深层理论”一章）。

牛顿三大运动定律

惯　性

牛顿第一运动定律是什么？

惯性定律是牛顿三大运动定律的第一个定律。惯性使物体具有抵抗、改变其运动的力量。惯性定律描述了当物体处于静止状态时，它有保持静止状态的倾向。而一个处在运动状态的物体则保持不断的速率，直到外界施加的力量作用在物体上从而改变物体的运动。物体具有多大的惯性由物体的质量决定，人们可以通过物体的质量人工测量该物体的惯性。

比如说在气悬冰球桌上，冰球会以恒速做直线运动，直到有外力作用在它上面。这个外力可能来自冰球桌壁、人，或者是空气阻力的摩擦。然而，直到外力推动或拉动冰球前，它都将以恒定的速率运动。

为什么足球比赛的中后卫体重应该稍大一些？

惯性取决于质量，所以中后卫的体重越大，他就越难被推开。而后卫队员就恰恰相反，他们需要很快地加速，所以后卫队员的体重应该轻些，这样跑动起来就会快些。足球比赛的模式需要运动的多种变化。

为什么交通工具中需要车座枕头?

车座枕头与安全带的作用是一样的:增加安全性。车座枕头并不是为了休息和舒适设计的,而是在车辆被后方力量冲击时,防止头部向后撞击。当交通工具后部被冲击时,汽车和车座产生了作用在人体上的力量,使其向前加速。然而,汽车座位并没有向前推人的头部,根据惯性定律,头部应该保持相对于地面的最初运动模式。这意味着相对于加速的交通工具来说,人的头部会向后撞去。而装有车座枕头的交通工具可以将头部和身体一起向前推,这就能防止因碰撞而产生严重的颈部伤害。

力

力是什么?

艾萨克·牛顿将力定义为作用在物体上使其加速的拉力或推力。公式:力=质量 × 加速度,即$F = ma$。

如果物体的质量不变,那么施加的力越大,加速度就越大。比如,一辆小型汽车如果装备了一个功率较小的发动机,发动机产生的较小力量只能产生较小的加速度。然而,如果这辆小型汽车装备了较为强大的发动机,这个发动机就会产生较大的作用力,因此汽车的加速度就会增加。当物体的质量不变时,力和加速度成正比。

在力固定不变时,物体的质量及惯性越大,物体的加速度就越小。我们还是以小型汽车为例,当发动机产生固定的力时,由于汽车的质量较小,因此发动机产生的力可以使其加速行驶。然而,如果同一个发动机被装在卡车上,卡车的惯性使其产生了比小型汽车小的加速度。当力恒定不变时,质量和加速度成反比。

相互作用

为什么每个力都有一个相等的反作用力?

牛顿第三运动定律阐述了当两个或两个以上物体相互作用时会产生相等的反作用力。比如,当垒球击打球拍时,球拍也同样击打垒球。牛顿意识到,每一个作用力(垒球击打球拍)都会产生一个相等的反作用力(球拍击打垒球)。产生的力是相等的。然而,根据牛顿第二定律,质量小的物体(惯性也小)会产生更大的加速度。垒球比球拍和拿着球拍的人质量要小得多,因此也比球拍产生了更大的加速度。

牛顿第三运动定律是如何解释人行走的?

牛顿第三运动定律阐述了力发生在两个相对的物体之间。当人行走时,脚

为了让轮胎移动使汽车向前行驶,需要在橡胶轮胎和路面之间产生摩擦。如果没有摩擦,轮胎只能简单地旋转,就像在几乎没有摩擦的冰面上打滑。与路面接触的橡胶越多,就会使人们更好地控制汽车。尽管胎面花纹减少了轮胎和地面之间的接触面积,因此减少了摩擦,但确实能够产生更为安全的路面控制力。

车轮胎有花纹是为了减少路面和轮胎底面的水,使水改变方向。水在湿的路面上起到了润滑剂的作用,在这种情况下,轮胎就不能产生足够的摩擦力。所以经常检查轮胎胎面花纹的磨损程度,确保汽车在湿滑的路面能够安全行驶是至关重要的。

作用于地球，地球也产生了一个反作用于脚的力量。人和地球所用的力量是相同的，但因为地球的质量远远超过了人的质量，人比地球的惯性小得多，因此步行者比地球移动及加速快。

摩 擦 力

摩擦力是什么？

当两个或多个物体相互作用时，它们不规则的表面相互滑动摩擦，阻止了物体的运动。摩擦力就是一种阻止物体运动的力。两个物体之间摩擦力的大小取决于物体表面的光滑和粗糙程度以及物体之间的压力。既然没有任何物体的表面是绝对光滑的，那么所有物体在与其他物体相互作用时，都会产生摩擦力。

天花纹的赛车轮胎。

为什么赛车的轮胎没有胎面花纹?

因为赛车只在晴天比赛,所以没有必要减少轮胎底面的水并改变其方向。但是,如果轮胎没有胎面花纹,就会有更多的橡胶接触到路面,增加的摩擦力会产生更强的抓地力从而提供更加安全的操纵性能。

测量物体摩擦性质的单位是什么?

物体的摩擦力系数“μ”是物理学家和工程师衡量材料之间的光滑度和粗糙度的单位。μ值越大,粗糙度越大。

静摩擦与动摩擦的区别是什么?

静摩擦是两个静止物体之间的摩擦,动摩擦是两个运动着的物体之间的摩擦。物体在静止时比在运动时产生更多的摩擦。比如挪动静止在混凝土地面上的一个又大又重的板条箱。挪板条箱的人就必须使用很大的力气来克服板条箱与地面之间的静摩擦。当板条箱开始滑动时,根据惯性定律,板条箱有保持运动的倾向。既然它已经处于运动状态,那么需要克服运动摩擦的力要小于克服静态摩擦的力。

怎样减少摩擦力?

减少摩擦力可以通过使两个物体表面光滑,或减少两个物体之间的压力这两种方式实现。有时减少摩擦的更为实用的方式是使用润滑剂。润滑剂这种液体状物质可以填充到擦痕、凸起和凹处,从而减少物体表面的刮擦。因此,润滑剂可以使相互作用的物体减少摩擦。

滚球轴承是如何减少摩擦的?

滚球轴承是将小的钢球安装在轴和轮子之间的循环轨道上。当轮子转动时,滚球轴承通过在循环轨道上绕轴旋转来减少部分摩擦。轮子如果以滑

摩擦力总是不好的因素吗？

摩擦力的作用有好有坏，取决于需要做的事情。比如，在汽车发动机设备之间的摩擦力能产生动能，而动能又会转化为热量，这就会使发动机的效率降低。然而，如果没有摩擦力，车轮就不可能在马路上前进。

行和旋转运行，就会与轴产生摩擦，因为在旋转过程中，物体之间相互接触的面积达到了最小值。其次，比起轮子和轴，滚球轴承和轨道的表面更加光滑、坚固。最后，滚球轴承还会被涂上厚厚的润滑油。这种滚球轴承、光滑表面和润滑油的结合大大地减少了摩擦，所以以旋转方式运行就会产生较小的摩擦力。

摩擦力是如何降低机器的效率的？

当两个物体相互摩擦时，会将动能转化为热能。运动中的物体部分能量被转化成热能，这势必会减少机器所能做的功，并增加了机器破损和报废的概率。最好的机器是通过摩擦力将零能量转化为热能。尽管有很多方法可以减少机器间的摩擦力，但是无摩擦的完美的机器是不存在的。

有没有不存在摩擦力的地方？

摩擦力存在于整个宇宙之间。尽管减少摩擦力的方法有很多，但是摩擦力是不能被消除的。最接近无摩擦的环境是太空。既然太空是真空环境，就没有空气阻力阻碍物体的运动。只要在邻近区域没有大的引力，两个物体的表面就不会形成自然压力。然而，如果物体相互碰撞，表面的接触就会产生摩擦力，因此只要恒星、行星、灰尘和气体之间没有接触，太空就可以被认为是一个接近无摩擦力的环境。

自由落体

自由落体意味着什么?

当物体受到重力或其他大的引力体的吸引时，会产生自由落体现象。然而，物体下落到地面的运动并不总是真正的自由落体运动。因为摩擦力（比如空气阻力）阻止了物体向地面的加速降落。真正的自由落体运动只有在没有空气阻力的真空环境下才能实现。

物体在自由落体的情况下速度是多少?

如果不考虑空气阻力，一个物体加速下降时速率可达9.8米/秒^{2}或者32英尺/秒^2。物体在自由落体运动时，加速度是9.8米/秒^2。下表列出了物体在自由落体运动时的速度（速率=重力 × 时间）和距离。

时间（秒）	速度（米/秒） 速率=重力 × 时间	距离（米） 距离=1/2重力 × 时间^2	速度（英尺/秒） 速率=重力 × 时间	距离（英尺） 距离=1/2重力 × 时间^2
1	9.8	4.9	32	16
2	19.6	19.6	64	64
3	29.4	44.1	96	144
4	39.2	78.4	128	256
5	49.0	122.5	160	400
6	58.8	176.4	192	576
7	68.6	240.1	224	784
8	78.4	313.6	256	1 024
9	88.2	396.9	288	1 296
10	98.0	490.0	320	1 600

处于自由落体状态下的跳伞运动员。

▶ 什么是终速?

终速是人或物体在向地面下降的过程中达到的最快速度。在跳伞运动中，终速是指人在下降过程中达到的“最快速度”。如果没有空气阻力，从理论上讲，在到地面以前，人下降的速度会越来越快，速率将达到9.8米/秒^2。而实际上，从飞机上跳下后，人会受到很大的空气阻力。当作用在跳伞运动员身上向上的空气阻力和向下的重力相等时，才会达到终速。在这种情况下，跳伞运动员停止加速并以不变的速率下降到地面。

▶ 人下降时的速度可达到多少?

对于普通的跳伞运动员来说，最大速度或终速大约能达到93~125英里/小时（150~200千米/小时）。跳伞运动员的终速取决于个人的体重和体形。

降落伞的工作原理是什么?

跳伞运动员使用降落伞增加空气阻力减缓下降的速度。一旦打开了降落伞,空气阻力就远远大于重力,所以跳伞运动员的下降速度就大大降低了。在1秒钟左右,使用降落伞的运动员就达到了终速,以9~16英里/小时(15~25千米/小时)的速度降落到地面。

压　　力

压力是什么?

压力被定义为作用在某一确定单位面积上的力量。压力的公式为力除以面积,所以力越集中越强,压力就越大。面积越大或力越小,压力就越小。在英制测量体系中,压力以每平方英寸的受力磅数为测量单位,缩写形式为psi。在公制中,测量单位为每平方米受力帕斯卡(Pa)或牛顿数。

为什么针、大头针、钉子、道钉和箭都是尖头?

人们使用这些工具的目的是希望它们能容易地穿过特别的物体表面,即用

为什么从帝国大厦上扔下一枚硬币是危险的?

从帝国大厦上扔下一枚硬币将会给地面的人带来极大的危险和伤害。硬币在下落过程中不断加速直到它达到109英里/小时(175千米/小时)的终速。如果下落的硬币击中了地面的行人,产生的极大的力量会使行人的皮肤受到伤害或者造成更严重的头部伤害。

最小的压力使其穿透物体的表面。既然压力被定义为作用在单位面积上的力，尖的物体只有很小的接触面积，那么使用者只需要使用很小的力就可以产生很大的压力。

▶ 为什么穿高跟鞋在草地上很难行走？

穿高跟鞋的人明显会知道答案，然而对于那些不穿高跟鞋的人，他们可能不太清楚，穿上高跟鞋在松软的地面行走，鞋跟很有可能会陷到地面里。这是因为人的重力全部集中于鞋跟这很小的面积上，因此产生的强大压力会使鞋跟陷入。这种现象不仅会发生在穿高跟鞋的人身上，一个体重为120磅（54千克）的人单脚着地时会产生大约2 000磅/英寸^2（140千克/厘米^2）的压力。防滑钉也应用了同样的原理，但是它的作用是给人们带来便利。足球、棒球和橄榄球运动员作用在鞋底防滑钉上的强大压力使运动鞋插入地面，获得强大的摩擦力防止他们滑倒。

▶ 人真的能躺在钉子床上吗？

钉子床是一块钉子尖朝上钉的木板。当一个人躺在钉子床上时，如此多的钉子共同分担了他的重量，因此每一个钉子上的压力都小到不足以刺破他的皮肤。关键之处是要使用尽可能多的钉子，并且达到最大的身体接触面积。躺在成百上千个钉子上要比躺在一个钉子上容易得多。钉子的数量越多，每个钉子上的压力就越小。减少接触面积——比如说从躺着的状态改变成坐着的状态——也会增加钉子上的压力。尽管钉子床的原理很简单，但如果不是专业人员，绝不可轻易尝试。

▶ 冰鞋有怎样的原理？

当穿着冰鞋站在冰上时，金属冰刀与冰面之间会产生强大的压力，这是因为溜冰者的重量被集中在很小的面积上。如果穿着普通的鞋，重量将会分布在更大的面积上，这样就会产生较小的压力。在穿冰鞋的状况下，较大的压力使冰的融点降低，因此使冰刀下的少部分冰直接融化。当冰鞋处在运动中时，它不会和固体的冰形成摩擦，而是直接在压力所产生的水上滑行。当冰鞋离开融化的

钉子床。

地方后，因为周围冰的寒冷温度，融化的水马上会冻结。同样的现象也可以在下面制冷器的实验中看到：将细绳两端挂上具有一定重量的物体，再将细绳放在制冷器的小方冰块上，放置一晚后，细绳将融化一小部分的冰，陷入冰块中。第二天早上，这根细绳会被冻在冰块里。

质量和重量

质量和重量有什么区别？

尽管重量取决于质量，但它们却是完全不同的概念。质量用来测量物体的惯性，但要取决于物体内所包含的物质的量。如果物体没有失去或获得物质，它的质量不会改变。在公制和测量的国际单位制中，质量的单位是千克（kg）；在英制中，质量的单位是斯勒格（slug）。

然而，重量取决于物体有多大的质量，而且，当物体从一个重力水平转移到另一个重力水平时（比如从地球转移到月球上），物体的重量也会发生改变。重量等于物体的质量与重力加速度的乘积，在地球表面附近的区域，重量＝质量 × 重力（$W=mg$），这里的重力意味着地球重力场的重力加速度。在公制和测量的国际单位制中，重量的单位是牛顿（N）；在英制中，重量的单位是磅（lbs）。

在地球上，一个质量为3.5斯勒格（50千克）的人乘重力加速度（9.8米/秒^2）得到他的重量是110磅（490牛顿）。然而，月球上的重力加速度是地球的1/6，如果此人在月球上，他的重量只有18磅（80牛顿）。如果这个人在真空状态下，远离任何行星的重力场，那么这个人的重量是0牛顿，但是他的质量并没有改变，仍然是50千克。

▶ 既然月球的重力比地球小，为什么在月球上很难挪动物体？

在月球上抬起物体比在地球上抬起同样的物体容易很多，因为月球上的重力加速度是地球上的1/6，因此在月球上物体的重量是地球上重量的1/6。然而，如果要将物体从一个地方移至另一个地方，难度与在地球上是一样的。这是因为重力只支配垂直方向的运动（举起或放下），重力并不能控制水平方向的运动（推或拉）。

▶ 110磅的人在火星上有多重？

在地球上一个体重为110磅（质量为50千克）的人在其他行星上的重量为：

行　星	重力加速度（米/秒^2）	重量（牛顿）	重量（磅）
水　星	3.72	186.0	42
金　星	8.92	446.0	100
地　球	9.80	490.0	110
火　星	3.72	186.0	42
木　星	24.80	1 240.0	278
土　星	10.49	525.0	118
天王星	9.02	451.0	101

（续表）

行　星	重力加速度（米/秒^2）	重量（牛顿）	重量（磅）
海王星	11.56	578.0	130
冥王星	0.29	14.5	3

▶ 当“阿波罗”号宇航员大卫·斯科特在月球上同时扔下羽毛和锤子，哪一个先落下？

大卫·斯科特（David Scott）在月球上做了自由落体的实验，这个实验是自由落体最著名的例证之一。他通过实验证明了伽利略300年前提出的观点。在他的简单试验中，他一手拿锤子，一手拿羽毛。当两个物体被同时扔下后，它们同时落在了月球的表面。这证实了以往人们在地球上得出的结论：伽利略所阐述的所有物体在没有空气阻力的情况下，以同样的速率下降。既然月球上没有空气阻力，这种情况就可以完美地得以展示。

▶ 人在离开地球多远后才可以感觉不到重力的影响？

根据牛顿的万有引力定律，一个处在宇宙任何位置的物体都会感受到地球的万有引力。然而，在远离地球一定距离后，地球的万有引力将小到感觉不到。在离地球大约1 640英里（2 640千米）的地方，引力变为地球表面的50%。在离

如果将人放在地球的中心，他的重量是多少？

如果我们可以将自己放置在地球的中心，那么我们的重量为零。人们受到万有引力的吸引是因为地球的质量。如果将一个人直接放在地球中心，他的上、下、前、后、左、右有同样的质量。他会受到所有这些质量的吸引，但是这些相同的质量在各个方向给他同样大小的吸引力。这就会使各个方向的引力相互抵消，形成重量为零的状态。

地球35.7万英里（57.4万千米）的地方，引力仅达1%，实际上已经达到了无重力状态。这个距离相当于离开地球表面9个地球半径，或4个半地球直径。

重力和引力相互作用

谁发现了重力？

亚里士多德和伽利略等物理学家提出理论，并通过实验的方法去了解为什么物体向地球表面下落。然而，是艾萨克·牛顿最终解释了重力。他意识到，宇宙中所有有质量的物体都彼此相互吸引。牛顿还提出并完善了微积分学用以证明自己的理论，并最终将其定义为万有引力定律。

是落到地面的苹果使艾萨克·牛顿发现了重力吗？

艾萨克·牛顿曾说他对重力的迷恋开始于1665年的一个秋天，当时他离开剑桥回到家乡伍耳索普镇躲避造成成千上万人死亡的瘟疫。为了躲避城镇的娱乐生活，更加专注于自己的研究，牛顿经常在附近的苹果园中冥思苦想。就在那里，一个苹果落在了他的脚上，让年轻的牛顿开始对重力进行了思考。他想，为

地球上所有的物体都受到地球的吸引，因为所有具有质量的物体相互之间都存在万有引力。因此，具有巨大质量的地球和同样具有一定质量的苹果之间相互受到万有引力的吸引，并向对方加速前进。为什么苹果向地球移动的比地球向苹果移动的多？原因在于地球比苹果具有更大的质量，它具有更大的惯性，更不容易向苹果移动。

什么物体（比如说苹果）虽然没有同地面接触却受到地球的吸引呢？牛顿后来证明，将苹果吸引至地表的力量就是作用于月球使其绕地球旋转的力量。

什么是万有引力定律？

正如牛顿所述，万有引力是宇宙中任何有质量的两个粒子之间相互吸引的力量。这就意味着，地球上的任何一个人都会受到整个宇宙另一个人、物体、行星和恒星的吸引。我们没有向这些物体移动的原因是地球和我们之间的万有引力要远远大于其他人、建筑物、遥远的行星和恒星对我们的吸引力。

什么因素决定了两个物体之间的万有引力？

两个因素决定了两个物体之间有多大的万有引力。两个物体的质量越大，万有引力就越大。第二个变量是距离。牛顿推导出，当两个物体之间距离的平方增加时，它们之间的万有引力会减少。物体之间的距离越大，万有引力就越小。

万有引力怎么帮助人们发现了海王星？

牛顿的万有引力定律解释了在太阳和天王星之间有多大的万有引力。1846年，在观测到天王星轨道有特殊的摄动后，法国天文学家奥本・勒威耶（Urbain Leverrier）用数学方法计算出引起天王星轨道摄动的第八颗行星的位置。同年，德国天文学家约翰・伽勒（Johann Galle）发现了第八颗行星——海王星，并定义了它在太空中的位置与理论位置仅差不到1°。

艾萨克・牛顿爵士。

潮 汐 能

潮汐是由什么引起的？

潮汐是由月球和地球之间的引力作用造成的。来自月球的引力使海水受到月球的轻微吸引。地球上离月球较近的部分受到更大引力的作用，在这个位置就会聚集大量的水，这就形成了高潮。第二个高潮点位于地球相反的方向，这个地区离月球最远，是由地球和月球之间最近面和最远面的引力差造成的。低潮区是离月球既不是最远也不是最近的地区。有两个低潮同样处于地球相对的两端。低潮区的产生原因是大部分的水都流向了高潮区。

既然太阳作用在地球上的引力比月球大，为什么潮汐不是太阳引起的？

太阳对潮汐也有一定的影响，不过这种影响并不大。尽管太阳对在地球上

加拿大芬迪湾的低潮。

的引力比对月球大，但造成潮汐的原因是地球上不同区域所受引力的差异。太阳作用在地球远近面的差异并不大，因此，太阳对潮汐的影响很小。

潮汐是可以预测的吗？

潮汐是可以预测的。事实上，人们可以购买潮汐表，这对于在浅水中航海的人至关重要。如果人们知道了位置、日期和时间，就可以确定水的深度。了解低潮和高潮的差异对于成功的航行是极其重要的。潮汐绝不会在每天的固定时间发生。潮汐既然主要由月球的位置决定，而月球绕地球旋转一周需要24小时50分28秒，那么潮汐每天发生的时间都依次向后延。

什么造成了潮汐高潮总是高潮，低潮总是低潮？

尽管与月球相比，太阳对潮汐起到的作用很小，但当地球、月球和太阳的位置成一条直线时，地球的近面和远面所受到的引力差比正常情况下大。结果，作用在海洋上的潮汐能反常的大，并造成了更大的高潮和更低的低潮。这些潮汐被称作朔望潮，这种自然现象可以在满月或新月时观察到。当月球和太阳不在一条直线时，人们可以在夜空看到半个月亮，这时作用在地球相反面的引力差并不大，这种不太强的高潮叫做小潮。

涨潮流和落潮流的区别是什么？

涨潮流和落潮流是由潮汐能引起的。在一个地区形成高潮后，水需要流向邻近的区域形成新的高潮。向外流动或水位降低的水被称为落潮流。造成下一个高潮的上涨的水被称为涨潮流。每次潮流的时间是6小时12分，即为每次高潮和低潮相隔的时间。

哪里能形成最大的潮汐？

地球上能产生最大潮汐的地区之一是加拿大的芬地湾。形成最大潮汐并不是因为这个地区强大的潮汐能，而是因为当水从海湾两个区域汇集到一起时所

为什么湖水不会形成明显的潮汐？

内陆湖（指与海隔绝的湖）不会形成明显的潮汐。只有在湖的两个不同区域形成明显的引力差时才会形成潮汐。既然湖不可能从地球上从一侧延伸至另一侧，它不同区域形成的引力差不足以引起明显的潮汐。

形成的漏斗作用。水汇集时产生的变化如此明显以至于高潮和低潮之间的水深变化可达60英尺（18米）。这种戏剧性的变化意味着一艘航行在湖底上方60英尺处的船在6小时后会沉到湖底。在芬地湾的水手们需要密切关注该地区的潮汐表。

潮汐可以用于水力发电领域吗？

瀑布和大坝很早就被用来转动涡轮产生电能。尽管潮汐能形成转动涡轮的水流，但是潮汐形成的水流是逐渐形成的，这种水流不足以强大到使水力发电厂充分节能。然而，在位于法国北部的兰斯湖上，汹涌的潮汐可以在涨潮流和落潮流之间形成28英尺（8.5米）的落差。兰斯河河口澎湃的海水产生了强大的水流，1966年，法国在这里建立了水力发电站。

冲量和动量

动量是什么？

动量可以用来描述物体的惯性和运动，动量公式为$P=mv$（动量=质量 × 速度），一辆小型汽车以20英里/小时（32.2千米/小时）的速度行驶，它所具有的动量比一辆以同样速度行驶的大型卡车小很多，因为卡车有很大的质量。在

体育领域，动量是经常讨论的话题。足球运动员经常看自己有多少动量。对于他们来说，质量大并不是唯一的优势，同时也要有较大的动量。运动员的动量大，想阻止他就很难。

冲量是什么？

冲量描述了动量是如何发生变化的。为了改变物体的运动或动量，在一段时间内，需要有一个力作用在这个物体上。作用在物体上的力的大小和时间的长短决定了冲量对物体产生影响的大小。

为什么人跳跃落下后双腿是弯曲的？

人跳起落下后，双腿是弯曲的。在此过程中产生了冲量，力的大小和时间的长短决定了落地时对腿的伤害有多大。因此，通过弯曲双腿，跳跃者延长了下落的时间，可以逐渐地下落，而不是猛然使身体处于静止状态，这就减小了腿和地面之间的作用力。如果双腿处于伸直和僵硬状态，跳跃者停止下落运动的时间就很短，落地后会受到更大的作用力并引起疼痛。无论用什么样的方式下落，冲量都是相同的。然而，通过改变与冲量相关的其他变量，跳跃者就不会遭受严重的髋关节和腿部的伤害，落地后就可以安全行走。

美国克利夫兰印第安棒球队接球手戴着有填充物的棒球手套接球。

为什么棒球接球手的手套比传统的棒球和垒球运动员的手套有更多的填充物？

棒球手套里填充物的作用是延长球从运动状态到停止状态的时间，从而减少由于球和手套之间碰撞所产生的力，通过延长碰撞的时间，力就减少到了可以忍受的程度。棒球接球手的手套比传统的手套有更多的填充物，这是因为棒球投手投给接球手的球要比投给外场手的球具有更快的速度和更大的动量。所以，接球手手套填充物延长了球和手套的碰撞时间，会减小冲力。

将力量逐渐减小以避免危险碰撞的其他方法是什么?

当我们经历某种碰撞时，会不知不觉地与决定冲量的两个变量（力和时间）打交道。碰撞时，有力作用在我们身上，通过延长时间，我们就减少了作用在身上的力。下面的例子可以说明通过延长时间，我们将作用于身上的力逐渐减少并防止了伤害。

拳击手在接受训练时，教练会告诉他们在脸部受到对手攻击时，要与对手的拳头以同一方向运动。这意味着如果对手攻击了拳击手的面部，拳击手应该将脸随着对手的拳头同时向后运动。这虽然延长了拳头和脸部的接触时间，却减少了作用在脸部的力，因而减弱了对手的击打效果。如果将头部和颈部僵硬地挺直在那里，就会受到重重的一击。

汽车技术应用了增加碰撞时间减少冲力的另一个例子。"溃缩区"是汽车框架的一部分被设计为在事故时可以发生挤压变形的结构。因为汽车框架发生了变形，就使得汽车与车内的驾驶人受到较小冲击力的作用，比起不能变形的结构受力停止的速度能缓慢一些。

安全气袋是怎么膨胀的?

汽车发生碰撞会产生突然的推进力或动量的变化，这就会触发传感器。此时，安全气袋就会从方向盘和仪表盘后膨胀开来。这一过程将短暂的电脉冲传送到加热元件从而引起化学反应。推进物在1/20秒（0.05秒）之内将氮气充满气袋，这使得人在受到撞击之前气囊有足够的时间膨胀。在0.3秒之后，碰撞停止，气袋的气体也被排出。

安全气袋

▶ 在汽车发生碰撞时，安全气袋起到什么作用？

当汽车前部遭遇碰撞时，它具有推动力或者动量的改变。车内的司机和乘客因为惯性继续向前运动，直到仪表盘、安全带或安全气袋迫使他们停止。乘客撞击到仪表盘上受到的力是非常危险的，如果汽车在公路上快速行驶时发生碰撞，乘客所受的来自仪表盘的力具有强烈的破坏性。

安全气袋的作用是提供类似于缓冲的效果，这种效果可以使乘客由惯性产生的向前运动缓慢停止，而不会在强作用力下撞击到仪表盘或挡风玻璃上。通过使用安全气袋，延长了乘客由惯性产生的向前运动的停止时间，因此减小了作用在乘客身上的力量。安全气袋这种安全特征和安全带共同防止了乘客的死亡和重大伤害。

▶ 最初采用安全气袋是什么时候？

最初提出使用安全气袋是在20世纪60年代。最初安全气袋是为没有系安全带的体重170磅（77千克）、身高5英尺9英寸（175 cm）的男性驾驶者设计的。在20世纪70年代早期，汽车工业曾为是否应在车辆中安装安全气袋展开了争论。许多公司认为，儿童和个子矮小的成年人会受到气袋的伤害，他们认为强调的重点应该是让驾驶者系上安全带。

▶ 为什么人们还在讨论安全气袋的问题？

尽管安全气袋是许多新型交通工具中的标准设施，但是人们还是不断地讨论安全气袋的效果问题。如今的安全气袋是为中等身高的男性驾驶者设计的，而且安全气袋膨胀的位置位于人身体的中间部位。对于身材矮小的驾驶者，如果气袋膨胀的速度为150英里/小时（241.4千米/小时），膨胀后到达他的面部和颈部，这种情况是极其危险的。阻止气袋伤害儿童要遵循以下几点规则：第一，永远不要让孩子坐在汽车的前座上。第二，让

安全气袋将汽车前座的婴儿车中的婴儿模型全部盖住，这说明安全气袋对于儿童是危险的。

孩子们坐在远离气袋的后座，确保他们系上安全带。如果孩子确实需要坐在前座，一定要确定有足够的安全措施，并调整座位使其尽可能远离安全气袋。

怎样能使安全气袋对于大众来说是安全的?

尽管大多数配有安全气袋的汽车在发生碰撞时保证了人们的安全，但是美国国家公路交通安全局对如何提高生存率还是提出了一些建议。第一条建议是希望汽车生产商提供在汽车内部安全气袋暂时无效的选择。第二条是将安全气袋的膨胀力减小约25%。膨胀力减小后的气袋对于身材矮小的人来说更为安全。

全自动安全气袋是什么?

几大汽车制造商都在设计更为安全的气袋，努力生产出市场上最安全的

汽车。使气袋的膨胀更为安全的方法是让气袋自动调节膨胀的速度。全自动安全气袋将依赖于遍及车座的传感器确定乘客坐的位置、高度和重量。尽管生产商还没有在所有车辆上安装全自动传感器，但是它们会在未来的几年中大受欢迎。

汽车侧面的安全气袋是什么样的?

1995年，沃尔沃将侧面安全气袋安装在样车中，作为一个可供选择的安全部件，侧面安全气袋可以在汽车遭遇侧面的撞击时膨胀。侧面安全气袋的位置是至关重要的，因为它可以防止乘客头部和上半身撞击门上的金属和玻璃。侧面安全气袋和车门中的侧面碰撞钢筋可以与正面碰撞时车前的气袋和溃缩区的作用一样重要。

侧面安全气袋是沃尔沃汽车享有“安全优先”盛名的原因之一。沃尔沃汽车最著名的安全特征是三点座椅安全带。其他“安全优先”的特征包括最早设计出前部车座枕头、层压式挡风玻璃和侧面防撞杆。

火星上也用安全气袋吗?

也许到目前为止最贵的安全气袋是美国国家航空航天局为“开拓者”号探测器设计和安装的安全气袋，花费了约500万美元。为什么“开拓者”号在火星上需要安全气袋呢？尽管火星上不存在高速行驶的交通工具会与“开拓者”号发生碰撞，但它在着陆时会与火星表面发生碰撞。火星的重力引力会将探测器急速吸引到行星表面。降落伞和制动减速火箭系统能够使下降的探测器减慢速度，但是为了保护以65英里/小时（104.6千米/小时）速度着陆的探测器，仍然需要4个半径为8英尺（2.4米）的安全气袋。“开拓者”号在与火星表面的碰撞中延长了时间而成功地着陆，并且减少了探测器所感知的碰撞力。

动量守恒

什么是动量守恒?

根据动量守恒,整个宇宙的动量总值是固定不变的。在宇宙中动量不会增加也不会减少,只会从一个物体转移到另一个物体上。比如说,当一个质量为50千克的滑冰者以2米/秒的速度滑行时,他的动量为100牛顿·秒。如果另一个滑冰者在冰上呈静止状态,这个人的动量为0牛顿·秒。这两个人共有的动量为100牛顿·秒。不管他们是否会发生碰撞,动量的总值保持不变。

100牛顿·秒的动量可以在两个人之间转移。如果滑行的人撞到了静止状态的人,他的部分动量就会被转移到静止的人身上。碰撞的类型决定了每个人身上不同的动量。滑动的人将失去一部分动量,因为这部分动量被转移到静止者身上,然而这两个滑冰者动量的总和仍是100牛顿·秒。

火　箭

火箭如何利用动量守恒定律?

发射火箭是反冲和动量守恒的例子。在发射时,火箭燃烧燃料并排出气体,

为什么宇宙飞船不能使用推进器或传统的飞机喷射器?

火箭不能使用推进器或飞机喷射器是因为这些机械加速时需要推动空气,但是在太空中没有空气。火箭不需要推动空气是因为它们依靠宇宙飞船内部燃料爆炸所引起的作用力和反作用力。当火箭内的气体加速排出时,火箭也同时获得了向上的加速度。

因为火箭以很快的速度排出气体，因此气体具有动量。牛顿第三定律和动量守恒定律规定火箭必须具有相等的、相反方向的力和动量。既然火箭比排出的燃料气体有更大的质量，火箭向上发射的速度要比气体的速度慢一些。

火箭向上加速最终获得最大速度，这其中有两个原因。首先，在燃料还在燃烧时，火箭中的燃料在减少，这减少了火箭的质量，使其速度加快。第二，燃烧的燃料也提供了持续的动力，当火箭发动机燃烧时，它就获得了越来越快的速度。一旦火箭离开了地球的大气层，它就进入了没有空气阻力的环境，此时，它就可以关闭火箭，以恒定的速度行进了。

▶ 在太空中怎样操纵火箭?

太空中没有空气，因此在操纵火箭时，机翼和副翼并没有起到什么作用。比如说，航天飞机只在重新返回地球大气层时才使用这一设备。在外太空，航天飞机启动不同的火箭——推进器，工作的原理与传统的火箭相似。推进器点燃的方向与航天飞机移动的方向相反。如果航天飞机想要减速的话，推进器就向前方发射，给航天飞机向后的动量和加速度。

反　冲

▶ 开枪时反冲是怎样引起的?

火药的爆炸产生了强大的力量使子弹加速从枪管中射出。根据动量守恒定律，子弹的动量必须与枪的动量相等，方向相反。尽管枪和子弹的动量总值是相同的，但是与子弹相比，质量较大的枪移动的速度要慢很多。而且，它以较慢的速度移动，不会产生足够大的动量使射手受伤。

▶ 射手如何减少受到步枪反冲力伤害的危险?

在射击时，避免受到反冲力伤害的方法是用步枪紧紧地抵住肩膀，并用双手握紧步枪。通过这种方法，枪和人就成为一体，人的质量就成为这个整体的一部分。根据动量守恒定律，枪和子弹的动量必须相等，枪和人一体时的质量大于枪本身的质量，枪在受到反冲力作用时的速度就会减小。

抛射体运动

什么是向量，它的作用是什么？

向量是大小（数量）和方向的量。比如说，速率就是一个向量。速度则不是向量，而是一个标量。因为速率除了包括速度之外还包括方向，比如向北40英里/小时（64.4千米/小时）。当描述物理现象或解决物理问题时，画图能使问题的描述更为容易。如果问题中的某个变量涉及运动，向量就可以被用来描述这个运动。我们可以画一个箭头，箭头的长短表示大小，而箭头的方向表示向量的方向。

比如说，如果一辆汽车向东以55英里/小时（88.5千米/小时）的速率行进，我们就可以用向量来描述这一运动。箭头的长度代表速度为55英里/小时，而箭头的方向则是朝东的。物理学中向量被用来描述各种形式的物理运动和力。

物理学中经常使用向量吗？

尽管数百年时间里，人们使用了很多方法描述与现代向量相似的物理参量，但是直到1个世纪以前，英国数学家才发展了我们如今所知道的向量这一概念。奥利弗·亥维赛（Oliver Heavyside）简化和发展了用来描述运动的现代向量概念。在解决简单和复杂的物理问题方面，他的研究有极大的帮助作用。

水平射出的子弹和以同样高度下落的子弹，哪个先到达地面？

这是给物理初学者提出的一个著名的问题。其中比较典型的回答是下落的

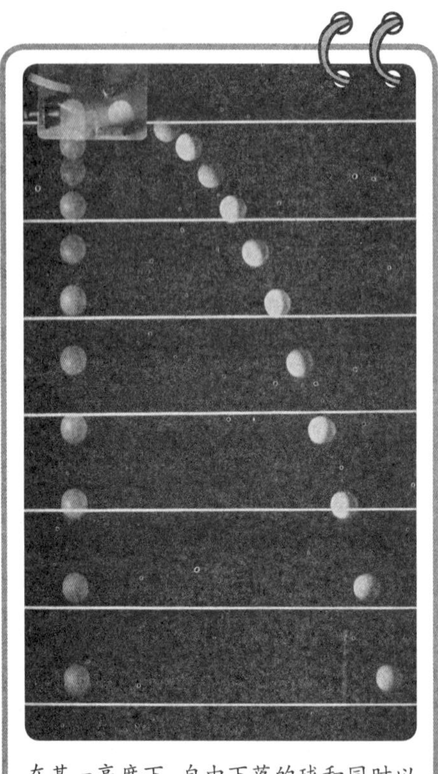

在某一高度下，自由下落的球和同时以水平方向抛出的球同时落地。

子弹先到达地面，因为它与地面之间的距离小。这个答案尽管看起来合乎逻辑，却不是正确的答案。事实上，这两颗子弹将同时落地。所有的物体受到万有引力的作用，以9.8米/秒^{2}的加速度增速。这意味着所有物体以同样的速度下落。如果一颗子弹除了具有一个水平速率外，还具有由重力引起的向下的加速度，它会在向前运动过程中下降——但是它仍然以9.8米/秒^{2}的加速度下降，与同样高度下落的子弹有相同的加速度。所以两颗子弹会同时落地，所不同的是，水平射出的子弹还会以水平方向行进一段距离。

左面的频闪观测器照片展示了两个球体的下落图片，其中一个是自由下落的球体，而另一个是在下落的同时还具有水平速率的球体。请注意每个拍摄的瞬间，两个球下落的距离是相同的。

投掷炸弹的最好时间是什么时候，是在击中的目标之前、目标之上，还是越过了目标之后？

投掷炸弹的最好时间是在目标之间有一个预先确定的距离。尽管炸弹呈下降状态，但是根据惯性定律，在炸弹下降的同时，它还具有与投射炸弹的飞机相同的向前行进的速率。因此，为了让炸弹能准确地投射到目标上，炸弹必须在击中的目标之前一定距离处投掷。

▶ 采用什么角度才能达到最大射程?

如果没有空气阻力,大炮的最佳发射角度是45°。这个角度提供了最大的射程,因为它是炮弹的水平路径和垂直路径所成角度的正中位置。水平路径是炮弹被发射后水平方向所行进的距离,而垂直路径是炮弹发射上升到一定的点后下降时所行进的竖直方向的距离。水平分力给炮弹足够的向前的运动,而垂直分力给炮弹足够的高度让其短暂地停留在空气中。

▶ 空气的阻力对炮弹的下落路径产生怎样的影响?

在炮弹的运动过程中,空气阻力是一种摩擦力。如果考虑到正常的空气阻力(没有风),能达到最远射程的最佳角度是水平向上35°。

轨　　道

▶ 为什么物体可以沿某一轨道绕地球旋转?

正如牛顿所描述,如果给炮弹足够的水平或侧面速率,它也可以绕地球旋转。由于万有引力的作用,所有的物体不断地向地球表面下落。然而,如果给炮弹一个巨大的水平方向的力,它的下落运动就会与一个水平方向的运动相结合。在它下落之前,就会实现与地球的表面成曲线的运动。如果炮弹持续运动,它就会沿着特定的轨道绕地球旋转。实际上,炮弹或任何人造卫星都会不断地向地球下落,同时又不断地错过与地球的相撞。

▶ 航天飞机是绕地球旋转还是朝地球下落?

在上一个问题中我们已经阐述了航天飞机与炮弹一样,也不断地向地球下落。但这里有一个例外。航天飞机与炮弹相同,在自由落体的过程中,有一个非常大的水平速率。尽管航天飞机不断向地球下落,但是强大的水平速率使它在

撞击地球之前以曲线绕地球表面行进，因此它总是能错过与地球的相撞。这种朝向地球下落而又不能撞击地球的运动叫做绕地球旋转。

▶ 当宇宙飞船绕地球旋转时，宇航员真的处于无重力状态吗？

当人从高处（比如梯子上）跳下时处于自由落体状态，在下落到地面以前，他都是无重力的。在宇航员处于自由落体运动时，重力仍然作用在他们身上。但是因为没有地面或者其他支撑结构支撑起宇航员，所以他们感觉像是没有重力一样。

因此，即使是处于自由落体运动时，如果感觉不到重力就意味着没有重力。如果你不理解这个观点，可以设想自己正在下落，下落时将秤放在脚下，秤上显示的数字是零。

▶ 如果使棒球绕地球旋转，需要多快的击打速度？

使棒球绕地球旋转是不可行的，因为空气阻力、高建筑物以及山脉会起到

宇航员布鲁斯·麦克坎德雷斯（Bruce McCandless）在“挑战者”号航天飞机附近飘浮。

阻挡作用。然而，如果不考虑空气阻力、自然阻碍和是否有人能将球以此速度投出等问题，棒球是能够以1.78万英里/小时（7.9千米/秒）的速度行进的。在这种速度下，棒球可以绕地球旋转大约84分钟。

航天飞机绕地球旋转时海拔高度是多少？

为了使航天飞机更有效率地绕地球旋转，它必须要避免地球大气层的空气阻力。因此，航天飞机和大多数的人造卫星在海平面上空约200千米绕地球旋转。在这个海拔高度，航天飞机绕地球旋转一周需要一个半小时。要改变这个时间是非常困难的，因为重力在其中起到了决定性的作用。如果航天飞机减慢飞行速度，它就没有足够的水平速率。在这种情况下，它就会撞击到地球的表面。而另一方面，如果航天飞机有更大的速率，它就会以椭圆形的轨道行进。如果速率再大一些的话，它会以抛物线形的运动轨迹远离地球飞向太阳系。

什么是逃逸速度？

为了离开地球飞向太空，航天探测器必须在短时间内达到2.5万英里/小时（11.2千米/秒）的速度。任何想离开地球轨道的物体必须达到这个速度，这个速度被称为逃逸速度。如果一个航天探测器在绕地球旋转过程中达到了这个速度，它就具有足够的能量来克服地球引力。这时，航天探测器就会像弹弓上的石子一样实现抛物线形的运动轨迹。

在太阳系中要“逃离”其他行星，物体要达到的逃逸速度是多少？

行　星	逃逸速度（千米/秒）	行　星	逃逸速度（千米/秒）
水　星	4.3	木　星	60.2
火　星	5.0	土　星	36.0
地　球	11.2	天王星	22.3
月　球	2.4	海王星	24.9
金　星	10.4	冥王星	未知

第一个离开太阳系的航天探测器是什么?

第一个离开太阳系的航天探测器是美国国家航空航天局1972年发射的“先锋10”号航天探测器。“先锋10”号被用来观测太阳系最外围的行星。在经过了海王星的轨道之后，它和后来的航天探测器一起，将在太空中进行无引导航行，它是第一个离开太阳系的人造装置。

星际探测器是如何穿越太阳系的?

航天探测器不可能携带足够的燃料使其穿越太阳系。它在太空之间航行是依赖自身的惯性和行星的万有引力。为了启动电脑和航行系统，航天探测器不是依靠太阳能，而是依靠电能。由放射同位素的衰变生成的热量产生它所需要的电。探测器还通过利用其他行星万有引力所形成的势能和动能来加速，从而使自己穿越太阳系。

圆 周 运 动

绕转和旋转的区别是什么?

在日常对话中这两个术语尽管经常被交换使用，但意思却是不同的。旋转是指绕旋转体内的轴旋转，比如旋转的地球。地球每24小时绕内部的南–北轴旋转。而绕转是指物体绕外部的轴旋转。地球365天绕太阳旋转，太阳就是地球的外轴。所以地球的运动既是绕转也是旋转。

什么是向心力?

向心力是维持物体做圆周运动的力。所有弯曲及旋转的物体都受向心力的作用。使一串钥匙绕绳旋转的力是绳子的向心力，力的角度适合钥匙做圆周运动，但如果没有作用于圆周中心的向心力，钥匙就会做直线运动而不

回答这个问题有两种方式。其中之一是唱片的外圈和里圈以同样的速度旋转。外圈和里圈的起始点和终止点都在同一处，并且旋转一周所用的时间相同。这种测量的方法叫做角速度测量法。角速度或者转动速度的测量是由唱片在特定时间内旋转的周数决定的。

另外一种方法是测量线速度，即一段时间旋转的距离。圆的几何学原理表明外圈比内圈的圆周大。因此，唱片外圈要比内圈旋转得快。因为在时间相同的情况下，外圈旋转过的距离比内圈要大。

会旋转。

向心力的公式是 $F = mv^2/r$ ，即向心力等于质量乘以速度的平方再除以半径。

在过山车倒转时人们为什么不会掉下来？

无论是哪种形式的绕转和旋转，都存在向心力。比如说，地球的重力向心力作用在月球上。这个向心力和月球的切向速度使月球在几乎是圆形的轨道上绕地球旋转。

当过山车在轨道上旋转时，它受到了向心力的作用，该向心力来自车轨和滑道壁。这种力量能防止乘坐者飞离轨道。同理，向心力也作用在圆的中心，但物体的速度是由圆的直线正切决定的。这一原理使过山车倒转行驶成为可能。

什么是离心力？

实际上离心力并不是力，它是人们在做圆周运动时的一种感觉。离心力使人觉得受到向外的推力，这种推力使自己远离圆的中心，但实际情况并非如此。

惯性使人保持与圆形轨迹相切的直线运动，而向心力又将人朝圆的中心吸引，阻止人以直线路径离开圆周。离心力只是一个虚拟的力。

为什么在斜面上会旋转？

在高速公路的出口岔道和赛车跑道上，汽车在快速行驶的情况下，转弯会非常危险。在这样的路面上，经常建造一些倾斜的路面。倾斜路面是向旋转中心有略微倾斜的路面。

惯性定律表明当汽车快速行驶时，它有以此速度快速行驶的趋势。如果高速行驶的汽车想要在水平路面上转弯，转动汽车的向心力是轮胎和路面之间的摩擦力。然而，如果有斜面存在，向心力就不仅仅是轮胎和路面之间的摩擦力，而且还有路面的正交力和支撑力。这些力使汽车转弯时能够朝圆周的中心行驶，阻止汽车在快速行驶时偏离转弯轨道。

在搭乘游乐场的乘坐装置时，人是如何被固定在位子上的？

过山车的倒转回旋。

在搭乘游乐场的乘坐装置时，有3个力将人固定在位子上。最主要的力是旋转器械产生的向心力，它阻止游客以与圆形路径正切的直线路径偏离旋转轨道。当乘坐装置的旋转速度足够大时，向心力就会大到使人觉得自己被抛出去（假想的离心力）。这种虚拟的力是由人想要偏离旋转轨道的惯性引起的。

第二个力是乘坐装置表面和游客衣物之间的摩擦力。摩擦力阻止人们从位子上滑下。

第三个主要的力是人的重力，向下的重力抵消了向上的摩擦力，使人固定在位子上。

戴托纳国际赛车道上的斜面可以帮助汽车不偏离车道。

▶ 旋转水桶时，里面的水怎样能留存下来？

如果水桶以垂直圆周旋转，水似乎会因为引力而溢出。然而，如果转动的速度足够快，水桶中的水就会同时具有水平速率和向下的力量。因为水桶不会垂直落下，水自然也不会垂直流出。这个例子与为什么人造卫星绕地球旋转以及我们为什么能在过山车倒转时仍然留在座位上相似。

游乐场的乘坐装置依靠向心力。

▶ 汽车在快速转弯和慢速转弯时所受的向心力哪个大一些？

在速率相同的情况下，快速转弯时

汽车所受的向心力要大一些。比如说，两台汽车以同样的直线速度行驶然后转弯，处在车道里面的汽车需要用更大的力来操纵方向盘和车轮使其转弯。处在外车道的汽车转弯更为缓慢，因此它转弯时需要的向心力就小。当旋转半径减小时，就得增加旋转所需要的向心力。

艺术家描绘了旋转太空站内部的情况：重力是由向心力引起的。

为什么飞机转弯时需要向内倾斜?

为了使飞机在空中转弯，升力（使飞机保持在空中的力）必须指向圆周的中心。升力的一个分力是使飞机转弯的向心力。一旦飞机完成了转弯，它就回到原有的水平位置，这时，升力朝上作用于飞机（想知道更多流体和飞机的信息，请参照“流体”一章）。

在未来的太空站中，圆周运动和向心力能起到什么作用?

一个圆形的太空站将以预定的速率旋转来产生一个模拟的重力场。在旋转太空站中的宇航员有以直线正切方向的力偏离太空站做圆周运动的倾向，因此这种模拟重力场可以在太空站内壁产生向心力阻止这种事情的发生。在向心力和惯性的作用下，宇航员会觉得自己被抛到太空站的墙壁上。在这

这幅画展示了旋转太空站外部的情形。

个事例中，墙壁起到了地面的作用，宇航员就可以在墙壁上行走——就好像在地面上行走一样，因为和在地面上行走的情形一样，身体是朝向这个方向移动的。太空站的圆形结构可以使宇航员在圆形的墙上行走，就好像我们在地球上绕着地球外围的圆形轨道行走一样。最后，如果半径和转动速度正确时，宇航员也许会因为“模拟”的重力而产生“模拟的” 9.8 米/秒^{2}的加速度。

旋转运动

转　矩

什么是转矩？

转矩是应用在物体上引起物体旋转的力。转矩被用来打开房门、拧螺丝、旋转轮子和荡秋千。力尽管作用在这些物体上，但是没有使物体产生直线上的加速度，而是产生了旋转。将作用在物体上的力和力与旋转轴之间的距离相乘就能得出转矩的大小。比如说，如果有50牛顿的力被应用到了门上（通过推门把手），这个力与旋转轴（折页）之间的距离是1米，用来开门的转矩总量是50牛顿·米。

什么是杠杆臂？

杠杆臂是旋转轴与受力点之间的距离。在上述的例子中，杠杆臂是折页（旋转轴）与门把手（受力点）之间的距离。转矩作用在物体上的结果是杠杆作用，杠杆作用或转矩就是力乘以杠杆臂的长度。

为什么长的扳手能更容易地将坚果打开？

长的扳手有长的杠杆臂，因此在打开坚果的过程中能够提供更大的转矩。增加的转矩意味着比起短的扳手，长扳手只需要较小的力就能将坚果打开。

为什么门把手要安装在尽可能远的位置？

将门把手安装在尽可能远的位置是因为人在开门时，可以不用费力就将门打开。比如说，如果要打开一个1米宽的门需要50牛顿的力。如果门把手安装在门的中间（离折页0.5米远），人就得使用100牛顿的力作用在门把手上将门打开。然而，如果门把手安装在门的外沿上（现在门把手安装的位置），这个人只需要使用50牛顿的力就可以将门打开。两种情况下的转矩都是50牛顿·米，但将门把手安装在门外沿时使用的力是门把手安装在门中间位置的一半。

转动惯性

转动惯性与惯性有什么区别？

惯性是反抗改变其原有运动的力。转动惯性也被称作转动惯量。正如常规的惯性（在没有外力作用的情况下，静止的物体保持静止状态的倾向，或运动着的物体保持匀速直线运动的倾向），旋转的物体将持续旋转，直到有转矩使其改变旋转运动。转动惯性与线性惯性一样，区别在于它是使物体保持旋转的惯性。

滑冰运动员关颖珊（Michelle Kwan）在旋转时将手臂靠拢在一起。

如何测量转动惯性？

惯性是由物质的质量决定的，而转动惯性不仅仅由质量决定，而且还与物质处于旋转轴的什么位置有关。转动惯性与物体离旋转轴距离的平方成正比。

▶ 为什么滑冰者将手臂和腿靠拢在一起时旋转得快?

如果滑冰者将手臂和腿伸开的话，他的部分质量就远离了旋转轴，这种做法增加了转动惯性，滑冰者的旋转速度就会非常慢。如果将手臂和腿靠拢在一起，质量就更靠近旋转轴，在转动惯性减小的情况下，滑冰者就能更快速地旋转。

角 动 量

▶ 什么是角动量?

线动量（直线动量）是与速率相乘的惯性，角动量是与物体速率相乘的转动惯性。能量守恒定律也应用在角动量上，即角动量不能被获得也不能失去，只能从一个旋转的物体转移到另一个物体上。

▶ 为什么猫从高处落下时总用爪子着地?

众所周知，当把猫背部向下从高处扔下时，猫总能用爪子着地，尽管猫最初并没有旋转。这个问题仍涉及旋转运动和角动量。很多人错误地认为是尾巴让猫在下落时旋转。可是没有尾巴的猫还是可以在空中旋转并用爪子着地，与它有尾巴时一样容易。

当背部朝下被扔下时（最初没有旋转运动），猫的角动能为零，而且在整个下落过程中，角动能仍然为零。在下落的第一阶段，猫伸展后腿，靠拢前腿。因为这种方式可以使猫的后半身比前半身有更大的转动惯性，前半身就会更快地以逆时针方向旋转，而后半身却以顺时针方向缓慢地旋转，这样就可以将角动量保持为零。当猫的前半身姿势确定后，它采用了同样的策略，但是这一次，猫的前腿伸展，后腿聚拢，后半身的转动惯性就比前半身小。最后，猫四爪着地，并始终将角动量保持为零。

陀螺仪

▶ 什么是陀螺仪？

典型的陀螺仪是一个球状或圆盘状物体，它可以朝任何一个方向旋转，并产生很小的摩擦力。陀螺仪经常被用来解释和证明转动惯性定律，用它可以说明一个旋转的物体会保持旋转状态直到有外部的转矩改变它的旋转。地球就是陀螺仪的极好的例子，它不停地绕轴旋转并将永远旋转下去，直到有外部转矩改变它的运动。孩子玩的陀螺是陀螺仪的另一个例子。当陀螺旋转时，它会持续以垂直方向旋转，直到陀螺尖与地表的摩擦力产生较大的转矩使其停下来。这意味着陀螺不再是垂直地旋转，而是有略微的倾斜，它持续这种状态直到摩擦力减慢了转动速率，陀螺顶部撞击到地面为止。

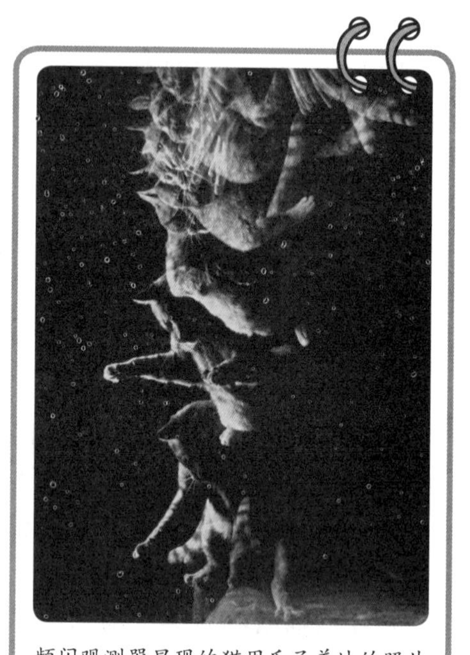

频闪观测器显现的猫用爪子着地的照片。

▶ 陀螺运动的其他例子有哪些？

旋转的地球和玩具陀螺是陀螺仪的典型例子。人们在日常生活中经常应用陀螺运动。比如说，足球作为一个陀螺时很容易被抛出。当球以盘旋状抛出时，它在抛出的整个过程中仍然保持相同的方向。这时如果足球的前端是倾斜的，它被扑到的时候前端仍是倾斜的。从枪口射出的子弹也是旋转的，通过旋转（子弹拥有更多的陀螺仪特征），子弹能在空气中保持预计的轨道击中目标。

陀螺仪有什么用途?

除了子弹、足球、玩具陀螺和地球之外,陀螺仪还有很多其他用途。被叫做旋转罗盘的陀螺仪在飞机、船、火箭和导弹的航行和导航系统中起到了重要作用。旋转罗盘指向真北(非地磁北)。磁罗盘放在电气设备旁边时,会受到磁力的影响产生偏差。而旋转罗盘依靠转动惯性和转矩提供准确的测量,这意味着它不会受到磁力的影响,通过测定某一固定航线的变化,旋转罗盘可以向导航系统发出信号。有时,它也可以通过测量来帮助稳定汹涌海水中的船只。

自动导航系统怎样利用陀螺仪?

飞机上的自动导航系统通常不止使用一个陀螺仪,很多陀螺仪同时使用,帮助自动导航系统确定飞机的位置和目的地。垂直方向的陀螺仪通过制造一个模拟水平面来测出螺距的变化(仰飞还是俯飞)和侧滚(一面向另一面滚动)。模拟水平面是一条垂直的直线,用来标志自动导航系统以其自身为参照测量出的水平面。另外还有一套陀螺仪用来确定飞机的方位和航向。这种方位陀螺仪与许多船上使用的旋转罗盘类似。控制自动导航装置的计算机决定怎样针对不同的航向做出反应和相应的调整。

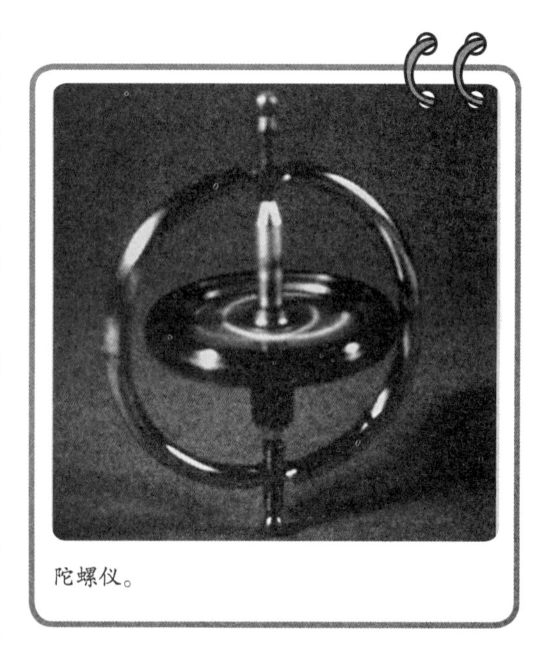
陀螺仪。

自行车怎样保持直立?

任何一个会骑自行车的孩子都会告诉你,行驶中的自行车更容易保持平

衡。物理学家告诉你这和车轮的旋转惯性以及陀螺运动有关。自行车轮胎像陀螺一样运动，它绕着一个摩擦相对较小的轴旋转，在摩擦使它减速直到停下之前，它会一直旋转。在运动过程中，轮胎越大，其旋转惯性就越大，在受到外力扭转时就越不容易翻倒。如果自行车的车架向左倾斜，它的前轮会自动向左行驶来尽量使自行车保持直立（因为如果前轮不这么转，自行车和骑车人都将摔倒）。转弯时通过倾斜车身的方法，能在急转弯时使自行车保持稳定。

三 功、能量和简单机械

功

什么是功?

在日常用语中，做功就是消耗能量去完成某事。在物理学中，消耗的能量是施加在某个物体上的力，物体受到力的作用在这个力的方向上发生移动。其结果是物体移动了一段距离。用简单的数学公式描述就是功=力 × 距离。

什么是焦耳?

焦耳是功和能量的常规单位。是以19世纪英国物理学家詹姆斯·普雷斯科特·焦耳(James Prescott Joule)的名字命名的。焦耳是功的公制单位。1焦耳被定义为1牛顿的力作用在物体上使物体移动1米的距离所做的功，其中力的方向与物体移动的方向是一致的。功的单位还有尔格、英尺磅以及Btu(即英国热量单位)。

功的转换因子是什么?

焦耳是公制体系中测量功和能量的标准单位，然而，其他单位也能在其他的测量体系中使用。下面是功与英尺磅、尔格和Btu之间的转换：

1焦耳=0.737 6英尺磅

1焦耳=1×10^{7}尔格

1焦耳=9.4×10^{-4} Btu

功和能量有哪些不同之处？

功和能量之间实际上并没有太大的差异。为了做功，物体必须具有能量；而为了具有能量，物体必须被做功。

功　率

如果物体移动得更快，做功的总量增加了吗？

如果一个人用10牛顿的力去移动一个物体，使它在10秒钟的时间里移动了10米的距离，那么他做了100焦耳的功（力 × 距离=功）。如果这个人在同样的时间里将这件事做了两次，虽然做功的总量是相同的（100焦耳），但他生成了两倍的功率。功率的定义是功除以做功所用的时间，表示做功的速度有多快。功率的单位是瓦特，是以詹姆斯·瓦特（James Watt）的名字命名的。

汽车、摩托车和刈草机的发动机的功率是用马力来计量的。什么是马力？

如果要购买一台有发动机的机器，应该知道这台机器是否具有足够大的功率来完成工作。在美国，大部分发动机是通过活塞排量来测量其功率的，而输出功率则用马力来度量。测量马力有3种不同的方法，每种方法产生的结果是一致的。在美国，测量马力的标准方法叫做“制动马力”法。这种方法是用发动机在最佳性能时产生的功率减去高温、发动机膨胀及摩擦所失去的功率。

1马力等于多少瓦特？普通人具有多少马力的功率？

1马力相当于746瓦特的功率。普通人在几分钟内平均能产生1/3马力的功

“马力”这个术语的来源

马力这个术语来源于苏格兰发明家詹姆斯·瓦特。一单位马力的值是瓦特在进行了几次马拉煤的实验后确定的。他最初确定普通马每分钟能拉2.2万英尺磅，换句话说，1马力被定义为在1分钟内将2.2万磅煤（9 979.2千克煤）移动1英尺所做功率的总数。瓦特对他测得的这个数字并不满意，因为他觉得这个数字太小了，他认为普通马比他最初计算和实验得出的结论更有力量。因此，在对马做了大量的研究之后，他把1马力的值增加到每分钟3.3万英尺磅。

率，而在较长的时间里只能产生1/10马力的功率。

其他测量马力的方法有哪些？

虽然在美国销售的大部分发动机和其他大功率机器是用制动马力法来测量的，还有另外两种表示发动机马力水平的方法。一种是通过测量发动机在一段较长的时间产生的功率，时间因素是非常重要的，因为发动机或许能产生较大的功率，但它可能不会长时间地保持在这个水平。

另一种方法是简单地标明发动机的理想输出功率，不考虑转化为热能的那部分能量，对发动机来说，热能是无用的能量形式。

能量守恒定律

乘电梯上升时，会获得什么类型的能量？

当电梯发动机对电梯和电梯里的乘客做功时，它给他们能量。特别是当电梯使它本身及电梯里的人上升时，它产生重力位能。这种能量是势能，因为如果电梯钢缆断掉，电梯和电梯里的人有下落的可能。这种类型的能量是由重力造

成的，原因是当钢缆断掉时，乘客和地球之间的万有引力会使电梯和电梯中不幸的乘客加速落向地面。

当电梯急剧下降时，电梯里的人能获得什么类型的能量？

势能取决于物体的重量以及物体距离地面的高度。物体所在位置越高，它的势能就越大。然而，当物体下降时，重力位能会转化为动能。因此无论电梯使人从高处急剧下降还是缓慢下降，当电梯加速时，电梯在失去高度和势能的同时获得动能。动能被定义为质量的1/2与速度的平方相乘。

能量守恒定律如何应用在下降的电梯上？

在前面的下降电梯的例子中，电梯及其乘客的能量逐渐从势能转化为动能。尽管在电梯下降的整个过程中，能量的形式在改变，电梯和乘客的能量总数（即势能与动能的和）是固定不变的，当电梯下降时，速度和动能增加，而势能在减少。

什么是能量守恒定律？

在整个宇宙中，能量的总量是固定而不会改变的。能量守恒定律特别指出：能量不能被创造也不能被消灭，它只能是从一种能量形式转化成另一种能量形式。换句话说，能量的总数是固定不变的，我们确实不能将能量用光。当我们使用能量时，实际上就是把它转化为另一种形式。在宇宙中的能量总数是不变的。

守恒定律——能量守恒、线动量和角动量守恒，是现代物理最基本的定律，现代物理包括相对论、量子力学等等。

简 单 机 械

我们怎样才能使工作更容易？

机械没有减少我们的工作总量，而只是使之更容易。在工程学和物理学领域，人们知道4种类型的简单机械，这些机械在很久以前就被人们所认识，并且现在仍是所有机械的基本形式。

功=力量 × 距离。机械被用来减少需要使用的力，但在该过程中，力作用在物体上，使物体移动的距离增加了。

▶ 什么是机械利益？

机械利益是一个指标，用来标示使用机械可以节省多少力。如果在对物体做功时，某个机械使你只用平时力的一半就达到了目标，那么这个机械的机械利益就是2。如果通过机械只使用了原来力的1/3，其机械利益就是3。如果机械没有减少力和距离，它的机械利益就是1。如果一个机械的机械利益小于1，那么它增加了使用的力量而减少了需要移动的距离。

▶ 没有机械利益的机械仍然有用吗？

一些机械的机械利益是1，就是说，这个机械既没有减少需要的力，也没有减少移动的距离。这样的机械仍然是有用的，因为它们改变了力和运动之间的方向。例如，单独的一个滑轮没有减少抬起物体所需的力，也没有减少物体需要被举起的距离，但它使人将物体从低处拉起，而不是必须将其抬起。

▶ 你为什么需要能增加所需力量的机械？

机械利益比1更小的机械是非常有帮助的，因为这样的机械虽然增加了做功所需要的力，但这些力量只需要移动一段很短的距离。因此，它们比机械利益更大的机械做功更快。

▶ 4种简单机械都是什么？

1. 斜面；
2. 杠杆；
3. 轮轴；

4. 滑轮。

斜　面

斜坡如何成为斜面机械的一个实例?

当人试图抬起很重的物体时,斜面机械是非常有帮助的。例如,搬运工把重物装进卡车时,不是直接抬进去,而是使用斜面机械。通过使用斜坡(斜面机械的一种),搬运工能把物体拖上斜坡;尽管在斜坡上走过的距离比直接把物体抬进卡车的距离长了很多,但所需的力量却小了很多。虽然使用的力减少了,但因为所经过的距离更长,因此所做的功与直接将物体抬进卡车所做的功是一样的。

把斜面作为简单机械使用的第一人是谁?

没有人确切知道是谁发明了斜面机械,但人们都确信埃及人在建造金字塔

搬运工使用斜坡可以减轻劳动强度。

时使用了斜面工具。一些历史学家认为当时人们使用的斜坡的长度超过了1千米，这样奴隶们才能拖拽重达几百吨的巨大岩石，尽管搬运的距离变长了，而需要的力却明显减小了，这对于搬运工来说容易了很多。

有趣的是，另一些历史学家则坚决认为埃及金字塔的巨石是利用杠杆原理搬运上去的。实际上，在埃及的很多古老的墓地和大型历史遗迹中都发现了记录埃及金字塔建造过程的古老图画。坚决认为使用了杠杆的历史学家拒绝接受斜面理论，因为他们相信在某种程度上，比起建造金字塔本身，人们不会用更多的精力和体力来建造斜坡。比如，伟大的基奥普斯金字塔建造斜坡所需的原料将是建造金字塔本身所需原料的很多倍。建造土垒斜坡存在的问题是为了使这个斜坡保持牢固，所需的材料体积大约是斜坡高度的3次方。

楔子是简单机械吗？

楔子是能被移动的斜面。凿子、刀、短柄小斧、木匠使用的刨子和斧子都是楔子的实例。楔子可以只有一个斜面，比如木匠的刨子；也可以有两个斜面，比如刀刃。

螺丝是什么类型的简单机械？

螺丝刀是一个工具，同时也是一个螺丝。如果从螺丝杆上将螺丝旋转锋展开，就会展现出一个长的斜坡。

螺丝主要有两种使用方式。第一种是将多个物体固定在一起。简单的例子包括木螺丝和金属螺丝，瓶子、罐子上的螺孔。螺丝还能提供作用在物体上的力。老虎钳、压榨机、夹具、活动扳手、手摇曲柄钻和拔软木塞的瓶塞钻中应用的螺丝是这种使用方法的实例。

当一个力被作用在螺丝帽上时，这个螺丝就作为一个简单的工作机械。例如，一个人可以通过旋转螺丝刀来给木螺丝施加力量。这个力通过螺丝的螺线部分向下传递到螺丝的尖端。螺丝尖进入木头的运动是机械的阻力造成的。螺丝刀每旋转一周，螺丝尖只进入木头一螺纹的距离。相邻的两个螺纹之间的距离叫做倾斜度。倾斜度越低的螺丝（即螺纹之间离得更近），机械利益越大，更容易被拧进木头里，因为这样的螺丝有更多的旋转——也就是更大的距离，其结

各种类型的螺丝,都是根据旋转倾斜面的原理制成的。

果是需要更小的力就可以将它拧进物体中。

谁发明了螺丝?

阿基米德研究并发展了用数学来计算杠杆的机械利益,他还发明了阿基米德螺旋(斜面和新式螺丝的变异),这是一种能从水塘和水井中提水的机械。通过反转螺丝的运动,尘土、岩石和水等物质能向螺丝的斜面上移动。螺丝和钻头用类似的方法在反转时带出锯末。螺丝每旋转一周,物质被举起的高度与螺丝相邻两个螺纹之间的距离相同。

杠　杆

杠杆是什么?

杠杆是由一根支撑在已知点上的结实的杆组成,这个已知点叫做支点。作

杠杆和支点。

用在杠杆某个点上的力是为了移动某个物体。而我们知道的阻力是作用在杠杆上的其他点上的力。常见的杠杆实例是撬棍,它被用来移动像岩石这样的重物。使用撬棍时,将其一端放在岩石下,杠杆被支撑在靠近岩石的某个点(支点)上。然后人在撬棍的另一端使用力将岩石撬起。

"运动"一章阐明了在离支点或转轴尽可能远的地方施加一个力能增大力矩。因此,一个人为了移动物体,使用的杠杆越长,他需要使用的力就越小。如

阿基米德曾做过怎样的用杠杆移动地球的声明?

公元前3世纪,当阿基米德在做关于杠杆的实验时曾说:"给我一个坚固的支点,我能撬动整个地球。"他所指的是使用杠杆来实现这一假设。在理论上,这是可行的:如果具有一个足够长的杠杆和一个地球之外的支点,人可以移动地球。

果使用的杠杆足够长，再重的物体也能被移动。

▶ 什么是第一类杠杆？

第一类杠杆是指支点在施力点与受力点之间的杠杆。第一类杠杆由一个使用者提供的力臂，一个被称为支点的枢纽点和一个为了举起或移动物体所设置的阻力共同构成。例如，孩子们玩的跷跷板就属于第一类杠杆。当一个孩子坐在跷板上升时，他坐在阻力臂上；而脚在地面上的孩子正坐在力臂上。船桨和撬棍是第一类杠杆的其他实例。

▶ 剪子是杠杆吗？

剪子是在同一支点同时工作的两个第一类杠杆。对剪子来说，每一片剪刀都是一个杠杆，当力作用在剪子的把手上时，这两个杠杆在同一支点上转动。相互之间越来越紧密时，就能用它们锋利的刀刃剪开东西。

▶ 什么是第二类杠杆？

第二类杠杆是施力点与受力点在支点同一边，并且受力点在施力点与支点之间的杠杆。第二类杠杆的一个例子就是在公元4世纪时由中国人发明的手推车。在这个例子中，支点是手推车的轮子，受力点是车上的泥土，施力点是车把。

▶ 第三类杠杆的例子有哪些？

同第二类杠杆一样，第三类杠杆的施力点和受力点也都在支点的同一边，但在第三类杠杆中，受力点与离支点的距离要比施力点与离支点的距离远得多。这样会产生一个小于1的机械利益。这样虽然会需要更多的力，但增加了杠杆的动量。与使用第一类杠杆可以更容易地抬起物体不同，使用第三类杠杆可以使手移动更少的距离。

第三类杠杆的例子包括鱼竿，阻力来自鱼，作用力（钓鱼者的手）离支点的距离更近。在这个事例中的支点就在鱼竿与钓鱼人身体接触的部位。另一个第三类杠杆的例子是棒球棒。手离支点非常近,支点在球棒的尾部,而在球棒击球时,为了将球打出,阻力臂快速地移动。

滑　轮

什么是滑轮?

当无法利用斜坡将物体升高到一定高度时,可使用一组滑轮和绳子以便获得机械利益。滑轮是边缘上缠着绳子的轮子(轮子的中心有一个轴承)。古代亚述人用一个简单的滑轮将物体提升到屋顶。使用一个定滑轮没有机械利益,但却可以让人向上拉物体而不是向上推或提物体。单个的定滑轮完全改变了力的方向。

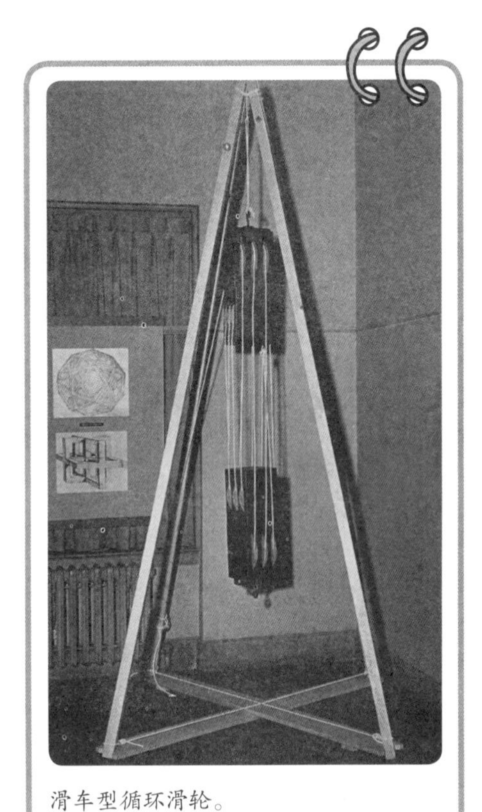

滑车型循环滑轮。

希腊人和罗马人是怎样提高滑轮的机械利益的?

希腊人和罗马人使用缠绕在一根绳子上的多个滑轮以使用更少的力量来提升物体。通常情况下,滑轮的数量越多,机械利益就越大。在一个十分简单的装置中,罗马人使用5个滑轮使机械利益达到了使用1个滑轮时的5倍。这种多滑轮装置被称为滑车。

为了更好地调整滑车装置,古代的工程师建造了与顶端滑轮有关联的机械吊车,以便将物体提升得比建筑物屋顶还要高。阿基米德甚至还设计了一艘多滑轮滑车装置的帆船,船长一人就能独自驾驶。

轮　　轴

什么是轮轴?

轮轴是与一个被称为轴的中心杆相关联的圆盘,这个圆盘能绕着轴进行旋转。汽车里的方向盘是一个轮轴。我们握在手中并提供转矩的部位叫做方向盘,它转动一个很小的轴。与轴的直径相比,方向盘的直径越大,机械利益就越大。

轮轴是什么时候发明的?

历史学家认为在公元前1世纪或公元前2世纪,欧洲人可能最先研制了一种叫做旋转手推磨的装置。这个装置由一个与轴相关联的曲柄构成,用曲柄转动一个圆形磨盘来磨谷物。这种旋转手推磨是轮轴机械的第一个标志。

螺丝刀是怎样的轮轴?

不使用任何工具徒手松螺丝十分困难,而且几乎是不可能的。一把螺丝刀通过为旋转提供更大的转矩来帮助完成这一工序。螺丝刀的柄(最好是粗一些的)是轮子,而金属杆是轴。螺丝刀柄的直径越大,紧螺丝或者松螺丝时所需的力就越少。

齿　　轮

踏车是什么?踏车是怎样帮助发展齿轮的?

轮轴发明后不久,踏车就开始在整个欧洲的磨坊中被使用。踏车要求一个人或者几个人站在我们今天称之为松鼠轮的装置里。松鼠轮原本是用来训练啮齿目宠物的圆轮。改良的松鼠轮被垂直放置,因此人在行走时能保持直立。

与轮子相关联的轴是水平的，但为了磨谷物，轴必须是垂直的，以便转动磨盘。通过这些改造，人们发明了齿轮。人们使用轮轴是为了实现机械利益，与此不同的是，使用齿轮的目的是为了改变方向。因此人们利用踏车来提高磨谷物的效率。

一个有偏角的松鼠轮是一个平台，它以中心为基点倾斜，上面有可供踩踏的木脊。

谁对齿轮进行了研究？

1世纪时，埃及亚历山大市的希腊工程师希罗（Hero）在一本名为《结构》（*Mechanica*）的书中详细描述了当时已知的各种类型的齿轮。希罗还是第一个发明真正原始蒸汽机车的人，他在几何学领域也有一些突破。

用来转动齿轮的水平的踏车。

什么是齿轮？

齿轮是轮轴的副产品，在机械中能产生巨大的机械利益。齿轮除了能像在磨坊中使用的第一个齿轮那样改变轴的方向之外，还能成倍地增加力并精确地运转计时装置。

齿轮由刻有齿状的轮子构成。一个齿轮系统的机械利益是由被驱动轮的齿数除以驱动轮的齿数来确定的。为了增加机械利益，驱动轮要比被驱动轮小，驱动轮上的齿数要比被驱动轮的齿数少。这种为减速齿轮。加速会导致一个小于1的机械利益，但同时会增加齿轮系的速度。加速时，驱动轮必须比被驱动轮大，并比被驱动轮拥有更多的齿数。虽然这样的齿轮系不够有力，但是速度会更快。

什么是安蒂基西拉机器?

安蒂基西拉机器是个机械日历,由25个相互关联的铜齿轮构成。据估计,在一艘古老的失事船只的残骸上发现的安蒂基西拉机器,是公元前1世纪时期在希腊罗德岛上建造的。这个装置的重要意义在于它证明两千多年前就出现了高水平的数学和工程技术。

齿轮传动装置,本图左上角还有一个蜗轮。

能　　量

当一个正在下降的物体停住时,它的能量会发生怎样的变化?

因为能量守恒定律说明了在一个系统下,能量总是一个不变的常量,一个下降并落到地面上的物体应该弹回它开始下降的地方。虽然看起来动能应该都被转化为势能，然而在与地面撞击时能量的一部分被转化为热能。实际上，由于空气分子与物体之间的摩擦，一部分动能也被转化成热能。能量尽管是守恒的，却并不是必须在机械能量之间进行转换，大量的能量被转化成热能。这被称作“非弹性碰撞”。

▶ 简单机械会因为摩擦而损失能量吗？

一台理想的机械应该是被施与多少能量就可以产生多少能量；然而，这样的机械是不存在的。由于运动部位之间产生的摩擦力，大量的能量被转化为热能。大多数机械用效率来度量，效率就是在一个机械中投入的功与机械产生的功之间的比率。

能　效

▶ 一般的汽车有多少能效？

汽油的化学势能作用在汽车上产生的所有能量，只有大约25%用来移动汽车。另外75%的能量都转化为其他类型的能量，这些能量对移动汽车是毫无作用的。例如，运动部位的摩擦将动能转化为热能，热能只会增加发动机的温度。其余的热能作为废气通过尾气管排出。工程师们正在不断研究增加汽车发动机效率的方法。

▶ 在过去的几年里，汽车尾气排放量减少了吗？

一氧化碳的排放约占大气污染物的60%，在这60%中，有80%来自汽车尾气。然而在过去的15年里，这个数字在不断减小，这主要应该归功于尾气控制、能源保护以及非传统能源方案的应用。

▶ 从20世纪70年代到现在，汽车的效能提高了吗？

现在，家庭购买汽车的数量在增加，驾驶的里程数也在增加。然而，每辆汽

车的平均燃料燃烧效率提高了，结果对于每辆汽车来说，每千米需要更少的汽油，排放更少的尾气。下面是过去二十多年里在美国每辆汽车行驶的平均英里数、汽油消耗量以及燃料燃烧效率的对照表。

年　份	距离（英里）	汽油消耗量（加仑）	燃料燃烧效率（英里每加仑）
1970	10 271	760	13.5
1975	9 690	718	13.5
1980	9 141	590	15.5
1985	9 560	525	18.2
1990	10 548	502	21.0
1995（估计）	11 000	495	22.2

能源生产和消耗

世界上最大的能源生产国有哪些?

世界上最大的能源生产国是:

序　列	国　家	序　列	国　家
1	美　国	6	英　国
2	俄罗斯	7	伊　朗
3	中　国	8	挪　威
4	沙特阿拉伯	9	印　度
5	加拿大	10	委内瑞拉

俄罗斯和美国能源产量的总和几乎占全世界能源产量的1/3。

世界上能源消耗最大的国家有哪些?

排名世界前十位的能源消耗最大的国家有:

美国消耗的能源比其生产的能源超出28%。美国消耗的能源占全世界的25%,而美国的人口只占全世界人口的5%。

序　列	国　家	序　列	国　家
1	美　国	6	加拿大
2	中　国	7	印　度
3	俄罗斯	8	英　国
4	日　本	9	法　国
5	德　国	10	意大利

▶ 一些普通家用电器平均每年消耗多少能量?

在美国,家用电器消耗的能量大约占美国消耗全部能量的1/3。能源的平均价格大约是每千瓦时0.12美元,但在美国全国范围内,价格是不完全相同的。下面是各种家用电器的能源消耗量以及全年所需费用的清单。

家 用 电 器	能源消耗量(千瓦时)	每年费用0.12美元/千瓦时
电视机(每天8小时)	1 000	$120
烤 炉	1 000	$120
洗衣机	150	$18
干衣机	1 000	$120
电冰箱	1 200	$152
无霜冰箱	2 000	$240
热水器	5 000	$600
空调(如果全年使用)	1 500	$180

美国哪些州消耗能源最多?

总的来说,美国消耗能源最多的州是得克萨斯州,依次是加利福尼亚

州、俄亥俄州和纽约州。然而，人口平均能源消耗的结果是完全不同的。人均消耗能源最多的州是阿拉斯加州、路易斯安那州、怀俄明州、得克萨斯州和北达科他州。阿拉斯加州人均消耗能源最高并不奇怪，因为他们需要消耗更多的能源来取暖。

能源消耗最少的州是罗得岛州、南达科他州和佛蒙特州。然而按人均能源消耗量来说，最少的州是加利福尼亚州、夏威夷州和纽约州。

非传统能源

非传统能源是什么意思？

非传统能源是一些不是由矿物燃料产生的能源。非传统能源的形式包括核能和可再生资源，例如水力发电、地热、生物质、太阳能以及风能。目前我们消耗的能源大约80%都来自矿物燃料，例如煤炭、天然气和汽油。

什么是水力发电、地热、生物质和风能？

水力电能是将高速度、高动能的水输入即水的动能转化为可用电能的涡轮机所产生的能量。地热能是从地球中得到的能源（通常是以水蒸气的形式），将高能量的水蒸气转化为可用的电能。生物燃料或生物质包括木头和木制产品以及废物和垃圾沼气气体燃烧所产生的电能。最后，像水力发电利用水的动能产生电能一样，风能使用大量的旋转风车将空气的动能转化为可用的电能。

与地球上的矿物燃料相比，地球能从太阳得到多少能源？

地球每年从太阳得到的能源比地球每年消耗能源的1.5万倍还多。据估计，地球每年从太阳得到的能源比整个地球上的所有矿物燃料所能提供能源的10倍还多。

加利福尼亚阿尔塔蒙特的发电风车。

位于美国科罗拉多州高尔登的美国国家能源部研究实验室的太阳能系统。

是谁发明了第一个太阳能收集器和太阳能发动机?

法国数学家奥古斯丁-伯纳德·摩夏(Augustin-Bernard Mouchot)第一个成功收集到了太阳能。然而由于当时煤炭非常充足并且便于使用,所以几乎没有人对摩夏的发明感兴趣。直到20世纪70年代能源危机爆发时,美国以及全世界的人们才开始认识到矿物燃料并不是取之不尽的。直到摩夏实验的100年后,美国才开始重视太阳能的使用。尽管对太阳能有了大规模的研究,但美国直到现在只有0.1%的太阳能产品。

各种能源分别能产生多少能量?

能　源	百分比(%)
风力发电	0.1
太阳能	0.1
地　热	0.5
生物能源(木材,垃圾沼气气体,农业垃圾)	4.3
水力发电	5.0
核　能	9.9
矿物燃料(天然气,煤炭,原油)	80.0

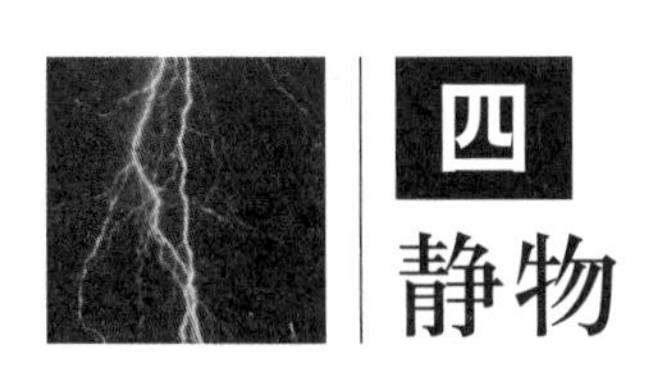

四 静物

质　　心

▶ 当锤子被抛到空中时，为什么看起来摇摇晃晃？

如果一个棒球被扔到空中，它就会像物理定律所描述的那样，沿着一条圆弧的抛物线（弧线或者类似于拱形）路径行进。然而，如果同样把一个锤子或扳手抛到空中，它在整个运动过程中看起来都是摇摇晃晃的。这种摇晃是由于锤子的质量分布不均匀造成的。

在一些物体中，质心被定义为它质量的平均位置的中心。因为质量被均匀分布到整个棒球上，质心就在球的中心。而对于像锤子这样的物体，质心并不在物体的中央。因为大部分质量被分布在锤子的金属头上，质心也就离锤头更近。

物理定律规定，当物体被抛到空中时，质心要沿着一条抛物线行进。尽管锤子和球看起来没有进行相似的运动，但实际上它们的质心进行了相似的运动。当棒球和锤子被抛到空中时，如果仔细观察它们的质心，就会发现它们的质心都是沿抛物线路径行进的。

▶ 质心和重心有什么区别？

质心是物体质量的平均位置，重心是物体重量的平均位置，

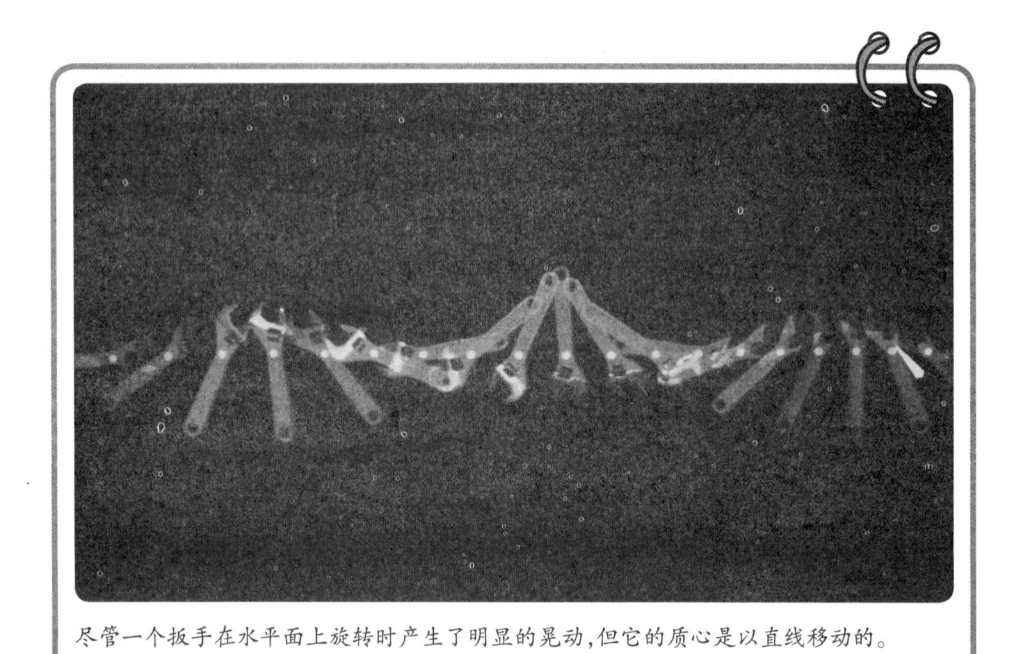

尽管一个扳手在水平面上旋转时产生了明显的晃动，但它的质心是以直线移动的。

重量等于质量乘以重力加速度。对于大多数物体来说，质心和重心没有什么差异。而对于比较大的物体（比如行星），质心和重心可能会有轻微的不同。例如，月球的质量分布是均匀的，并且它的质心就在它的中心。然而，由于地球对月球产生万有引力，万有引力的大小取决于质量和距离，月球上离地球较远的一边与较近的一边受万有引力的大小是不同的。因此，由于月球近端的万有引力比远端的万有引力更大，月球的重心也就比质心更靠近地球。

呼啦圈的质心在哪里？

正像棒球的质量被均匀地分布在整个球上一样，呼啦圈的质量也被均匀地分布到整个呼啦圈上。但有一个重要的差异，呼啦圈是一个环状物，因此没有质量分布在中心。然而，呼啦圈的中心仍然是它质量的平均位置，因此也就是它的质心。

对于地球上的物体,一端与另一端的万有引力的差异可以忽略不计。因此,在日常应用中,质心和重心可以互用。

什么是支撑面?

支撑面对于帮助物体保持直立具有重要的作用。如果你在地面画一条线,来描出你站立时脚的轮廓以及两只脚之间的区域,在线里的区域就是你的支撑面。例如,建筑物的支撑面是它在地面上的地基面积。自行车的支撑面是它的两个轮子与地面的接触点之间的面积,并包括这两个接触点。

为什么支撑面对物体保持直立是至关重要的?

如果一个物体是不稳定的,那就意味着它很容易翻倒。物体翻倒时,它的质心位置水平移出它的支撑面。这时就不再有东西支撑这个物体,它自然会翻倒。

为了使物体更稳定,必须有一个较大的支撑面,这使得用力把质心推出支撑面变得更困难。例如,巴黎的埃菲尔铁塔被设计成带有一个宽阔的底部和一个细的顶部。这个宽阔的底部使它具有一个巨大的支撑面,因此很难撞倒铁塔。如果没有这样宽阔的支撑面,当遭遇猛烈狂风吹来时,铁塔就会因为质心移出它的地基而倒下。这也是许多无线电传送塔面临的问题;虽然它们没有巨大的支撑面,但它们有牢固的缆绳(被称作张索)来帮助支撑这个建筑物。

为什么教练教导足球运动员和摔跤运动员在阻止对手移动或采取进攻时要将重心下移?

在有身体接触的比赛中,当与对方运动员进行对抗时,最好降低重心,并且将两脚分开站立。这样能增大自己的支撑面,从而使身体更加稳定而不容易被摔倒。而对手为了将你撞倒,必须用力来提高你的质心,然后推倒你。如果你只是简单地直立,两只脚靠在一起,你的支撑面就会非常小,你的对手就很容易将你的质心推出你的支撑面。

比萨斜塔为什么还没有倒?

185英尺（56米）高的比萨斜塔自从1173年建成就一直在不断地倾斜。它发生倾斜是因为它的地基没有牢固地固定在地面上；虽然它的地基有3米多深，但它没有建在能防止倾斜的质地坚实的基岩上。因为比萨斜塔的质心仍然在它的支撑面也就是地基上方，所以尽管它已经倾斜了5.18米，但仍然直立不倒。这个斜塔现在已经不对公众开放了，它每年持续倾斜1.25毫米，并将一直倾斜下去，直到它的质心水平移出它的支撑地基正上方，更确切地说，直到塔的墙壁或者地基结构不再起作用。由于倾斜，比萨斜塔处于切变压力下，它的墙壁和地基是用来分配垂直向下而不是倾斜向下的压力。更大的可能是某一天比萨斜塔的墙壁支撑功能失效，这个塔将在中间的某个地方折断。

比萨斜塔。

猴子为什么有尾巴?

生物学家发现猴子尾巴的多种用途，但物理学家却把猴子的尾巴看成一个很好的平衡工具。猴子尾巴的主要用途是帮助它将自己的质心保持在脚的上方。比如，如果一只猴子站在树枝上伸手去抓香蕉，它的质心将有可能移出它的脚的上方，导致猴子跌落。为了解决这个难题，猴子将它的尾巴伸到背后，来保持它质量的平均位置在脚的上方。鸟类、松鼠和其他有尾巴的动物都是这样做的。

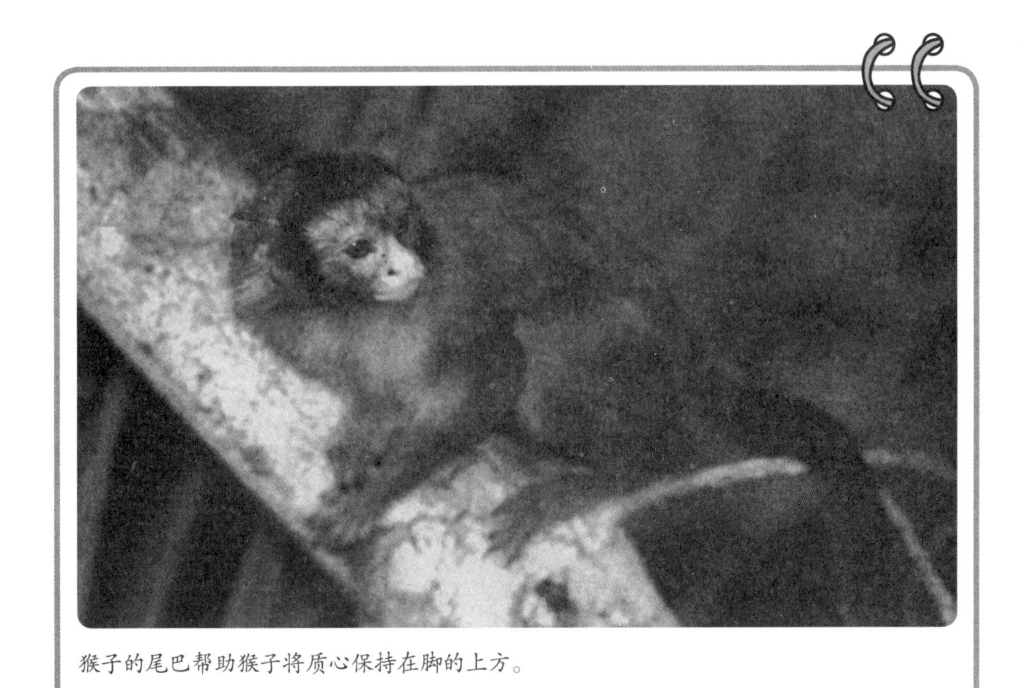
猴子的尾巴帮助猴子将质心保持在脚的上方。

静 力 学

说一个物体是静止的，这意味着什么？

静止表示“不动”。在静电中，电荷不流动，它们保持在一个位置直到出现一个力将它们移动。在工程学和机械物理学领域，静止的意思就是物体不移动。当静止时，作用在物体上的所有力相互抵消使物体不发生移动，作用在物体上的力的净数或者说总数是零。

当我们坐在椅子上时，为什么是静止的？

只要你正坐在椅子上没有移动时（相对于地球），你就是静止的。也就是说，这把椅子正在用一个向上的、与你重量相等的力支撑着你。你将一直保持静

止直到出现外力改变你的运动。

▶ 来自椅子的支撑力又叫什么力?

支撑力的另一个名称叫做“正交力”。正交力的方向总是垂直于表面。如果椅子放在水平面上,它的正交力是垂直向上的。而斜面上的正交力应该是垂直于斜面表面的,并且不是完全的垂直。“正交”这个词是由90°角的几何学名称派生来的。

▶ 什么是张力?

张力就是试图把物体撕开的力。在拉紧的绳子、缆绳和金属线上都存在张力。运动员悬挂在单杠上时,在他的胳膊上产生张力。当他用两只胳膊悬挂时,每只胳膊上的张力是他体重的一半。只用一只胳膊来悬挂住身体并坚持一定的时间是有一定难度的,因为这只胳膊承受的张力与他的体重是相等的。

▶ 为什么体操运动员在吊环上表演十字支撑会那么困难?

曾经在吊环上尝试过十字支撑的人都会知道,除非非常强壮,否则是无法完成这样一个静态姿势的。困难的原因是这个动作需要巨大的力将人的身体吊在吊环上。物理学表明,拉紧的金属线、绳索与人越接近水平姿势,保持物体悬挂所需的力就越大。换句话说,悬挂物体最容易的方法是垂直的金属线或者胳膊;金属线和胳膊越接近水平,线上的张力就越大。

比如,晾衣绳是水平的,即使只在上面悬挂一些比较轻的东西,绳子也产生了巨大的张力。你可以用垂直的细绳来代替水平的晾衣绳,这样可以用小得多的张力来撑起同样的衣物。然而问题是你把这条垂直的细绳系在哪里?

▶ 与张力相对的力是什么力?

张力是一种拉扯力,而压力是一种推挤力。如果现在你正坐着,在臀部和椅子上产生了一个压力。即使在站着的时候,你也正在对你的腿以及腿下的地面

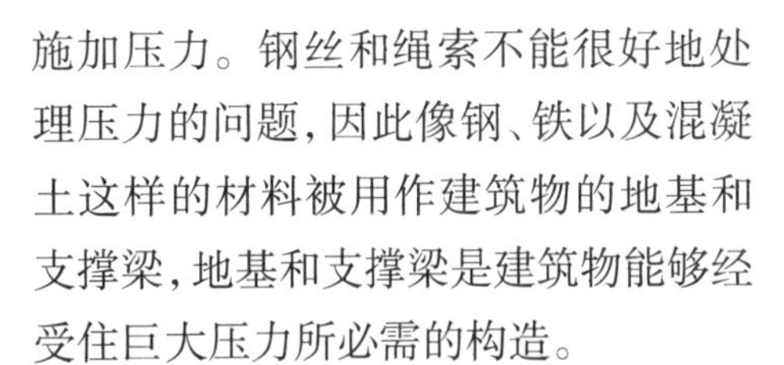

施加压力。钢丝和绳索不能很好地处理压力的问题，因此像钢、铁以及混凝土这样的材料被用作建筑物的地基和支撑梁，地基和支撑梁是建筑物能够经受住巨大压力所必需的构造。

体操运动员表演十字支撑。

什么是剪应力？

说明剪应力最好的例子就是剪子。剪子也叫大剪刀，用它的两个刀片推向物体，并试图从两个相反的方向切入物体。剪应力做同样的事情。地震常常会使地球构造遭受大量的剪应力。地震后，道路开裂的画面显示出路面的一侧向一个方向运动，而另一侧向相反方向运动，两侧彼此擦过将地面隆起。

建筑物还受到哪些重要的力？

扭力可以将建筑物扭弯，桥梁和塔利用交叉支撑来防止这些破坏建筑物的力。

桥梁和其他“静止”的建筑物

桥梁的主要类别有哪些？

有4种基本类型的桥梁，现在的土木工程师将这4种基本类型做了改动并加以使用。这4种基本类型是梁式桥、悬臂桥、悬索桥和拱桥。世界上几乎没有两座完全相同的桥，因为每座桥都是根据其地质状况、成本、美学、使用频率以及

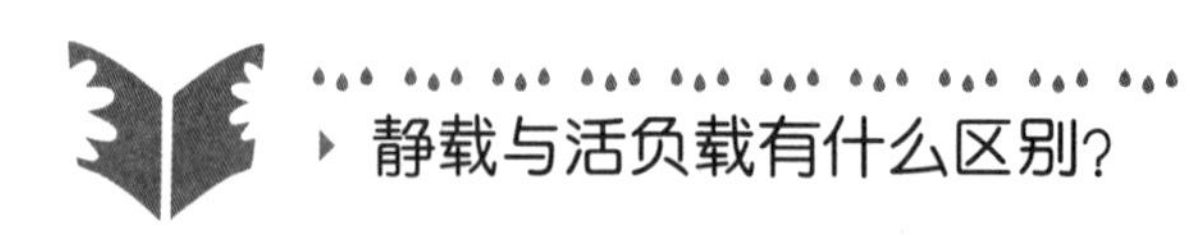

静载与活负载有什么区别?

为了保持静止不变,桥梁(以及所有这类建筑物)必须能够承受住放在它们上面的负载。对于力来说,负载是一个工程学名词。静载是桥梁或者建筑物自身的重量,而活负载是车辆和行人每次通过桥面时施加给桥的重量和力。当然,为了安全起见,工程师设计的桥的活负载会比正常值高得多。

承重等多个细节来设计的。

悬索桥为什么能建得那么长?

世界上最长的20座桥都是悬索桥。悬索桥能够跨越巨大的距离,这是因为悬挂和支撑路基的长缆绳被悬挂在垂直的、高高的塔状建筑上。这些高塔能避免缆绳和路基的中间部分垂直落进水中。而这些长缆绳的末端必须被固定在桥两端的地下,否则路基和缆绳中间部分的重量将使这些高塔向桥的中心下陷。悬索桥优美的悬绳还会带来令人惊叹的美感。

世界上最长的桥是哪座?

在写这本书的同时,世界上最长的悬索桥即将在日本神户建成。这座桥的名字叫做明石海峡大桥,它将跨越6 527英尺(1 990米)的距离。这座耗资33亿美元的大桥不只因为巨大的规模给人留下深刻的印象,还因为它承受住了1995年1月发生的里氏7.2级的地震,这次地震给神户造成了5 000人的死亡。这座神奇的桥所遭受的唯一的破坏就是其中的一个桥墩移动了近1米的距离。这座桥(它的高塔几乎与法国的埃菲尔铁塔高度相同)在巨大的垂直塔中使用倒缆和钟摆以避免地震使桥移动的危险。这些高科技设计的结构与桥运动的方向相反,能使大桥稳定并保证了桥上人员的安全。

▶ 美国最长的桥在哪里?

美国最长的桥也是一座悬索桥,是全世界排名第六长的桥。它就是连接纽约州布鲁克林区与史坦顿岛的韦拉札诺海峡大桥。这座桥于1964年建成,跨度达4 260英尺(1 298米)。

▶ 拱桥如何来支撑它顶部的重量?

拱桥因为稳固而闻名。每个拱形结构所承受的力被转化为一种压力,这种压力从拱顶的中心向外传递到拱形结构另一侧的承托或拱座上。对于在高架桥上使用拱形结构,罗马人是非常擅长的。建于公元前18年的加尔桥就是一座这样的桥,使法国南部的加尔河的水位提高了886英尺(270米)。

▶ 什么是悬臂桥?

典型的悬臂桥由一系列从一个基点射出的支撑整个路面的钢梁构成,路面

连接纽约州布鲁克林区与史坦顿岛的韦拉札诺海峡大桥。

法国尼姆市的加德拱桥。

完全依赖于结实的悬臂。大多数悬臂桥有2个或3个悬臂。这种桥由于成本很高和建造复杂而不再采用。美国的悬臂桥有宾夕法尼亚州切斯特市的康莫道尔巴里大桥，路易斯安那州新奥尔良市的新奥尔良1号和2号大桥以及路易斯安那州格拉梅西市的格拉梅西大桥。

什么是第一种类型的桥？

曾经使用过的第一种类型的桥是梁式桥。这种桥可能只是用来越过小沟或小河的一棵砍倒的树，这棵树可能被河床支撑，也可能受到一堆岩石的支撑。梁式桥由一个被埋在土里的桥墩支撑的水平的路基构成。虽然梁式桥非常结实，但它们不能跨越比较长的距离。

最新型的桥是什么样的？

最新、最美观、最经济的桥之一是斜拉悬索桥。它有时尚的绳索和狭长的车道，是设计相当完美的桥。日本尾道的多多拉大桥跨度为2 919英尺（890米），

苏格兰爱丁堡的福思悬臂桥。

佛罗里达州杰克逊维尔的斜拉悬索桥。

是世界上最长的斜拉桥。斜拉桥通过径直将多条绳索连接到支撑路基的桥面来悬吊路基。这些绳索穿过一系列的垂直高塔连接到地面的桥台。这样的设计减少了对沉重而昂贵的钢铁和巨大的桥墩的需求（它们是支撑悬索桥所必需的）。

埃菲尔铁塔有多高？

为1889年的巴黎博览会建造的埃菲尔铁塔高1 052英尺（321米）。它是用铁塔的设计者古斯塔夫·埃菲尔（Gustave Eiffel）的名字命名的。这座铁塔是他为法国大革命一百周年设计的一个现代建筑物。

世界上最高的建筑是什么？

世界上最高的建筑物曾是1974年建成的美国伊利诺伊州芝加哥市的西尔斯大厦，高达1 453英尺（443米）。然而，亚洲的3栋新的摩天大厦超过它的高度，其中，上海世贸中心的高度达到1 509英尺（460米）。

上海世贸中心的高度达到1 509英尺（460米）。

曾建造的最高建筑物是什么？

位于波兰华沙市郊区的华沙广播塔是曾建造的最高建筑物。它高达2 119英尺（646米），需要许多长绳索支撑才能保持直立。不幸的是，1991年8月，这座塔在维修期间倒塌了。

目前的最高建筑物是美国北达科他州的KTHI电视塔，它的高度（在绳索的帮助下耸立）达到2 063英尺（629米）。世界上最高的独立支撑塔是加拿大国家塔，它的高度是1 815英尺（553米）。

建筑物怎样成为摩天大厦?

为了建造摩天大厦,必须用内部的铁骨架或者钢骨架支撑建筑物,而不是仅仅依靠外部的承重墙来支撑。摩天大厦在拥挤的城市中是既实用又经济的建筑,因为它们更充分地利用了可利用的垂直空间;另外,摩天大厦使用钢铁,这使得建造更为容易,建筑物的重量更轻,并且比混凝土更结实。

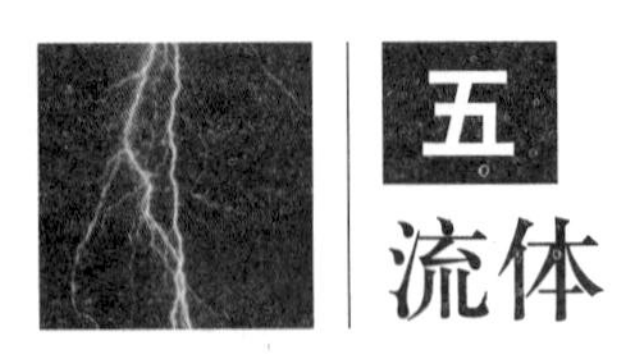

五 流体

什么是流体？

任何可流动的液态或气态的物质都被认为是流体。流体在我们日常生活中的各个方面都发挥着重要的作用，包括呼吸、飞行和游泳。对流体的研究有两个主要领域。研究静止状态流体的领域叫做流体静力学；分析流体运动的领域叫做流体动力学。

流体静力学

水　压

水寻找自身的水平是什么意思？

相对于地球，被放在一个容器（玻璃杯、浴缸或湖泊）中的水的表面始终在容器的两边保持相同的水平。向容器的一边加水只会使整个水平同步升高；永远不能使玻璃杯、浴缸或湖泊中的水一边比另一边有更高的海拔高度。水和所有的液体保持在相同的水平。

为什么水塔必须建在高的建筑物上？

水从海拔高的地方流向海拔低的地方。所以高的建筑物和乡下极其平坦的地区用水会存在一些问题。为了有足够的水压能到达高建筑物的顶端，水塔经常被安置在楼顶。这些水塔（最初用泵将水注入水塔）并不是用来储存水的，而是为了提供足够的压力将水输送到高层。既然水会自动寻找水平面，如果水塔被安置在屋顶，建筑物里其余的水将被向上推至同样的水平上。这种“推力”就是建筑物中的水压。

为什么很多水塔的形状都是球形的，并且被放在高塔上？

球形储水罐被放在高塔顶上是为了保持足够的水压为城镇或社区供水。水的深度决定水压。因为储水罐高高在上，它有非常大的势能，并给水网其余部位的水很大的压力。

对高塔的需要解释明白了，但为什么在顶上放球形的储水罐，而不是建一个看起来更像传统竖井的塔呢？

水压只取决于水的深度。如果相同体积的水被放在竖井形状的储水罐中，水的深度不够大，水压就会减小。而当水被放在位于塔顶的球形储水罐中时，所需的

密歇根州西部的球形（带笑脸图形）水塔。

什么是气栓症？

当潜到深水中时，来自上方的水的压力要远远大于水面附近的压力。如果潜水员太快游上水面，压力的快速改变会使血液中产生氮。

氮在普通大气压下几乎是不能溶解在血液中的。在压力下，它的溶解性增加了。因此，潜水员潜得越深，他的血液就溶解越多的氮，氮是在呼吸时肺部进行换气的过程中溶解到血液中的。当潜水员上升时，压力减小，因此血液中含有超过饱和度的氮。当超过饱和度的氮从血液中被解出时会形成气泡。这些气泡聚集在关节、动脉和其他地方将引起痛苦，并将割裂细胞壁然后阻塞血液和氧进入细胞中，造成伤害甚至死亡。

避免气栓症的最好方法就是缓慢地升到水面，让来自水的液压逐渐减小才有可能避免对身体的伤害。

水量减少，还会有足够的水来产生比较大的势能来保持水压。在干旱或者水的消耗量很大时，球形塔中水的水平可能会降低，但水压将会相对地保持较高的水平。

在湖泊的20米深处和海洋的10米深处，哪一个地方的水压更大？

压强在物理学中被定义为力除以面积。虽然海洋比湖泊包含更多的水，但潜水员正上方的水的深度或者重量决定潜水员所承受的水压的总量。所以，在湖泊20米深处的潜水员所承受的水压实际上是在海洋中10米深处的潜水员所承受压力的两倍。

当潜到游泳池底部的时候，为什么会感到耳朵刺痛？

正像我们上方空气的重量产生大气压一样，水的重量产生液压。在靠近水面的地方有很少的水能向下推并压紧水。而一个人潜入到水下越深，来自上方的水压就越大。如果一个潜水员潜到水池底部附近，实际上他就能感受到增强的水压。耳鼓膜对于增强的水压格外敏感，因为耳鼓膜不像潜水员的皮肤那样具有加固能力。实际上，耳鼓膜通常在潜到水面下5~10英尺（1.5~3米）时就能感受到水压。

▶ 为什么堤坝的底部比顶部更厚？

堤坝阻挡水体，并且水压随着水体深度的增加而增加，因此，水想要流出时产生的水压在堤坝的底部要强于顶部。如果在堤坝的底部、中部和顶部分别钻孔，从堤坝底部的孔射出的水流的水平距离最远，因为那里的水压更大。

血　压

▶ 测血压意味着什么？

血压是血液在人的动脉血管壁上产生的压力。血液的流动在血压中起着重要的作用。心脏是将血液运送到全身的水泵，通过血管将血液输送到身体的各个部位。这些血管能感受到很大的压力，因为血液从较大的动脉到较小的动脉和毛细血管的运动过程中会产生阻塞，这就对血管壁增加了压力。

用来测量血压的设备叫做血压计。将血压计缠绕在大臂上，先充气再放气，同时血压计测量正通过上臂部位的压力。

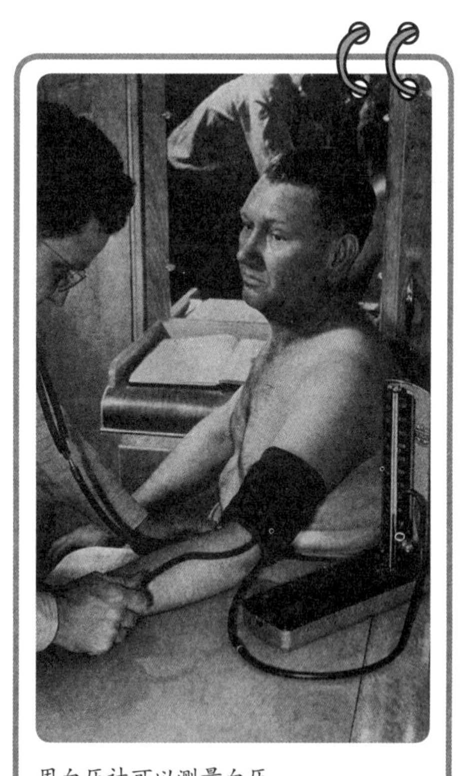

用血压计可以测量血压。

▶ 为什么要通过上臂来测量血压？

液压取决于流体的深度。因为血

压无法在心脏周围测量，而在测血压的位置，其液体深度必须与心脏相同，所以医生和护士必须找到一个与心脏深度相同的位置。在这一水平的合适的部位就是你的上臂。然而，当你躺下时，你的血压几乎可以在你身体的任何位置测量，因为这时你的大多数血液都与心脏在同一水平。

实际上，当你倒立时，你的动脉和静脉外壁上的血压量是能被看到和感受到的。因为当你倒立时，你的头上有大量的血液，血管承受大量的压力，你的脚能经常做的事，你的头却做不到。实际上，血管壁的压力是如此的大以至可以看到人的头部和颈部的血管从皮肤突出来。

大气压力

大气压与液压为什么是相像的?

大气压是由气体产生的压力，产生的原理与液压相同。大气压与液压之间唯一的差异就是气体没有液体密集，因此对人和物体造成的压力更小。例如，地球的大气层延伸到地面上方大约45~50千米。在1平方米面积上的压力大约为

气压计是用来测量大气压的设备。主要有两种类型的气压计，水银气压计和空盒气压计。伽利略的秘书埃万格利斯塔·托里拆利(Evangelista Torricelli)于1643年发明了水银气压计。它由一根大约80毫米长的细长玻璃管构成，玻璃管顶端封闭，装满液态水银，被颠倒着放入一个装满水银的盘子里。依靠大气压来推动盘子中的水银，玻璃管中的水银的水平面会上升或者下降，因为管中没有空气。通过测量管中水银的高度(通常是在737~775毫米之间)，能够测量到相关的大气压。

10万牛顿。然而，如果我们讨论的是水而不是空气，那每平方米上的压力就会大得多了。

▶ 如果大气压是10万牛顿/米^2，我们为什么没有被压碎？

根据牛顿第三定律，我们对空气施加相等的压力。因为我们的身体内部也有空气，并且身体内部的空气与身体外部的空气具有相同的大气压。因此，压力相等，所以我们能在空气中非常自由地运动。

这样的说法对水和潜水员是不适合的。在深水中的潜水员能感受到10万牛顿/米^{2}的压力，因为潜水员身体内部的空气与身体外边的水不在相同的压力下。对于潜水员来说，缓解水压的唯一方式就是吞咽高压的水。但这并不是一个好方法。

还有第二个不用吞咽水就能平衡压力的方法。在极深的深度，如果有充足的时间，空气能被加压到与水具有相同的压力。在这样高压空间里的潜水员就能进入上述的深度而不会被压碎。这样的一个虚构的例子在《深渊》这部电影里有所体现。电影中的潜水舱有一个通到大海中的孔，因此气压必须与水压相等，否则水将灌满潜水舱。然后潜水员能直接跳到水中并四处游动。

▶ 什么是空盒气压计？

空盒气压计是更普通的气压计，在空盒气压计中，大气压使低压气泡有弹性的顶端弯曲；通过测量弯曲的数量，就能确定大气压的值。空盒气压计通常被用在飞机的测高仪上来测量飞机的高度。因为当高度增加时大气压减小，空盒气压计是一个完美的仪器。它比水银气压计更安全，因为水银是有毒的；水银气压计需要在不封闭的盘子中放置水银，这使水银很容易洒落。

▶ 一个气球被没入水下时会发生什么情况？

当一个充满气的气球被放到水下时，水（比空气具有更大的压力）在气球的四周产生压力。来自水的压力会将气球里的空气向气球内部挤压。气球被放到

水中越深，压力就越大，因此，气球就会变得越小。来自水的压力会一直挤压气球直到气球里的气压与来自水的压力相同。

在寒冷的天气里，密封的容器为什么有时会凹进去甚至塌陷？

正像气球放到水下会变小一样，密封的容器在一定的大气压条件下也会变形甚至塌陷。例如，一个为剪草机储存汽油的容器在不使用的时候通常是密封的。假设这个容器是在温暖的日子里被密封的，当时大气压比较低，而在之后寒冷高压的日子里，这个汽油容器将会出现褶皱。因为容器内部温暖的空气有比较低的大气压，而容器外边的冷空气会对容器产生一个更大的压力，这个汽油容器将会被压得塌陷一点儿。在这种情况下，如果有人打开这个容器，高压空气为了使容器里外的压力达到平衡就会冲进容器，这时，就发出“嗖嗖”声。

为什么有些项目的运动员要去高海拔的地方训练？

跑步运动员总是跋涉到海拔更高的科罗拉多山脉去训练，因为高海拔地区大气压低。这里的空气比低海拔的地方稀薄，肺必须更努力地工作才能为身体提供足够数量的氧气。许多运动员觉得在这样的条件下训练可使身体习惯少氧的环境。因此，当在低海拔的地方参加比赛时，他们就能取得非常好的成绩，因为他们的身体已经习惯了尽力获得大量的氧气。

浮　力

有浮力表示什么意思？

简单地说，浮力这个词的意思就是漂浮的能力。无论什么时候，只要物体的重量与流体向上推它的力相等，就都会产生浮力，在流体表面的上边和下边都能产生浮力。将一块木头放到水中，因为重力它会下沉，直到水对它的浮力与它的重力相等为止。当木头的重力与水对它的浮力相等时，木头就会漂浮。

为什么一小块钢铁会下沉，而一艘5万吨的钢制的船却能漂浮？

为了保持漂浮，船必须排开与它自身重量相同的流体。因此，如果一块钢铁被放到水中，它会下沉，因为它的体积不允许它排开与它自身重量相等数量的水。在这一事例中，没有办法能让水提供足够大的向上的力来保持铁块漂浮。一艘5万吨的钢船只要能排开5万吨的水，它就能很容易地保持漂浮。这一点可以通过加宽船身、增加船的体积来实现。

漂浮通常是指在像水这样的液体中，任何事物都能在气体中漂浮吗？

在液体（比如水）或者气体（比如空气）中存在压力差异时产生浮力。一个低压热气球能够上升直到气球加上篮子的重力与气球内空气的浮力相等。

公元前3世纪，当阿基米德跨进一个澡盆时，他有了什么重大发现？

当阿基米德跨进一个装满水的浴盆时，令他惊奇的是，浴盆中的水位升高了。当然，当阿基米德坐进浴盆时水位升高这样的事并不是第一次发生，但这是他第一次思考出现这种现象的原因。接着他又用金冠和银冠进行这个实验，他把它们放到浴盆中，然后测量从浴盆中溢出的水量。传说在他的伟大实验结束后，阿基米德在他的家乡西西里岛锡拉库扎到处奔跑，一边跑还一边大喊："我发现了！"

阿基米德发现了一个流体静力学（静止液体）的定律，人们后来用他的名字将这个定律命名为阿基米德定律。这个定律阐明，将一个物体放到流体中时，会产生一个与物体排开的流体的重力相等的浮力。

当船上增加了乘客和货物时，船的浮力会发生什么变化？

造船的人必须始终考虑当船上增加乘客和货物时，船的漂浮水平问题。增加乘客和货物，就增加了船的重量。只要船加上船容量的总重量低于船排开的水的重量，船就会漂浮。当船加上船容量的总重量超过船排开的水的重量时，船就会下沉。为了保证船的航行和灵活性，因增加乘客和货物而引起船在水中下沉的深度是非常关键的。大型的货轮和游轮在船头都有船沉入水中多少深度的数字。如果船吃水量达到20英尺（6米）而水深只有18英尺（5.5米），就必须卸下货物和乘客使船上浮。

一艘船达到漂浮状态需要多少水？

船为了保持漂浮并不需要太多的水，而是需要排开足够多的与它自身重量相等的水。因此，如果一艘船驶入一条只比船体宽一点儿的水道，只要船航行时水道的水是平静的，那么在船体的周围只要有一层薄薄的水，船就能很好地漂浮。

河马是怎么沉入河床底部的？

河马的一生有一半的时间是在水中度过的。为了进食，身长几乎达到10英尺（3米），体重将近1万磅的河马必须沉到水底去吃生长在河床底部的植物。可是河马面临一个主要的问题：身体的低密度迫使它漂浮在水面，它也不够灵活去快速地潜入水底再回到水面。为了到达河底，河马必须增大自己的密度，以便浮力不能提供足够的力使它漂浮。为了做到这一点，河马呼气来减少体内的空气，以便增加身体的密度。

一旦河马沉到河底，它就能吃到植物；可是它不能靠吸气来浮出水面了，因此，替代的方法是，河马走上河岸或者用力蹬河底从而向上弹起并再次浮出水面。

古德伊尔软式飞艇是怎样保持在特定高度上的？

古德伊尔软式飞艇，就技术而言，或者应该叫做“飞船”，它是一艘软式飞船，仅仅依靠巨大的、像气球一样的气囊中有浮力的气体使它飘浮在空中。通常

古德伊尔软式飞艇。

它携带5 000立方米的氦气，氦气的密度比空气小7倍。飞船飘浮在空中的方式与船漂浮在水中的方式是一样的。飞船的重力必须与气囊中气体的浮力相等。为了使飞船升高，飞行员通过增压舱向飞船添加空气来增加飞船的浮力，这使漂浮气囊膨胀，排开更重的空气来增加浮力。为了使飞船下降，通过释放飘浮气囊中的气体来减小浮力，释放气体后，气囊的体积会减小，排开的空气的重量也会减小。

为什么在飞船中使用氦气而不用氢气？氢气不是更有浮力吗？

虽然氢气的浮力是氦气的两倍，能更有效地使飞船飞离地面，但氢气是非常危险的。实际上，德国曾经拥有的兴登堡飞船是当时世界上最大的飞船，1937年5月6日，在美国新泽西州的莱克赫斯特试图降落时爆出一个巨大的火球导致飞船损毁。这次爆炸造成36人死亡。

在1937年，美国差不多是世界上氦气的唯一来源地，大部分来自得克萨斯州的一口天然气井。纳粹想为他们的齐柏林飞艇购买氦气，但是美国拒绝卖给

他们——因为氦气被认为是“战略”资源。

▶ 飞船被用来做什么?

从1852年第一艘飞船在法国由亨利·吉法尔(Henry Giffard)驾驶飞行以来,飞船或飞艇主要被用于军事领域。从19世纪早期到中期,飞船被用来在大西洋两岸投弹轰炸和监视。飞船用来进行商业性的乘客运输只有几年时间,而当代的像古德伊尔这样的新式飞船通常被用来做广告或者在高空拍摄体育赛事。

▶ 如果一个孩子放开手中的氦气球,它会怎么样?

如果这个气球被系得很紧,当它飞到高空时体积会膨胀。这种膨胀是高空比较低的大气压造成的。最后,氦气的体积增加到足够大会使气球破裂,氦气会与外边的空气混合到一起。

德国拥有的兴登堡飞船于1937年5月6日在美国新泽西州的莱克赫斯特突然着火。

水力学与气体力学

布莱士·帕斯卡在1647年为流体学做出了什么重要贡献?

布莱士·帕斯卡(Blaise Pascal)提出的帕斯卡定律阐明,任何施加给密闭流体的力会被传递到容器壁的各个方面。这个定律对流体静力学领域和水力学的发展都是极其重要的。例如,如果一个活塞对着一个密闭圆筒内的液体推进,活塞提供的力会被转化成对圆筒壁的压力。之所以会这样是因为液体不能像气体那样被压缩。

什么是水力学?

水力学是指利用液体从一个地方流到另一个地方的运动来完成某些类型的工作。在液力机械装置中使用的液体通常是水或油。水力工程师设计了气泵、千斤顶、旋塞、起重机、减震器及其他许多这样的装置。

液压千斤顶是如何工作的?

液压千斤顶的基本原理是增加力,并给一个设备机械利益。在许多汽车修理厂使用的汽车千斤顶可以使工人用很少的力将汽车从地面抬起。其方法是通过一根细管将液体从一个小直径的圆筒推进一个大直径的带活塞的圆筒,这个大直径的圆筒被放在需要举起的汽车的下方。因为液体不能像气体那样被压缩,来自小圆筒的液体被推进大圆筒,迫使大圆筒的活塞向上运动。虽然液压千斤顶的工作原理极其简单,帕斯卡定律阐明,如果一个小面积的活塞推动一个大面积的活塞,机械利益可能是非常大的。

液压千斤顶还被用在什么地方?

除了在修车厂的使用价值,液压千斤顶还被用来抬高起重机和反铲臂、调

患有截瘫病的农场主利用千斤顶帮助自己从轻型货车进入拖拉机。

整飞机阻力板以及为汽车的刹车提供力。正是液体不可压缩的特性使得液压装置如此有用。

什么是气体力学?

水力学用液体得到机械利益,而气体力学利用的是被压缩的气体。因为气体能被压缩并在压力下被储存,释放被压缩的空气能为像汽钻、汽锤、气体力学扳手以及风镐这样的机械提供很大的力和转矩。

流体动力学

什么是流体动力学?

流体动力学是对运动中的流体的研究。流体运动的类型有很多种:稳流

（液体或者气体以恒定的可预测的方式运动）；不稳定流（流体旋转并改变速度）；湍流（流体的运动非常难以预测）。

什么使流体运动？

在整个物理学领域中，物体运动都是受力的结果。就像被抛到空中的篮球会因为受到重力而下落到地面一样，流体流动是因为有一个不平衡的力作用在物体上——就是说，在两点之间的压力有差异；流体会流向压力小的方向。

为什么河流在比较狭窄的地方流速更快？

当水在河中流动时，流速是指在单位时间内通过河流截面的水的总量。例如，如果一条河的流速是每分钟2 000升，这就意味着，假定这条河的倾斜度是恒定的，每分钟有2 000升的水通过这条河的每个截面。如果这条河的一处截面变窄，2 000升的水仍然必须在1分钟的时间里通过，因为来自后面的水并不会减小流向下游的趋势。因为河床变窄了，河水为了完成这个任务必须加快速度。在这一现象背后的规律叫做连续性。

为什么好像城市中的风更大？

这个问题的解释不是关于气象的领域，而是物理学领域。在比较大的城市，有摩天大厦和其他高的建筑物阻挡了风的流动。为了通过这些障碍，在马路和大街上的通道中，风速增加了。在隧道和户外的“有顶过道”中也能发现相同的情况。流体的连续性使风加速冲过马路和大街上的狭窄通道，这使得城市里的风更大。

空气动力学

▶ 什么是空气动力学?

空气动力学是流体动力学专门处理空气和其他气体运动的一个分支。研究空气动力学的工程师对汽车、飞机、高尔夫球以及其他在空气中运动的物体周围气体的流动进行研究和分析。

▶ 什么是伯努利定律?

1738年,瑞士物理学家兼数学家丹尼尔·伯努利(Daniel Bernoulli)发现,当正在运动的流体速度增加时,例如风正吹过城市的过道,流体的压力减小。伯努利在测量流过不同直径管子的水的压力时发现了这一定律。他发现当管道直径减小时,水流的速度加快,水对管道壁产生的压力也更小了。这一发现后来被证实是流体力学领域最重要的发现之一。

▶ 飞机的机翼怎样产生"升力"?

飞机的机翼设计是用来劈开靠近机翼前部的空气。一部分空气在机翼下方穿过,机翼的底面是平的,而剩余的空气在机翼的上方穿过,机翼的上表面是弧线形的。弧线形的上部使空气在机翼上方比在机翼下方行进了更远的距离。由于流体的连续性,机翼上方的空气必须比机翼下方的空气行进得更快。根据伯努利定律,如果空气在机翼上方行进得更快,它一定会产生比机翼底部小的压力。因此形成的压力差异产生了保证飞机升空所需的升力。

▶ 什么是阻力?

阻力是一种试图使正在空气中流动的物体慢下来的力。当一个物体的阻力被保持在一个极小值时,这个物体就是"流线型"的。

有两种类型的阻力:寄生阻力和诱导阻力。寄生阻力是流体与运动的飞机机翼、汽车，或者一些其他物体接触时产生的摩擦力。阻力的数量还取决于流体的特性，比如黏滞度等。流体越黏稠就越浓密，流动就越慢。在流体中运动的物体的形状是影响阻力的另一个因素。一艘宽的长方形大船在水中移动时受到的阻力要比一艘V字形的香烟摩托快艇（一种细长的大马力快艇）受到的阻力大。寄生阻力是由流体黏滞度和物体形状共同决定的。

诱导阻力是机翼产生升力时附带的后果。诱导阻力由机翼前进的角度决定。前进的角度越小，诱导阻力就越小。

什么是流线？

流线是描述流体在物体周围或者另一种流体中流动的路线。流线主要被应用于测量机翼和汽车的风洞。风洞是一间在前端和后端都带有通风孔的小屋，允许被称为流线的风和气流通过一个物体。如果以完美的形状通过而没有消散，那么这个物体被认为是流线型的。如果气流在与物体的某部分接触时消散了，这个部分就可能不是流线型的。

为什么高尔夫球的表面有凹洞？

高尔夫球运动已经存在了几个世纪，但有凹洞的高尔夫球只存在了不到100年。带凹洞的高尔夫球是在1908年由斯伯丁公司最先采用的，这种设计能使高尔夫球飞行的距离增加一倍。这些凹洞实际上使一层薄空气完全围绕在球的四周。当轻微下旋击球时，通过有凹洞的高尔夫球顶部的风与球周围其余部位的风都吹向相同方向，这就在球的上方形成了一个低压区。空气一直沿着球的表面被传送到球的下侧，在这里迎面遇到了风，这样就降低了传播的速度，并且在球的下方形成了一个高压区。根据伯努利定律，这样的压力差异对球产生了升力。因此，由于高尔夫球上的凹洞导致风在球周围流动，从而产生了压力差。压力差形成更多的升力，使高尔夫球能够飞出两倍的距离。

曲线球是我们投出来的吗？

曲线球利用伯努利定律，就像飞机机翼和铁饼利用升力帮助它们飞行一样。然

一辆法拉利汽车在风洞中进行流线测试。

而，曲线球是利用压力差异使球斜着移动，而不是利用升力去飞。就像一个高尔夫球上的凹洞能使一薄层的空气围着球传送一样，棒球上的缝合线也能做到这一点。当投手给球一个旋转时，在球的一边的空气层运动方向与气流一致，而另一边的空气层运动方向与气流相反。因为气流而造成的差异产生了压力差异，它们转化成斜着的升力，叫做偏转力。正是这种偏转力使球弯向一边从而迷惑击球员。

高尔夫球上的凹洞能使球的飞行距离加倍。

什么形状是最佳流线型？

有人认为一个物体越窄，越像针形，它受到的阻力就会越小。尽管针头很容易切入风中,问题却出在针尾,在针尾,风变得混乱并形成小涡流,这些涡流阻碍了风的流线型运动。流线型的最佳形状是根据物体的速度而定的。

就低于音速的速度而言,最佳的流线型的形状是泪珠的形状。泪珠有一个滚圆的鼻状物,因为向后运动逐渐变细,形成一个窄而匀称的尾巴,逐渐把周围的空气收拢到一起,而不是形成涡流。

对于喷气式飞机或者子弹可能达到的高速度,其他的形状可能会更好。因为混乱的流动,最小的阻力来自物体所具有的一个钝的尾部,它有意地引起湍流。其余的空气在物体后面的湍流区域的边缘平稳流过。

为什么迎风投掷铁饼比顺风投掷更好?

在大多数体育运动中,当风在你身后时(顺风)投掷或者奔跑比对着风(逆风)做这些更容易。在足球比赛时,各队抛硬币来决定谁顺风踢。在航行中,顺风更容易也更快,而逆风更缓慢。在田径运动中,100米短跑的世界纪录在顺风的情况下更容易被打破。在大多数体育运动中,顺风是更有利的。

然而,在投掷铁饼这一比赛项目中,逆风是更有利的。实际上,有资料证明,在只有10米/秒的逆风中,铁饼能多飞出8米。虽然,铁饼一直受到来自逆风的阻力,但铁饼因为上下两面的压力差而产生的升力比受到的阻力更有意义。因为铁饼将在空中停留的时间更长,所以它会飞得更远。

是什么决定了层流速度与湍流速度之间的差异?

当一个流体运动从低的层流速度达到更快的湍流速度时就会形成涡流。流体的流动在哪一点从层流向湍流转变取决于多种因素,用雷诺数来描述。这些因素包括速度、流体密度、截面面积以及流体的黏滞度。

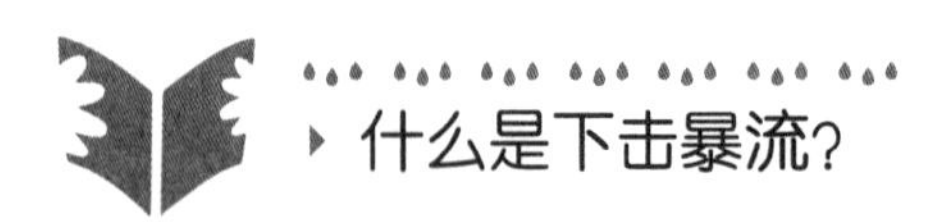

什么是下击暴流?

下击暴流是水滴从雷暴云下落时雨水的蒸发造成的。突发的蒸发过程使空气快速冷却,这些空气会比云中其余的温暖的空气变得更重。然后冷空气快速落到地面并射向各个方向。下击暴流产生的风速可以达到高于100英里/小时(161千米/小时)。

层流向湍流转变的例子是什么?

层流向湍流转变主要在流体速度增加时发生。一个发生转变并产生涡流的例子是烟雾从香烟升起。当烟雾从一根香烟上产生时,烟雾流缓慢地升起,但是当升高到离燃烧的香烟2~3厘米的高度时,这些烟雾因为周围更冷的空气浮力而加速了。就是在这里,层流转变成湍流,也是在这里,烟雾中的湍流形成了不可预测的涡流。

为什么对飞机来说,下击暴流是非常危险的?

当飞机靠近前方的下击暴流时,风速非常快,增加了机翼上方气流的速度而减小了压力,飞机将升向更高的空中。当飞机与下方的气流碰撞时,它就会快速落向地面,直到它飞出这个下击暴流,最后,在逃离这个下击暴流时,飞机受到了巨大的顺风,这会降低通过机翼上方的风速,降低飞机的升力和灵敏性。

很多人认为下击暴流实际是龙卷风,因为它们携带难以预测的强风,并发出巨大的声音。造成飞机失事的第一大原因是飞行员出错,而下击暴流则是造成飞机失事的第二大原因。实际上,有三十多架飞机因为下击暴流失事。在高空飞行时,下击暴流可能只是一次令人惊慌的经历,因为飞机在坠毁前必须要下落非常远的距离,然而如果是在低空飞行,下击暴流会很容易将飞机向下推,直到飞机失去控制撞到地面。

▶ 1903年12月17日，在北卡罗来纳州的基蒂霍克发生了什么？

就是在这一天，奥维尔·莱特（Orville Wright）和威尔伯·莱特（Wilbur Wright）兄弟二人预热了他们的1903年莱特飞机上的发动机，然后在冬天寒冷的大风中起飞。奥维尔驾驶飞机飞行了12秒，飞行距离为120英尺（36米）。在同一天的晚些时候，威尔伯飞行了将近1分钟，并飞过了852英尺（255米）的距离。这架1903年的莱特飞机重只有600磅（272千克），拥有40英尺（12米）的翼展，在那天只飞行了4次，因为在威尔伯的那次852英尺（255米）的飞行之后，风使飞机摇摆颠簸，毁坏了机翼、发动机和链条导向装置。

▶ 飞机的操纵装置与汽车的操纵装置有什么差异？

汽车在二维平面上行驶，因此只需要两个不同的操纵装置：控制向前运动的加速装置和刹车以及控制左右运动的方向盘。与汽车不同的是，飞机是在三维空间中行进的。飞机向前的运动是由风门控制的，而“刹车”是由关闭风门增加阻力来实现的，这些通常是利用阻力板完成的。特别提示一下，飞机不能像汽

1903年12月17日，在北卡罗来纳州的基蒂霍克，莱特兄弟为进行第一次机动飞行做准备。

车那样倒退。由飞机的方向舵控制的偏航负责飞机的左右移动。

为了控制俯仰或者飞机机首的上下倾向性，飞行员使用升降舵或者方向舵附近的水平操作台。为了使飞机翻滚（飞机以机首到机尾的中心线为轴进行旋转），飞行员使用机翼背面末端叫做副翼的操纵台。

音　障

什么是冲击波？

就像船在水中移动会形成一系列的“V”形波一样，飞机在空中飞行时会形成锥形波。飞机产生的波是被压缩的空气波。当飞机达到音速时，即1马赫，飞机的压力波是如此的压缩以至声波相互重叠，产生了冲击波。冲击波产生一个响亮的能被地面上的观察者听到的声震。当飞机低于音速飞行时，冲击波不会重叠，观察者只能简单地听到被延迟的飞机声，而不是听到声震。

如果1马赫是音速，那2马赫是什么？

马赫是一个速度与音速的比率，因此2马赫是2倍的音速，3.5马赫是3.5倍的音速，诸如此类。任何大于1马赫的速度都被称为“超音速”。

第一个打破音障的飞行员是谁？

1947年10月14日，查克·叶格（Chuck Yeager）驾驶着他的名为“迷人的格伦尼丝”的贝尔X-1实验型飞机打破了音障。为了达到音障，贝尔X-1实验型飞机被携带在B-29型轰炸机的内部到达1.2万英尺（3 600米）的高度后被放下。贝尔X-1实验型飞机的火箭发动机启动，然后叶格驾驶飞机到达4.3万英尺（13 000米）的高度。在这一高度，叶格能够以660英里/小时（1 062.1千米/小时）的速度打破音障。就在叶格以1.05马赫的速度打破音障之前，这架贝尔X-1实验型飞机经历了一系列猛烈的压力波。叶格将飞机保持这种超音速几分钟，然后关掉火箭发动机，飞回地面。

为什么查克·叶格要去那么高的高空打破音障？

声音在海平面附近温暖稠密的空气中的传播速度大约是760英里/小时（1 223.1千米/小时）。然而在寒冷而稀薄的空气中，声音的速度会更低。因为高空中的空气密度更小，物理学家和工程师认为在那样的高度应该更容易打破音障。知道了海平面上4万英尺（12 000米）高度空气的温度和浓度，科学家求出那里的音速应该减小到只有600英里/小时（965.6千米/小时）。另外，科学家还发现，在这样的高度不仅音速更低，而且空气浓度低，使得寄生阻力（摩擦产生的阻力）也很小。因此为了打破音障，叶格飞到海平面上4.3万英尺（13 000米）的高度，既减少了音障又减少了寄生阻力。

飞行员和工程师在打破音障这个问题上有哪些担忧？

驾驶飞机打破音障是航空领域中很多人的主要目标，但这个目标带有很多不确定性。飞行员和工程师都既好奇又担心，当飞机打破它自己向前运动所产生的压力波时，飞机的机动能力会怎样，他们也好奇并担心飞机自身的结构会发

在首次超音速飞行后，查克·叶格站在贝尔X-1实验型飞机的旁边。

生怎样的变化。

在第二次世界大战即将结束时，有很多非常强大的战斗机样机。这些飞机都很坚固，并配有大功率的发动机和经验丰富的飞行员。这些飞机俯冲时在半空中经常会发生破碎，很多优秀的飞行员就这样死去了。这些飞机存在两个问题：第一，飞机机翼没有向后伸展；第二，它们由螺旋桨驱动。当速度临近1马赫时形成冲击波，冲击波会像船产生的弓形波一样从机首弯向后方。如果冲击波遇到机翼（就是说，机翼伸过激震前沿），会对机翼产生巨大的力。一架超音速飞机的机翼总是被设计为完全处于激震前沿的后面，因为激震前沿能把机翼从飞机上撕掉。螺旋桨在机翼上的压力造成了震动：每次当一个桨叶转过去时，在它后面就产生一个微小的高压层，接着是一个低压层。所有这些问题结合在一起便引起了第二次世界大战时战斗机在半空中发生结构破碎的悲剧。

超音速飞行

对于超音速飞行，为什么机翼的角度是非常重要的？

当一架飞机打破音障时，飞机前方的空气很难从飞机的路线上让开，被排开的气体凝缩在一起形成了一个冲击波。为了降低打破音障的难度，航空工程师设计了更具流线型的机身和更能胜任的机翼。正如上文所提到的一样，为了避免结构上的失误并使飞行员安全地操纵飞机，超音速飞机的机翼必须保持在激震前沿的后面。这种机翼向后伸展的设计，目前在很多商用飞机上广泛应用，它允许飞机很容易在机翼周围形成较大压力之前迅速地加速。三角形机翼，像在许多喷气式战斗机上的那样，是又大又薄的，这样在增加升力并减小阻力的同时还能将机翼保持在激震前沿之后。

使用向后伸展的机翼也可能出现问题。当一架飞机飞得更快时，机翼上的升力的中心可能也会向后移动，引起飞机上力的不平衡，这可能会影响飞机的机动能力和安全。被称为利尔喷气飞机的行政机是众所周知的这一类型的飞机。利尔飞机因为这一问题而声名狼藉，并且因为这一问题被限速在0.8马赫。

最快的飞机是什么飞机？

就像第一架打破音障的查克·叶格的贝尔X-1飞机一样，这架X-15A-2飞机是曾经最快的飞机，它是从B-52轰炸机上放下的。当这架X-15A-2飞机被放出时，它的火箭被点燃，带着它达到了4 534英里/小时的最大速度。这个速度相当于7 297千米/小时，是音速的6倍。SR-71飞机（黑鸟）是已知的靠自身动力飞得最快的飞机。

协和式飞机能飞多快？

自1973年以来，协和式飞机成为商人们快速而昂贵的空中旅行工具。这种属于英国航空公司和法国航空公司的飞往85个不同目的地的飞机是一种速度很快的飞机。造型优美的三角形机翼设计加上起飞和降落时向下倾斜的微小的飞机机首，使这种飞机在海拔5万英尺（15 000米）的高空中速度能达到2.2马赫。

未来的空中旅行是怎样的？

波音、空中客车和麦克唐纳—道格拉斯等几家公司生产的飞机已经成为空中旅行飞机的重要来源。然而，在将来，飞机看起来会与现在有很大差异。航空工程师设计出了“飞行机翼”的雏形，因为它们淘汰了常规飞机的机身，所以看起来更像隐形轰炸机。在这些“机翼”中可以乘坐600~800名乘客。许多人对这一想法是持批评态度的：首先，航空系统的企业认为这种能容纳很多人的飞机的需求量很小，而机场认为必须重新设计机场和跑道来容纳这样的“机翼”。但许多专家认为应该在现有的较为成功的现代商用客机上比如喷气式发动机、坐舱操纵装置、机身以及机翼材料等方面做一些改变。

六 热和热力学

热

测 量 法

▶ 热度与温度之间有什么差异？

热度是为了使温度达到平衡从温暖环境流向寒冷环境的原子和分子的内部动能的总量。例如，如果用你的手指触摸一个热的面包圈，热能会从面包圈流向手指来试图平衡面包圈与手指之间的温度。

温度是通过显示一个物体相对于另一个物体有多热或多凉来测量热量的衡量标准。典型的温标，例如摄氏温标和华氏温标，是由科学家创建的，用来测量与水的冰点和沸点相关的冷热度。

▶ 什么是热质？

在古时候，热度被猜想为是一种叫做热质的事物。如果一个人有大量的热质，那么这个人是温暖的；如果一个人没有这么多热质，那么这个人是寒冷的。甚至在对热度进行研究的早期阶段，科学家知道它可以流动，并且是能被比较温暖的物体获得的某种东西。直到18世纪末至19世纪中期，物理学家才确定热并

什么是卡路里？

热是一种能量，因此使用由詹姆斯·普雷斯科特·焦耳的名字命名的单位。虽然焦耳是测量能量的国际标准单位，热也能用卡路里来测量。1卡路里就是把1克水的温度升高1℃所需热量的总数。1卡路里等于4.186焦耳，是数量很少的能量。营养学家也使用“卡路里”来描述一种食物能为进食者提供多少能量。然而，营养学中的1卡路里实际上是1大卡（1 000卡路里），这也可以用大写首字母的“Calorie”来表示。

另一个测量热度的单位是英国热量单位，或者叫做Btu。Btu与卡路里相似，是使1磅水升高1°F所需能量的总数。这个单位只在像美国这样的一直使用英制测量方法的国家中使用，它相当于252卡路里。

不是像热质这样的有形的物体，而只是物体内部原子活动的热能，这些物体能够很容易地被转化为别的物质。

什么是华氏温标？

温标在某种程度上是人为制定的。德国物理学家加布里埃尔·华伦海特（Gabriel Fahrenheit）在1714年发明了第一个众所周知的温度计。利用这第一个水银温度计，华伦海特确定了水的冰点是32°F（0℃），而沸点是212°F（100℃）。

为什么加布里埃尔·华伦海特确定水的冰点是32°F而不是0°？

华伦海特并没有认为32°F是水的冰点。正相反，他确定0°是盐水混合物的冰点。因为盐的冰点比水低，所以这种盐水混合物的冰点应该比纯水的冰点低。当确定了盐水混合物的冰点与沸点之间的温度差时，他发现纯水在32°F时结冰。

温度计怎样工作?

大多数物体在获得热能时会膨胀,为大众设计的温度计利用这一原理来测量温度。温度计的中空管和球状物中含有确定数量的乙醇或者水银,这些乙醇或者水银在温度低时留在球状物中。但是当温度升高时,这些液体膨胀,向上进入温度计的细管中。当液体上升时,对应着液体的标度指明实际的温度读数。

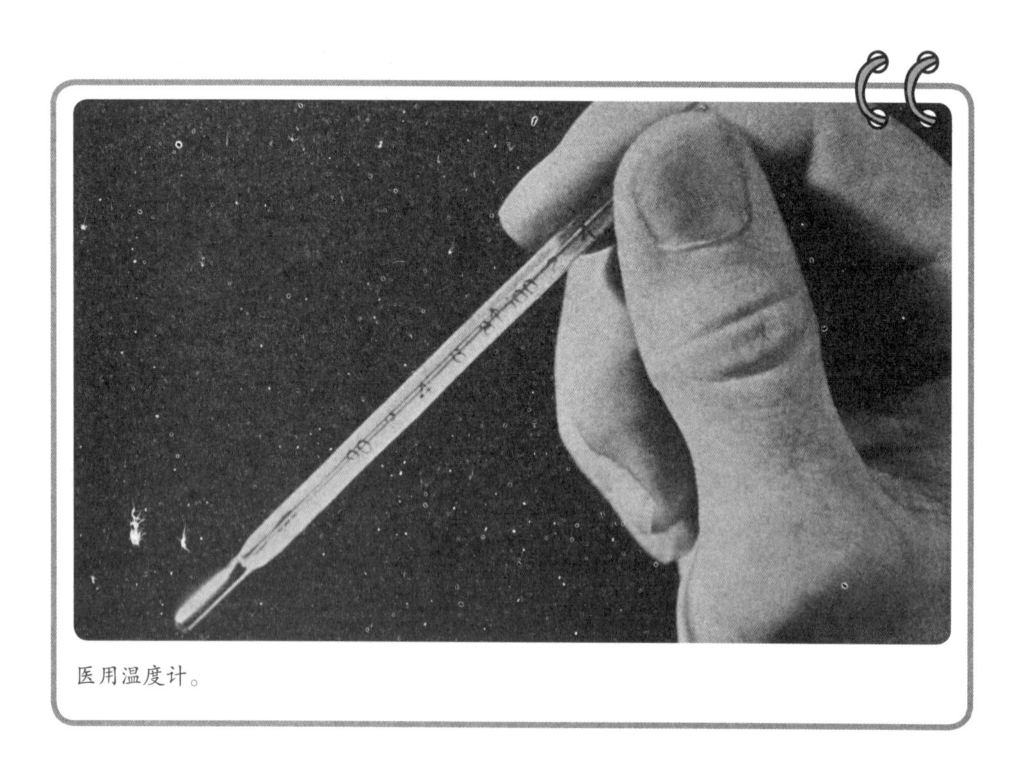

医用温度计。

为什么在一些温度计中使用水银?

华伦海特是第一个在温度计中使用水银而不是乙醇的人。华伦海特以及后来的其他科学家使用水银的原因是,当温度升高时,水银有恒定而显著的膨胀率。换句话说,水银温度每升高1°F,温度计中水银膨胀或者“上升”的变化是非常显著的,并且数字相等;因此华氏温度计的度数被均匀地间隔,而且度数之间的间距较大,这使得制造和阅读温度计相对更容易。

如果一个水银温度计碎了，碰到洒出的水银有没有危险？

水银是一种危险的金属，它能对人体特别是对肾和神经系统造成巨大的损伤。不应该碰触从破碎的温度计中洒出的水银，正确的方法是用铲子将其铲起，并作为有害物质加以处理。除非咽下或者接触到大量的水银，否则不会轻易发生水银中毒事件，但是当一个人碰到水银时，无论如何都应该采取适当的预防措施。不仅在温度计中能找到水银，在用来测量大气压的气压计中也能找到水银。

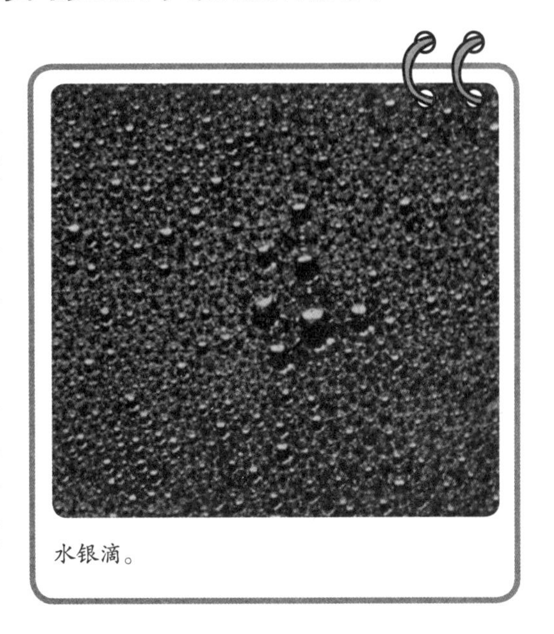

水银滴。

谁发明了第一个温度计？

尽管伽利略被认为是在1592年发明了第一个温度计，但事实是，1713年，加布里埃尔·华伦海特发明了第一个密封的水银温度计。在随后的一年里，华伦海特利用这个温度计为科学做出了具有重大意义的贡献。

能用电来测量温度吗？

在从事科学的实验室中，最常见的测量温度方法就是利用电的设备。这样的一个设备用两根不同的金属线连接到两个分开的“接头”上。这个叫做温差电偶的设备通常是用铜或者铜镍合金制造的。当一个物体的温度改变时，温差电偶上的电压差发生变化。这个电压差被测到然后被转换成温度读数。这个温差电偶的测量范围非常大，从−270℃到2 300℃。温差电偶是一个非常复杂的设备，正是由于这个，它主要应用于科学领域。

用一块金属怎么能测量物体的温度?

热敏电阻是一个对温度敏感的电阻器，它通过测量电流通过一块金属的难度来确定温度。热敏电阻通常是用镍、锰和钴制成的，为了测量更高的温度，有时也用铂制造。当热敏电阻放在被测物体上面或者内部时，它的电阻表明物体的温度。

通过摄像机可以看到热能吗?

当一个物体是热的，它释放热能。热能产生红外电磁波，能被红外摄像机探测到。这些摄像机通常被用来确定人的身体或者物体放射出的热辐射的数量。当想要测量大范围区域的温度时，温度计是不实用的。因此，科学家使用红外摄像机来获得“温度画面”，气象学家把它叫做温度记录器。

热录像仪怎么用?

测量物体或者地区散发热量数量的热录像仪是用颜色来确定温度的。通常，红色表示最高温度，而蓝色表示较低温度。热录像仪的使用遍布整个科学领域，但却因其在鉴别人体内的恶性肿瘤和测量地面温度的应用而著名。

温度计与温度自动调节器之间有什么差异?

温度计测量物体散发的热能，而温度自动调节器不但测量温度，而且还控制加热和制冷系统。

什么是双金属温度计?

双金属温度计利用两种不同金属的膨胀属性来测量温度。在这种温度计中使用的两种金属通常是铁和铜，被焊接或者盘绕在一起形成一个双金属的条状物。当温度升高时，铜比铁膨胀得更显著，使双金属条弯曲。在金属条上有一个连接标尺的指示器用来指明温度。大多数双金属条不被用于温度计而被用于温度自动调节器，用来调节熨斗、熔炉以及其他加热设备的热度。

▶ 什么是双金属温度自动调节器？

双金属温度自动调节器与双金属温度计相类似，它的主要功能是决定一栋建筑物中的加热器需要打开还是关闭。双金属温度自动调节器由一个电的回路和（两种不同的金属融合在一起形成的）一根金属条构成。当温度升高时，金属条中下面的金属比上面的金属膨胀得多，造成金属条向上弯曲。当金属条向上弯曲时，它断开了与电线的连接，切断了流向加热器的电流。当双金属条的温度变凉时，这个金属条变直并回到原处，使电的回路接通。电流给加热器发送信息：它需要打开并为建筑物加热。

▶ 谁发明了摄氏温标？

摄氏温标是用瑞典天文学家安德斯·摄尔修斯（Anders Celsius）的名字命名的，他将他的一生都奉献给了天文学。他花费了大部分时间研究天空，并在1742年发明了摄氏温标。在此之前的1733年，他还出版了一本书，在这本书

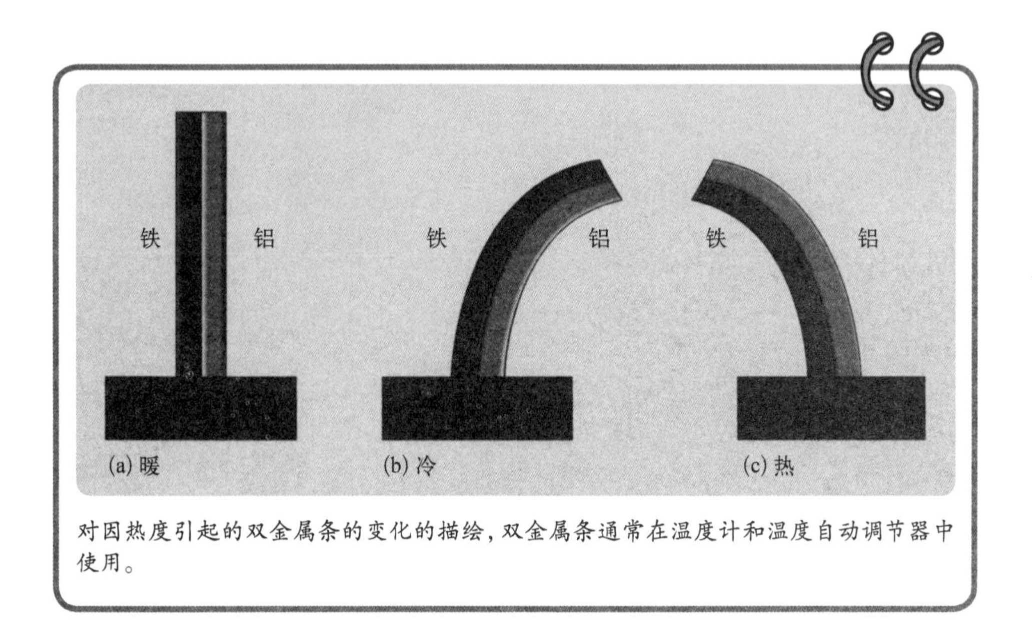

对因热度引起的双金属条的变化的描绘，双金属条通常在温度计和温度自动调节器中使用。

中记录了他观测北极光所得到的大量的详细资料。安德斯1744年逝世时年仅43岁。

什么是开尔文温标?

开尔文温标是由威廉·汤姆逊·开尔文男爵(William Thomson Kelvin)在1848年发明的,它被全世界的科学家广泛使用。绝对零度是表示零热能的理论上的温度。开尔文温标中的每一度都与摄氏温标中的每一度相等,但零的位置是不同的。在摄氏温标中,0°是指水的冰点,而在开尔文温标中,零点是指绝对零度。因此,开尔文温标的0°等于摄氏温标的−273.15°;摄氏温标的0°等于开尔文温标的273.15°。大部分科学家认为开尔文温标是一个更好的温标,因为它不去比较水结冰或者沸腾的温度,而是以可能的绝对最低温度为起点。

世界上的大多数人使用什么温标?

就像世界上大多数人都使用米作为长度单位一样,他们也都使用摄氏温标测量温度。摄氏温标于18世纪早期发明,它基于水的冰点和沸点。最初,冰点被认为是100°,而沸点是0°。瑞典生物学家卡尔·林奈(Carolus Linnaeus)是摄尔修斯在瑞典阿勃沙拉大学的一位同事,他以在动物和植物分类领域的研究而著名,他改变了摄氏温标,规定冰点是0℃,而沸点是100℃。

华氏温标与兰金温标有怎样的关联?

就像开尔文温标与摄氏温标相似一样,兰金温标与华氏温标也很相似。兰金温标像开尔文温标一样,从绝对零度开始。兰金温标的零等于华氏温标的−459.7°,向上增加的每一度都与华氏温标的一度相等。

几种温标的等值温度是多少？

下面的表格提供了4种主要温标的例子：

热 量 数	摄氏温标(℃)	开尔文温标(K)	华氏温标(°F)	兰金温标(R)
绝对零度	−273.2	0	−459.7	0
水的冰点	0	273.2	32	491.7
普通人体温	37	310.2	98.6	558.3
水的沸点	100	373.2	212	671.7

不同温标之间的转换公式是什么？

从	到	公 式
华氏温标(F)	摄氏温标(C)	C=5/9(F−32)
摄氏温标(C)	华氏温标(F)	F=9/5C+32
开尔文温标(K)	摄氏温标(C)	C=K−273.2
摄氏温标(C)	开尔文温标(K)	K=C+273.2
华氏温标(F)	兰金温标(R)	F=R−459.7
兰金温标(R)	华氏温标(F)	R=F+459.7

绝 对 零 度

有可能的最低温度是多少？

可能的最低温度叫做绝对零度(0开尔文)。当气体的压力降低到零并且没有热量就达到绝对零度。因为气体的压力从来都不能完全减小到零，绝对零度也就从来没有达到过，它仍然是一个纯粹理论上的温度。

▶ 有人曾经接近过绝对零度吗?

虽然没有人能达到绝对零度,但是物理学家在实验室中能达到1/1 000开尔文的温度。在一些应用中,也达到过百万分之一开尔文的温度。公布一个“最低温度”是没有意义的,因为目前的趋势是每几个月就会产生一个离绝对零度越来越近的新纪录。

▶ 存在可以达到的绝对最高温度吗?

虽然存在绝对零度,并且在绝对零度时热能和压力都不再存在,但是就目前所知,还没有绝对的最高温度。到目前为止可以达到的最高温度是核爆炸所产生的温度,其温度高达1亿开尔文。

▶ 太阳系中行星的平均表面温度是多少?

对于有大气层(围绕在行星表面的混合气体)的行星,平均温度相对保持恒定,因为大气层起到了一个绝热体的作用。当这些行星的一部分背向太阳时,它们的温度只会发生很小的变化。

行　星	日间温度范围(℃)	行　星	日间温度范围(℃)
水　星	−173 ~ 427	木　星	−163 ~ −123
金　星	427	土　星	−178
地　球	−25 ~ 35	天王星	−215
火　星	−63 ~ 27	海王星	−217

天文学家如何测定太阳的温度?

当铁是热的时候,你能感觉到来自它的热辐射。当铁很热时,它产生红光。当变得更热时,它能产生白光。铁和其他物体的温度可以通过它们散发的热能总量来测量，也可以通过它们发出的光来测量。

科学家通过分析星星和太阳产生光的颜色和亮度来测量它们的温度。通过这样的实验，物理学家推断出太阳表面的温度大约是9 900℉（5 500℃）。

物质的形态

物质的各种形态之间有什么差异？

物质的三种主要形态是：固态、液态和气态（一些科学家把等离子体看作是物质的第四种形态，等离子体是比较接近气态的一种状态）。物质所具有的特殊的化学特性决定了什么时候物质从一种形态转变为另一种形态。在温度比较低时，物质保持固态；当内能增加时，物质从固态转变成液态，然后是气态（但很少转变成等离子体形态）。例如水，从冰（水的固态形式）转变成水（液态形式），然后再转变成水蒸气（气态形式）。

物质跳过液态是可能的吗？

一些物质直接跳过液态是非常可能的。实际上，只要提供足够的能量，二氧化碳（CO_2）就能从固态的干冰直接跳到它的气态。这个过程叫做汽化。

等离子体是什么？

等离子体形态是在气态分子中的原子变成离子化或带电的粒子时出现的。当气体处于极度高温时（通常是好几万开尔文），气体中的原子碰撞会达到极其强烈的程度从而造成原子的破碎。当原子破碎时，每个碎片都有自己的电荷，这就形成了被离子化的气体或等离子体。

无论什么时候，只要达到能把原子打碎的高温，就会形成等离子体。等离子体形态的一个例子是太阳。太阳核心处等离子体中的温度达到1 500万开尔文。

在地球上，当闪电照亮天空时，它在极短的时间里产生等离子体。

▶ 什么决定了升高物质温度所需的能量总量？

物质特有的热容量决定了将一定质量（用克或者千克度量）的物质温度升高1℃所需的能量（用焦耳或者卡路里度量）总数。例如，将1克水的温度升高1℃需要1卡路里的能量。而将1克铜的温度升高1℃只需要0.09卡路里的能量。下面列出了一些普通的固体、液体和气体的特有的热容量（1千克物质温度升高1℃所花费的能量的焦耳数）：

物　质	特有的热容量（焦耳/千克）	物　质	特有的热容量（焦耳/千克）
铝	899	银	235
铜	387	水	4 186
玻　璃	837	冰	2 090
金	129	水蒸气	2 010
铅	129	氨　气	2 190
铁	445	二氧化碳	833
木　头	1 700	氮　气	1 040
水　银	140	氧　气	912

▶ 把冰变成水与把水变成水蒸气所需的热能总量是一样的吗？

汽化（从液体转变成气体）比液化（从固体转变成液体）需要更多的能量。物质的改变形态所需的能量数叫做潜热。例如，将1克冰转变为水进行的液化的潜热是79.7卡路里。而将1克水转变成水蒸气进行的汽化的潜热是541卡路里。

热　传　递

▶ 热传递有哪些方式？

无论是暖空气在客厅环流，小孩在热的沙子上行走，还是鳄鱼在高尔夫球场中间晒太阳，热能正从一个物体传递到另一个物体。正在环流的暖空气通过对流传递热能；热传递是通过与热的表面连接来实现的。还有一种热传递的方式叫做辐射，是指物体受到电磁辐射特别是红外线波的照射。

▶ 从加热管道吹出的热气怎样使房间升温？

对流是热量在流体（如液体或气体）中的运动方式。当温暖的空气进入一个房间时，它使周围的空气变暖。比较温暖的空气比周围的冷空气轻，因此在空气中呈上升状态；暖气流向上运动，然后飘流在稠密的冷空气上方。在安装热气供暖系统时，出风管道通常被安置在比较低的墙上或者地板上。这样，上升的暖空气就能充满整个房间。

▶ 对流怎样产生海风？

一般来说，地球大气层中的对流产生风。在海边，每天太阳通过发射红外线光使空气变暖。而海岸上方的空气比海洋上方的空气更容易受热。海岸上方的空气上升形成对流，而海洋上方的空气流向海岸来填补上升的暖空气留下的"缺口"。这样，来自海洋的冷空气的流动形成了我们所说的海风。

到了晚上，太阳下山后，海洋上方的空气比海岸上方空气更温暖，相反的情况就会发生。海洋上方的暖空气上升，而微风从海岸吹来冷空气来填补这个缺口。

▶ 热能怎样传遍铁煎锅？

当一个铸铁煎锅放到火炉上时，来自锅的热能不可避免地传递到铁柄。从锅到柄的热传递是通过传导过程实现的。热能流过一个物体就会发生传导现象。在这个事例中，热能传遍整个铸铁锅。铁原子的内部动能使铁原子前后剧烈振动。粒子发生碰撞，锅的内能增加。虽然火炉只加热了煎锅的一部分，但是铁的传导属性使内能扩散到整个铁锅以及与锅接触的任何物体。

好的热导体通常是含有自由电子的金属。自由电子是指当提供了足够的动能时能很容易地从一个原子"跳"到另一个原子的电子。当一个导体的内能增

加时，自由电子正在从一个原子运动到另一个原子，并且原子之间还发生了粒子碰撞，使热能运动到锅柄。

爱斯基摩人的圆顶冰屋如何保暖？

尽管雪和冰不是热源，但冰雪内部的空气却起到了极好的隔热作用。许多小型的哺乳动物建造雪窝来为自己保暖，就是利用了雪的隔热属性。

在气温低于0℃时，许多农场主使用同样的原理来保护农作物。他们在农作物上喷水，当水结冰时，这些农作物就会被传导性很差的冰隔离。

冰雪内部的空气容器起到非常好的绝热体的作用。

太阳怎样通过辐射传递能量？

当一只鳄鱼在高尔夫球场草地上晒太阳时，它直接从太阳吸收能量。这种由太阳散发的能量叫做辐射能。热辐射不是通过对流或传导来传递热能，它通过红外光波来传递热能。当红外光波照到鳄鱼（人或植物）时，红外光波的能

为什么在水泥地上感觉比站在地毯上凉?

两个物体之间有温差时会发生热传递。热只能从温度高的物体向温度低的物体传递。两个物体之间的温差越大,被传递的热能总量就越多。

水泥地面感觉起来比铺地毯的地面更凉,这是因为水泥是更好的导体,它能更好地传热。这两种物质实际上温度相同;然而,因为与地毯相比,水泥是更好的热的导体,它吸收人身体的热能比地毯快,因此脚站在水泥地面上失去热能就更快,就会觉得站在水泥地面上比站在地毯上更凉。这是热能通过传导的方式进行流动的又一个例子。

量刺激物体的分子并引起它们的振动。正是这种红外辐射引起的振动温暖了鳄鱼。

为什么穿白色衣服感觉比穿黑色衣服凉快?

白色表面反射光谱中所有颜色的光,而黑色吸收光谱中的所有颜色的光。这种能量的吸收使物体内部的原子变得活跃,产生振动并增加物体的内能。当物体内能增加时,物体的温度也升高了。因为黑色物质或物体比浅色物质吸收更多的能量,因此它们会变得更热。

热 力 学

什么是热力学?

热力学是研究热能运动的物理学领域。研究热力学的物理学家按照类别来探讨如何利用热能以及怎样将其转化为不同形式的可用能量。热力学中有热力学第零定律、第一定律、第二定律和第三定律。

热力学第零定律

什么是热力学第零定律?

热力学第零定律是一个非常简单的定律,因此,很多物理学家认为它并不重要。第零定律阐述了温度是决定热能从一个物体流向另一个物体的重要因素。如果两个物体温度相同,它们相互之间就不会交换热能。然而,如果其中的一个物体具有更高的温度,它会放弃一部分内能,并将其以热能的形式传递给另一个物体,直到两者达到热平衡。

热力学第一定律

詹姆斯·普雷斯科特·焦耳为热力学做出了什么重大贡献?

詹姆斯·焦耳为科学做出了意义重大的贡献。当时,在一次实验中,他确定在一个容器中旋转的轮叶能使水的温度升高。焦耳的实验帮助形成了热力学第一定律。在容器中旋转的轮叶的机械能使水温升高。他证明了功和能量使周围物体的温度升高。焦耳的这一发现导致了热力学第一定律的形成。

什么是热力学第一定律?

热力学第一定律是对能量守恒的说明。定律表明能量可以改变形式,并且能量是守恒不变的。热能是能量的一种,它可以被转换成不同的形式——包括机械能、电能和一些其他形式的能量。

汽轮机是应用热力学第一定律的一个非常好的例子。水蒸气是一种能量形式,发散一些能量去运转涡轮,旋转的涡轮转移一部分能量产生电流或者其他形式的机械运动。而在这个过程中,能量的总数是固定的。它只是从一种形式转变为另一种形式。

云是怎样形成的?

当暖空气通过对流上升到大气层时,这些空气因为所受大气压变小而膨胀。在膨胀的过程中,温暖的水汽迅速冷却凝结,在空中形成小水滴。当这些小水滴开始积聚时,它们与空中其他的颗粒粘在一起并形成了云。

热力学第二定律

什么是热力学第二定律?

热力学第二定律有两个部分。第一部分与热力学第零定律类似,阐明热能只会自由地从温暖的环境流向凉的环境。第二部分叫做熵。熵是一个系统中无序化能量的总数。当一个系统越来越趋近平衡时,它也会变得更无序,熵也就随之增加。这两部分结合在一起构成了热力学第二定律。我们用一副堆放整齐的纸牌(代表物体的能量)落向地面(来描述熵)的例子来做类比。当堆放整齐时,纸牌是有序的并且有很少的熵(它们是温暖的)。然而当掉到地面时(像热能自然地流向比较凉的环境一样),纸牌是无序的并且比以前有更多的熵(它们现在更凉并且不像堆放整齐时有那么多能量)。使纸牌再次变得有序的唯一方法是把它们捡起来(做功,因此增加温度)并且让它们重新变得有序。

冷凝和挥发的过程都利用热力学第二定律。下面的问题都针对这些过程。

在热天里,玻璃瓶和汽水瓶外为什么会积聚小水滴?

水并没有从容器中渗出,水滴的形成是容器周围的空气造成的。当具有大

量内能的水汽与容器内更慢、更凉的微小颗粒相遇时，容器吸收了大量的水汽的能量。这使得水汽变凉、变慢，从气体转变成液态的小水滴。

当温暖的水汽碰到玻璃杯中比较凉的微小颗粒时形成冷凝。

冷凝的另一个例子是什么？

当屋里温暖潮湿时，窗户里面会出现冷凝现象。高能量的水汽在碰到凉的（通常是单片玻璃）窗户时，会减慢速度并转变成小水滴。

液体怎样挥发？

分子并不是只有被煮沸变成气体时才能脱离液态。高能量的分子通过挥发过程也能脱离液态。所有的液体都具有“表面张力”；我们可以将其比喻为所有液体都有一层稠密而坚韧的覆盖物，这就好比水果的外皮。分子为了从液体挥发，必须穿过这层坚韧的覆盖物，而这么做必须需要能量。依此，如果一个分子具有的动能多于它穿过这层覆盖物所需的能量总数，它就可以穿过，并且在穿过时损失能量。这意味着只有高速度的分子能挥发。速度越高意味着温度越高，因此如果从液体中去掉高温分子，剩下液体的温度就会被降低。

挥发为什么会是一个冷却的过程？

如果没有挥发，我们的身体很快就会变得很热。当我们做功时，身体的皮肤上会出汗，这些汗水会挥发。在温暖的环境下（比如在我们的皮肤上），挥发的过程会加快。通过从我们的皮肤吸收热能，汗水中的分子将会有足够的动能来脱离我们的身体并挥发到空中。汗水从我们皮肤上吸收热能并迅速挥发，为我

细菌能引起食物腐败，因此大多数食物需要通过降低温度来减缓有害细菌的生长。例如，牛奶和其他乳制品如果不放在冰箱中，将在几个小时后坏掉。冰箱制冷是通过挥发过程将冰箱内的温暖空气消除而实现的。

在大多数冰箱的背后有一卷热转换管。一台压缩机对氟利昂或者其他的冷却剂加压，并在温度非常高的时候将气态的冷却剂推入热转换管。这些气体一进入这些热转换管，会在通过这些管子的同时将热量释放到房间中，从而使气体迅速变凉并凝缩成液体形式。之后，这些凉的液体从冰箱里的食物和空气中吸收热能。在获得足够的热能后，液态氟利昂在管子中开始沸腾。然后压缩机压缩氟利昂，并重复上述的过程。

们的身体提供了一个有效的冷却系统。

氟利昂是什么？新型冰箱和空调为什么不再使用氟利昂？

氟利昂是一种制冷剂，是由美国特拉华州威尔明顿市的杜邦公司首先研制的。氟利昂被认为是冰箱发展的一个重大突破，因为它是无电抗性的，这就意味着把它放在厨房里是安全的。在氟利昂被发明之前，像氨气和乙醚这样的危险化学物质被用作制冷剂。氟利昂是一种氟氯化碳（CFC），它将氯原子携带到高层大气，这对臭氧层造成了非常严重的破坏。臭氧层是对有害的紫外线起隔绝作用的重要的屏障。人们自20世纪70年代就认识到氟利昂对自然界的破坏，但是直到20世纪90年代早期，在新的冰箱和空调中禁止使用氟利昂的法律才得以实施。不幸的是，当氯破坏臭氧分子时，氯并没有被破坏，它继续存在并破坏更多的臭氧。实际上，更多的氟利昂仍然在向大气层较高的界线飘去，但是氟利昂到达那样的高度要花上好几年的时间。

人们用什么代替氟利昂?

为了获得冰箱或空调中的有效制冷剂,所采用的液体制冷剂必须是易挥发的。氟氯化碳是理想的流体,在氟利昂被发明之前,它取代了所采用的有毒的氨气。现在人们发明了更安全的气体——氢碳氟化合物,因此停止了制冷剂中氯的使用。然而,氢碳氟化合物虽然对环境更安全,但却没有氟氯化碳效率高。

什么是卡诺循环?

法国物理学家尼古拉斯·莱昂纳德·卡诺(Nicolas Leonard Carnot)宣称,一台理想的发动机应该将所有的热能都转化为有用的机械能;他还表示,这样的发动机是不可能被制造出来的,因为这台发动机必须是可逆的,这样它可以将发动机循环时转换的所有能量转换回它原来的形态。接近于理想的"卡诺效率"的发动机已经被制造出来,差距只是因运动部位的摩擦而造成了一定的损失。

热力学第三定律

什么是热力学第三定律?

热力学第三定律阐明,绝对零度、可能的最低温度、没有能量的温度是永远也达不到的。科学家们通过实验室中的实验结果证实了这一点。正如前面曾经提到过的,物理学家能实现百万分之一开尔文这么低的温度,但是从来没能达到绝对零度,并且根据热力学第三定律,绝对零度将永远也不可能达到。

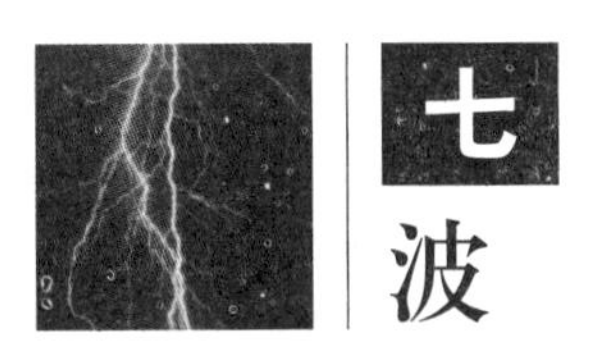

七 波

波的特性

▶ 什么是波?

波是能量在没有发生转换的情况下从空间某一点传递到另一点时形成的扰动运动。在媒介物或者物质中的振动形成机械波,机械波从振动点向外传播。例如,一块卵石落入一池水中会在水中产生垂直振动,而波沿着水池的平面水平向外传播。

▶ 波的两个主要类别是什么?

横波和纵波是波在物理学领域的两个主要类别。横波可以通过上下抖动线或者绳子产生。虽然线被上下抖动,振动产生的能量从振源垂直传出。

纵波中的振动并不与波的传播方向垂直,正相反,振动的方向与波传播的方向是一致的。在媒介物中的纵波彼此相撞并紧贴在一起(压缩)然后又立即相互分离(稀疏)。纵波的最好例子是声波,声波是空气分子的一系列往复的纵向振动,在类似空气或者水这样的媒介物中压缩和稀疏。

什么决定了波的速度?

波的速度取决于它在什么介质或物质中传播。当波进入一种新的介质中时,该介质的弹性和密度会引起波速的变化。通常,媒介物越密集越有弹性,波就传播得越快。

一旦波在某种特定的媒介物中,那种类型的所有波都会以相同的速度传播。例如,声波在0℃的空气中的传播速度是331米/秒。不管是什么频率的声音都会一直以这个速度进行传播,直到介质发生了变化。

常用的表示波的特性的术语有哪些?

波的类型	术　语	解　　释
横　波	波　峰	波的最高点。
	波　谷	波的最低点。
纵　波	压缩区	一个区域,区域中的物质或者介质由于力的影响而浓缩。
	稀疏区	一个与压缩区相邻的区域,在这里,物质或者介质分散开。
横波和纵波	振　幅	从中点到最大位移点(波峰或者压缩区)的距离。
	频　率	1秒钟时间内产生的振动的次数;周期的倒数。
	周　期	波完全振动一次所用的时间;频率的倒数。
	波　长	从波上的一点到下一个相同点的距离;波的长度。

频率、波长与速度之间有什么关系?

只要波保持在一种介质中,它的速度将保持不变。既然在这种情况下波速没有改变,那么改变的只能是频率和波长。计算波速的公式是:波速=频率×波长。因此,如果波的频率增大了,为了使速度保持不变,波长就必须减小。频率和波长相互成反比。

例如,声波在0℃的空气中的传播速度是331米/秒。如果不同声波的频率发生了变化,波长也会发生如下变化:

声波的速度(0℃)	频率(赫兹)	波长(米)
331	128	2.59
331	256	1.29
331	512	0.65
331	768	0.43

▶ 频率和周期有什么关系?

波的频率是指每秒发生的全振动的次数,用次数/每秒或者赫兹(Hz)来度量。波的周期是指波完成一次全振动所花费的时间数。两者之间是相互成反比的。

例如,如果一个波花了1秒的时间来上下完全振动1次,波的周期就是1秒。频率是周期的倒数,即1次/秒,因为1秒内波只发生了一次完全振动。然而,如果一个波花了半秒的时间来上下完全振动一次,波的周期就应该是0.5秒,而频率是周期的倒数,结果频率应该是2次/秒。因此,我们应该记住,波的周期越长频率就越低,而波的周期越短频率就越高。

海　　浪

(可以参见“运动”一章中的“潮汐能”。)

▶ 海浪是什么类型的波?

海浪或者水波看起来像是横波,可实际上却是一个横波与纵波的混合体。水波中的水分子在极小的环形轨道中上下振动。水波的环形轨道产生了波浪现象。在水波的波峰位置,水分子趋向向外散开一点儿产生稀疏区;而在波谷,水分子被压缩。

为了产生不同类型的波，风速要达到多快？

吹过水面的风是波的一个主要起因。因为水跟不上风的速度，水升起然后再落下，产生了常见的波状运动。根据风速和风在水面吹过的距离，产生了不同类型的波。

波的类型	风　速	效　果
毛细波	小于3节	微小的波纹。振动越远，变得越大。
碎浪或规则波	3~12节	组合毛细波，能传得更远并形成更大的波。
白　浪	11~15节	为了形成白浪，波的振幅必须超过波长的1/7。
大洋涌浪	没有明确的速度	将汇集在一起的不同波的结合物扩展到很远的距离。

为什么海浪在接近海滩时破碎？

海浪在接触到悬崖或者山坡前很少会破碎。海浪好像只在深度逐渐减小时（比如在海滩处）才破碎。深度逐渐减小的海岸会比深度急遽减小的海岸对海浪造成更显著的破碎作用。

海浪破碎的原因与波的速度和水的深度有关。高速的海浪具有更长的波长和更大的振幅。当海浪向海滩运动时，它想保持速度继续前进。对海浪来说，当海洋深度减小时，海浪的底部正逐渐遭受越来越多的摩擦力，导致海浪的下部比

海浪的速度是如何确定的？

海浪的速度是通过两个相邻波峰之间的距离或波长来确定的。波长越长，波传播得越快。一个小的表面波（比如风产生的涟漪），因为波长很短，所以传播得很慢。海啸与涟漪是截然不同的，海啸是由于海底的地震干扰形成的，它的波长非常长，并且能够达到极高的速度。波的速度还与波所携带的能量数成正比，这就是为什么海啸会对海岸地带造成那么大的破坏。

海浪的上部运动得更慢。当海浪下部降低速度时，波峰的惯性将这部分水保留在波谷。当没有足够的水来支撑波峰时，海浪就会破碎了。

▶ 冲浪与下坡滑雪有哪些相似处？

冲浪与滑雪的差异是冲浪通常比滑雪更暖和一些。然而，两种运动有一个主要的相似点：都要求运动员带着板滑下斜坡。在滑雪运动中，斜坡是被雪覆盖的山坡，而在冲浪运动中，斜坡是破碎的海浪形成的上升的水。理想的冲浪所需要的波浪具有非常大的能量，它在靠近海滩时海洋深度逐渐减小。当冲浪者从浪上滑下时，波峰前沿的水在冲浪者的脚下不断升高，允许冲浪者踩踏在浪上，实际上并没有向下移动。冲浪运动一直持续到海浪的能量消失、破碎为止。

▶ 哪里是最好的冲浪海滩？

最好的冲浪海滩在波长很长的海洋中。波长决定了波的速度。波长越长，波速就越快。好的冲浪海滩的另一个决定因素是海岸的深度是渐变的还是大起大落的。当海洋的深度是海浪高度的1.3倍时，海浪趋向破碎。因此，一个长的、

筒型浪下的冲浪者。

海洋深度逐渐减小的海滩对冲浪来说是最好的去处。

一些最适合冲浪的海滩位于美国西海岸和夏威夷州的怀基基海滩。太平洋上具有长的波长和深度逐渐减小的海滩,这些是世界上最好的冲浪海滩。

什么是海啸?

海啸并不是风或者潮汐引起的,而是水底的地震和火山喷发引起的。地震对水产生了巨大的向上的力,与向水中投掷石头正好相反。不常发生的大海啸由于它们巨大的波长,当到达海岸时具有强大的破坏性,但是大多数海啸只有1米或2米高。

最惨烈的海啸2004年12月26日发生在印度尼西亚。海啸掀起的滔天巨浪高达10米,巨浪冲向海岸,造成了约30万名居民死亡或失踪。夏威夷州也是海啸多发区。在过去的二百多年里,曾有40次海啸袭击过夏威夷群岛。

电　磁　波

什么是电磁波?

光、无线电和X射线都属电磁波。电磁波是一系列的横波;它由两种垂直的横波构成,其中一个组成部分是一个振动的电场,而另一个部分是相对应的磁场。

尽管所有的电磁波都以光速进行传播,但是个别的电磁波能用它们的频率或波长来表示。电磁波与其他横波决定性的区别在于它们传播时并不需要类似空气、水或者钢铁这样的媒介物。无线电、伽马射线和可见光波都能在真空中传播。

电磁波是怎样产生的?

电磁波是由原子中运动的电荷产生的,这些运动的电荷产生一个电场,转而产生一个对应的磁场。来自运动电子的能量辐射到(不需要是均匀的)电子周围的区域。

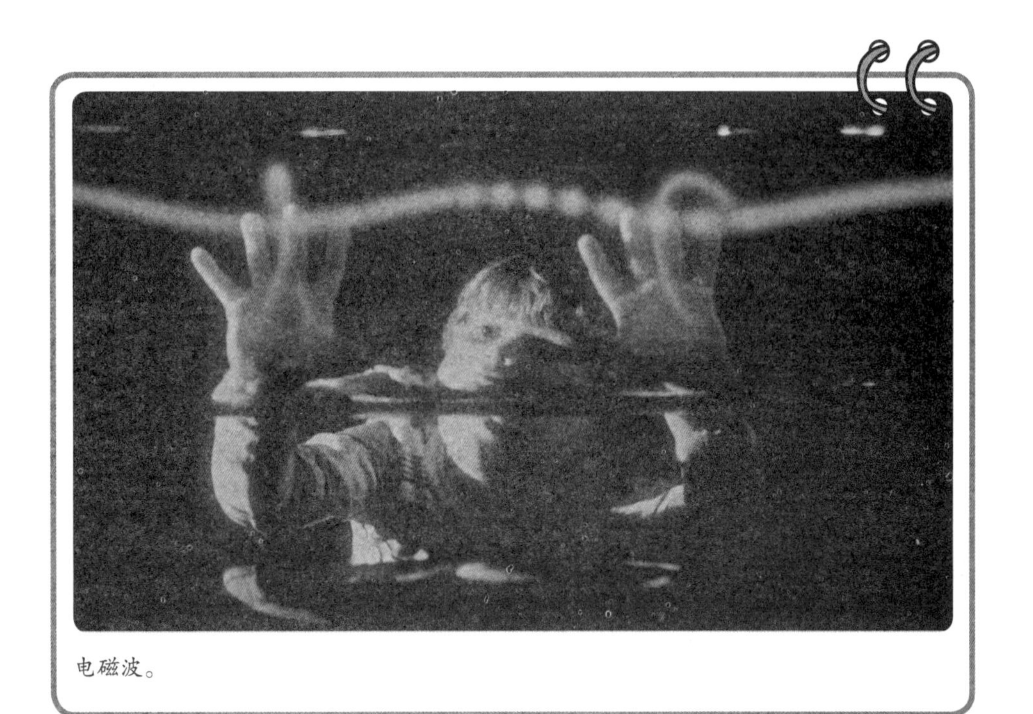

电磁波。

什么是电磁光谱？

电磁光谱把电磁波按照频率从低到高的顺序编列成表。光谱从频率最低的无线电波一直排列到频率非常高的伽马射线。在电磁光谱中间的一小部分包含了可见光的频率。

谁预言了电磁波的存在？

1861年，詹姆斯·克拉克·麦克斯韦（James Clerk Maxwell）研究并证明了电场与磁场之间的数学关系式。1873年，麦克斯韦写了《论电和磁》这本书。在书中，他通过4个不同的方程式叙述了电磁场与电磁波的性质，这4个方程式就是现代物理学家所熟知的“麦克斯韦方程”。尽管麦克斯韦从来没有在实验室中证明过他的理论，人们依然认为是他预言了这种特殊的波的存在。

麦克斯韦（1871—1879）一直以教授的身份在英国剑桥大学任教。他出版了几本关于热力学和物质运动的著作，还发展了分子运动论，并对颜色视觉做了

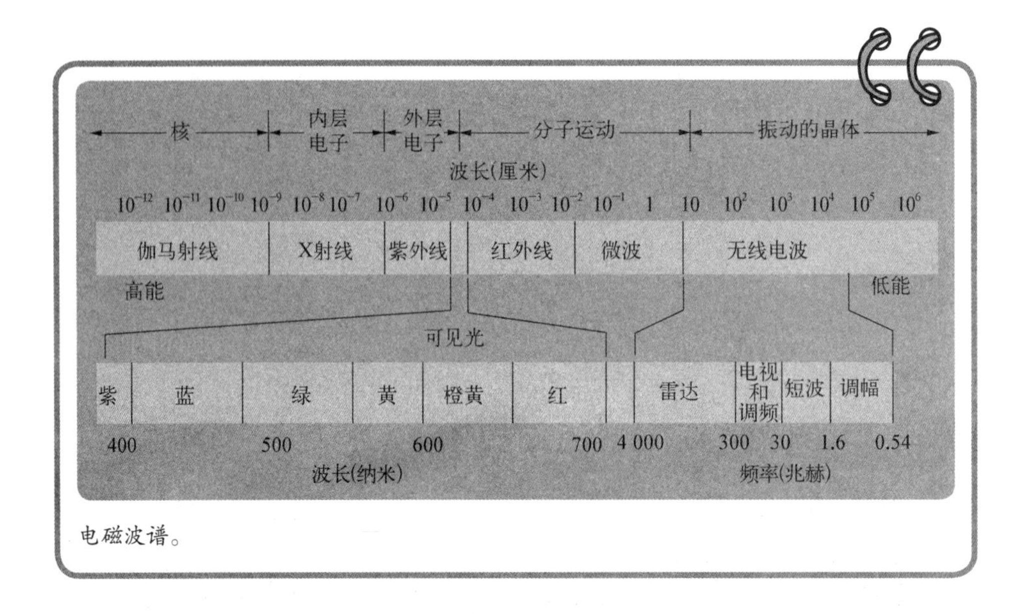

电磁波谱。

大量的研究。虽然麦克斯韦不被非专业人士所熟知，但是他在科学界备受尊敬，并被认为是与牛顿和爱因斯坦齐名的伟大的物理学巨匠。

谁证明了电磁波的存在？

直到海因里希·赫兹（Heinrich Hertz）设计了一台无线电发射机和接收机，电磁波才被发现是在纯粹数学理论之外的现实中真实存在的。通过研究，赫兹证明了电信号能被电磁波发射并以光速进行传播。正是赫兹在电磁波方面的突破为收音机和无线电报的发明铺平了道路。因为在电磁波上做出的卓越贡献，赫兹得到的荣誉是人们用他的名字赫兹（Hz）来作为频率的单位。

无线电波

无线电波是声波吗？

尽管收音机常常被用来收听音乐，但实际上被传送到收音机的波是电磁波。无线电波不是声波，然而在某种情况下，它们将信息传送到收音机而产生声波。一旦天线接收到无线电波，收音机内部的电路系统将这种电磁波转换成电信号，电信号发送到扬声器并被转换成我们耳朵能接收到的声波。

天线如何来发射和接收无线电波？

电视信号和无线电信号天线被用来发射和接收电磁的无线电波。发射天线产生电子振动；振动的电场产生振动的磁场，导致了电磁波的传播。当接收机被调整到一个特定的频率时，无线电波在接收天线中感应到一股电流，这股电流被发送到无线电接收机。

谁发明了无线电设备？

1895年，20岁的意大利发明家古列尔莫·马可尼（Guglielmo Marconi）创造了一台能在超过1千米的距离发射和接收电磁无线电波的设备。后来在改良了天线以及发明了简陋的放大器后，他的无线电报机获得了英国专利权。

天线的尺寸在无线电波的接收中起到了重要的作用吗？

天线的长度决定了它接收的最佳频率。收音机天线和电视机天线的一般规则是天线的长度应该是它想要接收的波的波长的一半。这样就允许在接收天线中被感应到的电流以特定的频率产生共振。

不用遵守上述规则的是环形天线。有磁性的金属环形天线能在晶体管收音机中找到，它只接收调幅波段的低频无线电波。为了接收低频的调幅波段，半波长的直金属天线的无线电波必须非常长。晶体管收音机中的环形天线对无线电波的振动磁场起反应，反而能感应到一个巨大的电流。

家用收音机和电视机的天线通常有一个宽频带宽和一个小的倍率。宽频带宽允许天线去接收比窄频带宽的天线所能接收的更大的频率。然而，更宽的频带虽然取代了窄频波段宽，却影响了天线的倍率和灵敏度。

1897年，他发射信号到距离岸边29千米的船上，4年后，他能发送横越大西洋的无线电报。因为在无线电发射机和接收机上做出的卓越贡献，马可尼成为1909年的诺贝尔物理学奖的获奖人之一。

古列尔莫·马可尼和他的无线电系统。

什么是千赫（MHz）、兆赫（KHz）和千兆赫（GHz）？

频率的单位是赫兹（Hz），是以发现电磁波的德国科学家海因里希·赫兹的名字命名的。赫兹代表了波每秒的振动数量和周数。无线电接收器上经常有千赫、兆赫和千兆赫的字样。千赫兹代表了每秒有1 000赫兹；兆赫代表每秒有100万赫兹；千兆赫代表了每秒有10亿赫兹。

通讯中不同频段的无线电波和微波有哪些？

下表是不同的无线电波和微波频谱及它们的应用：

频　段	名称及缩略形式	用　　途
3赫兹~300赫兹	极低频（ELF）	电报、电传打字机
300千赫~3千赫	音频（VF）	电话线路
3千赫~30千赫	超低频（VLF）	高保真
30千赫~300千赫	低频（LF）	海上移动通信、导航无线电广播
300千赫~3兆赫	中频（MF）	陆地及海上无线电、无线电广播
3兆赫~30兆赫	高频（HF）	海上及航空移动、业余无线电

（续表）

频段	名称及缩略形式	用途
30兆赫~300兆赫	甚高频（VHF）	海上及航空移动、业余无线电、电视广播、气象信息
300兆赫~3千兆赫	特高频（UHF）	电视、军事、远程雷达
3千兆赫~30千兆赫	超高频（SHF）	太空和人造卫星通讯、微波通讯
30千兆赫~300千兆赫	极高频（EHF）	无线电天文学，雷达

调幅和调频

什么是调幅（AM）？

调幅是用无线电波传送信息的一种方法。尽管无线电波不传送声波，但它在传送所需的信息时可以产生特殊的声波。声波是通过压缩空气或使其变稀薄而产生的纵波。当发射无线电波时，调频信号能表示出通过改变或调节无线电波振幅而产生的密集和稀薄的变化量，压缩空气，产生高振幅无线电波。使气体变稀薄时，就发射出了低振幅无线电波。无线电接收器测量振幅的变化并将信息传送给广播员，他可以根据这个信息做出调整以发出最适合的声波。

什么是调频（FM）？

调频或调频无线电波代表了广播员通过引起无线电波频率的微小变化使空气压缩或变稀薄。为了使空气压缩，无线电波的频率被略微加快；要使空气变稀薄，无线电波的频率就被略微地降低。一些调频电台比调幅电台有更大的频段，它们可以对频率做轻微的调节而不会干扰到邻近电台。

在电磁波频谱中如何能找到调幅和调频？

调幅无线电位于频段550千赫~1 600 千赫之间。而调频无线电位于频段88~108兆赫之间。其他的无线电频段，如警察使用的频段、电视频段和短波通

为什么调频电台比调幅电台的效果好？

调频电台传送的声音要好于调幅电台，这是因为调频电台以最大功率传送无线声波。调幅改变了无线声波的振幅并在接收器上显示出广播员需要使用多大的声音压缩空气或使空气变稀薄。因为这个，调幅信号总是不能以最大的功率传送。而另一方面，调频能持续用最大的功率传送无线声波。当以较小功率发出调幅信号时，接收器无法区别真正的信号和额外的电磁波，所以它会收到其他的电磁波。而接收调频电台的接收器能够区别真正的信号和其他噪声，因为调频电台传送的信号强度超过了额外的背景噪声。

讯也使用调幅和调频传送信息的通讯方法。

除了调频无线电通信外还有哪些系统使用调节频率的方式传送声音信息？

除了在88~108兆赫频段之间的调频无线电通信外，其他广播频率使用调频以最大功率传送信息，这与调幅使用变化的功率是不同的。电视机的声音、移动手机系统和微波无线电系统都使用调频以高保真的声音传送信息。既然这些频率处于射频频谱的高端，要有效地使用调频只需要具有瞄准线射程（瞄准线：能够直接从发射点到接受点的线）。

为什么许多微波传输系统在调频和调幅之间变化？

一些高频微波传输系统在调频和调幅之间变化是因为高频的波动范围较小，就像调幅无线电传送一样，会经常受到其他频道的干扰。因此，随着调幅广播技术的发展，许多高频微波传输系统可以选择被称为单边带或SSB调幅传输的方式。单边带调幅能使微波传输系统传送的声音信号达到调频微波系统所传送声音信号的3倍多。然而，随着技术的不断进步，该系统已经被改变为脉冲码解调系统，这种数字传输系统可以传送更大量的即时信号。

调频电台如何传输立体声？

立体声是由两个说话者发出两种单独的声音。无线电波每次只能传输一个频率，很难从两个说话者中得到两种不同的声音。

根据联邦通信委员会的统计，调频的频率只能在50~1.5万赫兹内对说话者产生声波（人的听力范围在20~2万赫兹之间）。尽管说话者不能产生超过1.5万赫兹的声音，但接收者可以接收这种高频信息。电台希望用立体声以1.9万赫兹将“导频信号”传送给接收者，这就可以将接收者所需的信息以立体声广播的方式传送了。

调频和调幅的射程有多远？

在相同的介质中（如低层大气），所有的电磁波以直线传播。因此，大多数的无线电波只有所谓的瞄准线射程。这意味着如果在无线电信号传送的路径中有山脉或弯曲地面的阻碍，接收者被挡在射程范围内，他将收不到无线电信号。这就是为什么大多数广播天线被安装在高的建筑物或者山上。这样做的目的是增加瞄准线射程。然而，低频的无线电波（频率低于30兆赫）可以被地球的电离层中的带电粒子反射，这种现象叫做“跳过”。低频的无线电波不会像高频的电磁波那样穿过电离层，它们也可以被反射回地面，并且显著地增加射程。并且，这种电离层的反射条件在夜晚能达到很好的水平，从传送塔上发出信号的射程可以增加到几千千米远。尽管调频电台有更高的保真度，但调幅广播有更远的射程。

微　波

微波是如何用于通讯的？

微波是超高频（SHF），其频段为3千兆赫~30千兆赫，经常被用来在较小的

频段内传送千百万个信号。人们经常使用微波为电话、电视、雷达和气象传送信息。微波是在速调管和磁控电子管中产生的。微波可信度高，并且传送中不会发生错误。但是由于山脉、建筑和地球本身的凸凹不平的干扰，使用微波很难实现远距离传输信号。

微波有两个传输方式，第一是瞄准线方式（距离不能超过30千米）；第二个是将信号发送到人造卫星上，再由人造卫星发回到接收天线上。

除了通讯，微波还有哪些其他的用途？

除了具有传输信息的作用外，在世界各地的日常生活中，微波被广泛应用在厨房中。

微波炉产生超高频波，并将它们分散到整个烤炉中。这种高频波能引起水分子的共振，使它们彼此碰撞。碰撞引起的摩擦将水里的动能转化为热量。这种热量可以加热食物。水的任何一种组成形式都可以被微波炉加热。

为什么金属物质不能被放在微波炉里？

生产商警告顾客不能将金属物质和铝箔放在微波炉里。这主要有两个原因。第一个原因是金属和铝会阻止烹饪。微波通过引起食物中水分子的共振来加热食物。如果食物被放在铝箔或金属容器中，微波就不能接触到水分子，也就不能实现烹饪的任务了。

第二个原因是为了微波炉本身的安全。对于微波来说，金属就像一面镜子。如果微波炉中有太多的金属，微波就不能进入食物，而会被弹回微波炉。当微波炉里的微波达到超负荷状态时，就会对磁电管（产生微波的装置）造成损害。

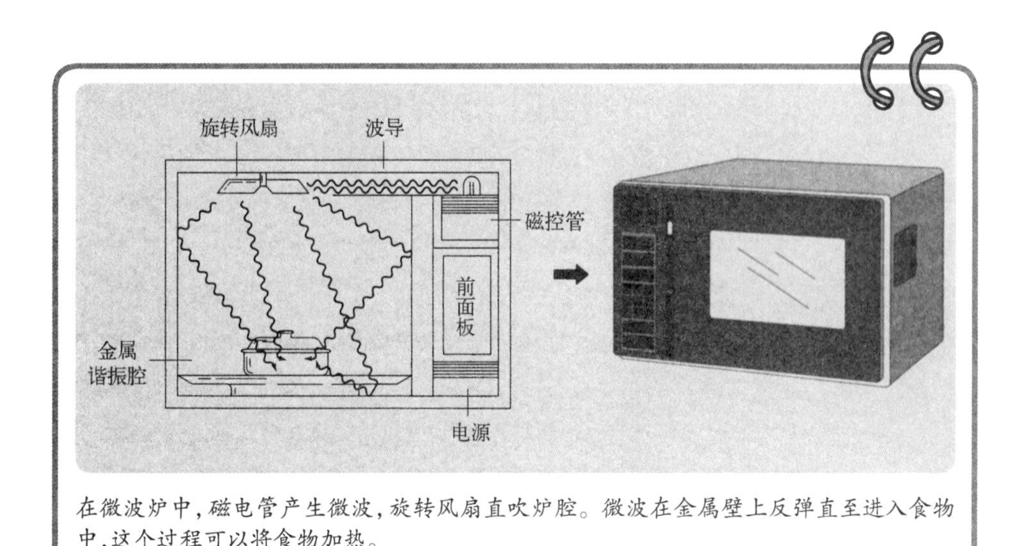

在微波炉中，磁电管产生微波，旋转风扇直吹炉腔。微波在金属壁上反弹直至进入食物中，这个过程可以将食物加热。

▶ 微波炉炉门上的光栅有什么作用?

人们想要看到微波炉中加热的食物处于什么状态，却又不想受到微波引起的潜在伤害。为了阻止微波穿过塑料或玻璃炉门，一个有很多小孔的光栅被用来将微波反射回烤炉中。微波（波长约为12厘米）对于小孔来说过大，不能穿过光栅。但是可见光的波长比小孔小，可以很容易地穿过光栅。尽管光栅可以保护人不受微波的伤害，但是如果不经常清洁微波炉，微波仍然可以从门缝处漏出。

▶ 微波炉可以用来干燥东西吗?

既然微波炉可以加热并最终将其蒸发，那么任何东西都可以在微波炉中干燥。然而，将物体放在微波炉里之前要考虑一个极其重要的因素——要加热的物体本身不能带有大量的水分。如果要干燥弄湿的书、纸张和杂志，那么微波炉是个很好的干燥工具。但切勿使用微波炉干燥植物或小动物。微波加热所产生的体内水分子共振会将生物杀死。

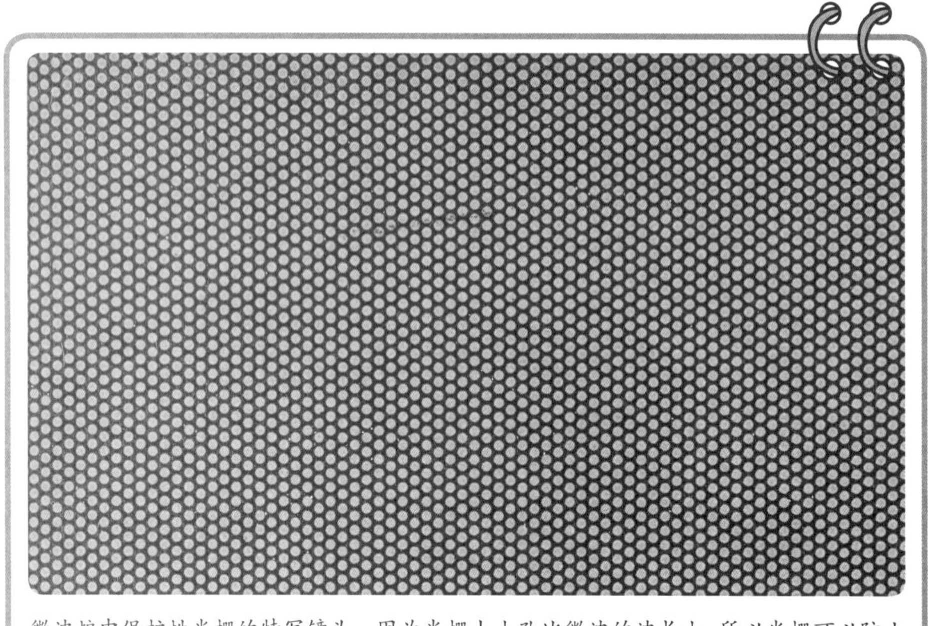

微波炉中保护性光栅的特写镜头。因为光栅上小孔比微波的波长小，所以光栅可以防止微波散射出来。

短波无线电

什么是短波无线电通讯?

短波无线电是为世界业余无线电经营者留出的频段。短波无线电的频率主要位于高频段。也有一些频率位于中频和超高频。

干扰、叠加和共振

水、声音和机械波能永远传播吗?

如果波在一个没有摩擦的环境里传播，比如电磁波在太空的真空中传播，波会以恒定的速度传播直到它进入介质中。然而，地球上有很多的摩擦力。摩擦力将波的一部分能量转化为热能，所以波的振幅不断减小，这种将波的振幅逐渐减小的情况叫做减幅。

减幅的情况在声波中可以观察到。随着时间和距离的延长，由周围的气体分子所引起的摩擦作用将使声波的振幅逐渐减小。

电波也会产生减幅。因为电线产生了摩擦作用，所以通过电线的横波的能量会减小。如果电波经过了相当远的距离，电波振幅会大幅度地减少，以至于接收器上都可能显示不出它的电脉冲。为了避免这样的情况，必须加大电波的振幅以避免信号的丢失。

在减幅使波彻底消失之前，人们通常使用放大器增加波的振幅。

叠　加

相长干涉和相消干扰有何区别？

两个干扰波并不是彼此碰撞和毁灭，正相反，它们会相互作用并通过对方。干扰波之间的相互作用叫做叠加。可以通过振幅的增大或减小来预测波什么时候发生相互作用。两个正极性振幅如果相干扰，就会产生一个更大的正极性振幅或相长干涉。两个负极性振幅如果相干扰就会产生一个更大的负极性振幅，因此也形成了相长干涉。两个相反振幅如果彼此发生作用就会产生相消干扰。在干扰波相互作用之后，它们会各自以干扰前的速度继续传输。

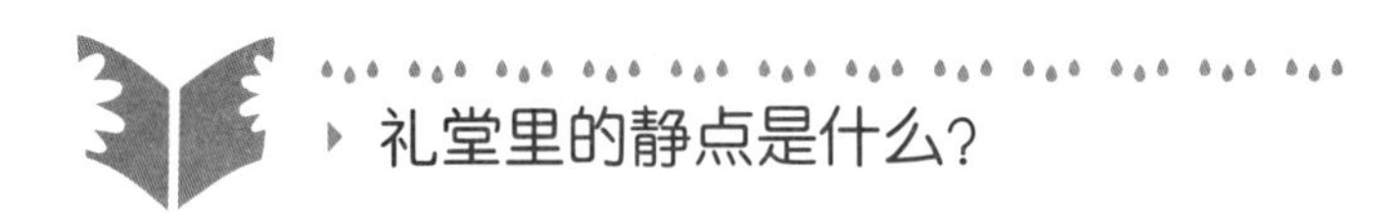

设计不完善的礼堂会存在一些静点。静点是两个或两个以上的声波相互作用产生相消干扰的地方。比如说，一个在舞台上的独唱者向观众发送了声波。一些声波撞击了礼堂的墙壁，而另外一些声波直接传输给

观众。在有的地方，声波和反射波相互作用形成相消干扰，在特定的位置，干扰的程度能使两个波相互抵消。结果，在这些位置上的观众就听不到独唱者的声音。但是坐在静点附近的人不会受到这种干扰波相消干扰的影响，独唱者的歌声他们会听得很清楚。但是，坐在静点上的听众有可能听到喇叭手吹出的喇叭声，因为喇叭发出的声波不是沿着同一个声音来源的路径传播，因此不会产生相消干扰。

什么是二维水波？

二维水波是指由同一场暴风雨产生的两个水波，它们相互作用并形成相长的干扰波。因为暴风雨流经的路径变化得非常迅速，所以水波也在向不同的方向传播。当它们相遇时，就形成了一个巨大的正极性振幅或负极性振幅。在1979年的英国赛船会上，50英尺（15米）的二维水波毁坏了几十艘船，15人在此事故中丧生。

喷气式战斗机如何使用相消干扰来误导敌军的雷达？

名为“阵风”的法国新型战斗机使用了一种可以帮助战斗机躲避雷达的装置。雷达（radar）是一个首字母组合词，完整的英文词组为“radio detection and ranging”，意思为“无线电探测与测距”。对军队来说，雷达是一个非常有效的导航和预警系统。它向大气层发送电磁波，当电磁波达到物体表面时形成发射波。雷达通过测量电磁波发射所需的时间和频率来探测外来物体。“阵风”战斗机使用了被称作“主动消除”的技术。在接收到一个电磁波时，战斗机将发送一个模式相同、方向正好相反的电磁波。在这种情况下，两个波相互作用形成的相消干扰抵消了原有的信号。因为没有接收到返回的信号，敌人就无法确定飞机的位置。

什么是隐形飞机？

可以躲避雷达探测的飞机被称为隐形飞机。它们特殊的形状和角度可以使发射到飞机上的雷达波发生偏转。有些隐形飞机的外机身甚至可以完全吸收雷达波，使其不能返回到敌军的雷达发射机上。

什么是驻波？

当连续的波被物体表面反射彼此发生重叠时就会产生驻波。如果设定的频率可以使原始波和反射波很好地重叠，这个波看起来就是处于静止状态的。驻波不同的两个部分变得非常明显。静止的部分叫做波节，在节点之间上下显著运动的部分叫做反波节。为了产生“驻波”，在产生反射之前，波的频率和距离必须被调整到正好能使波处于“静止”状态。

在驻波上，波节和反波节是如何产生的？

原始波和反射波相重叠将产生一个驻波的两个部分。第一个部分出现在发生相长干涉的地方。当波峰与波峰相重叠，或者波谷与波谷相重叠时就会形成

B–52“幽灵”号隐形战略轰炸机。

相长干涉。之后就会在大的正极性振幅和一个大的负极性振幅中形成一个巨大的转变。相长干涉的部分叫做反波节或者巅值。驻波里的另一个干涉部分是由相消干扰形成的。相消干扰的点被叫做波节,当波峰和波谷相干扰而彼此抵消时产生波节。因为原始波和反射波形成了直线效果,所以波节不会上下移动。

▶ 乐器的驻波是如何形成的?

许多乐器依靠驻波产生声音。在管风琴内振动的空气中,在小提琴或吉他的弦上,在喇叭或长笛的气柱中都会产生驻波。为了改变乐器的曲调,乐器中的驻波必须被改变。改变管乐器的长度,或者改变弦乐器弦的长度和张力,会产生不同频率的驻波,形成不同的音乐波节。

▶ 什么是自然频率?

所有具有弹性的物体都有自然频率。当物体需要较小的能量来维持振动时就实现了自然频率。物体的自然频率主要取决于它的自然属性,特别是物体本身的弹性。

共　振

▶ 什么是共振,共振是如何实现的?

当持续波的频率以最大振幅实现驻波时,共振就实现了。为了实现共振,力必须持续地以自然频率振动物体。共振发生后,只需要较小的力来维持这种共振。

▶ 在运动场上的什么位置能找到共振?

孩子在童年时期就发现了共振,他们在荡秋千时使用胳膊和腿以帮助自己来回悠荡秋千。当到达秋千的特定频率时,孩子们会发现他们不需要再继续用力荡起秋千了。此时,他们的运动与秋千的自然频率相一致,因为他们只需要很小的力就可以使秋千维持最大振幅。然而,如果在不适当的时间,秋千受到孩子的作用力或者孩子父母的推力作用,秋千上的共振就会被破坏。只要外力与秋千的自然频率相吻合,最大振幅和共振就能够维持下去。

共振是如何使水晶杯破碎的?

在美瑞斯(Memorex)盒式录音磁带的广告中,埃拉·菲茨杰拉德(Ella Fitzgerald)做了一个物理实验。广告展示了这个著名的歌手能够发出极其和谐的音调,这个音调的频率恰好能使水晶杯破碎。她的声音所产生的频率与玻璃杯的自然频率相同。

当埃拉·菲茨杰拉德发出的声波被增强并且传送到水晶杯的分子上时,声音能量的一部分从声音的动能转化为水晶杯的动能。水晶杯中的水分子振动程度越来越大,直到共振实现。

共振频率实现时形成了一个巨大的振幅,这个振幅打碎了水晶杯。

共振怎样毁坏了华盛顿州的塔科马-纳罗斯桥?

塔科马-纳罗斯桥建于1940年,以它不同寻常的起伏运动而闻名。整个桥身在某种程度上振动,对于许多驾驶者和乘客来说,塔科马的这座吊桥更像是游乐场的乘坐装置。

塔科马-纳罗斯桥对大众开放4个月后,1940年11月7日,清早刮起了风,风速大约42英里/小时(67.6千米/小时)。这种中度风吹动了桥面板上的支架,使桥面来回振动。不过自从向公众开放以来,这样的情况每天都会发生。然而,使工程师和目击者震惊的是,桥比以往任何时候振动的都猛烈,看起来在两个桥塔之间形成了一个驻波。在桥的中央有一个明显的波节,在波节的每一侧都有一个反波节。

整个上午,扭转驻波的振幅一直在增大,这意味着桥要发生共振。在几个小时的剧烈振动后,桥板彻底坍塌。幸运的是,只有一只叫做“塔彼”的小狗在事故中死去。它的主人幸免于难,却把这只小狗遗忘在了车里。

工程师认为是大风造成了桥的倒塌,而实际上是风使桥面板在自然频率下振动。自然频率不仅由建造桥的材料决定,而且还与桥墩之间的距离有关,桥墩

1940年11月7日,塔科马–纳罗斯桥以自然频率振动时引起了共振,最终造成了桥的倒塌。

之间的距离正好与一个完整的振动波长相等。如果一个物体以自然频率振动了足够长的时间,共振就有可能形成。在这个事例中,是共振造成了桥的倒塌。如今,土木工程师对这个事例进行了认真的研究以避免类似事件的发生(关于桥梁的更多信息,请参见“静物”一章)。

什么是扭转波?

塔科马–纳罗斯桥产生的就是扭转波。扭转波不仅在垂直方向转移,而且会形成波浪形的扭曲。塔科马–纳罗斯桥产生的扭转波在两个方位上实现了共振。第一个是在整个桥身形成起伏运动,而第二个共振是桥面两侧发生的扭曲运动。

管风琴是如何发出声音的?

管风琴通过管子中气体分子的共振发出声音。从管口进入的气流使附近的气体发生振动,引起的压力差使管子中剩余的气体分子振动起来。管子中振动的气体形成了驻波,驻波产生的共振声音就是管风琴的优美乐声。

不同频率的声音取决于管风琴的长度。管子越长,频率越低。管子越短,频率就越高。玻璃瓶和塑料瓶是简易的管风琴,向瓶子里吹气就能发出声音。通过加入或减少水来改变气柱长度的变化,这种简单的做法就可以改变声音的频率。然而,管风琴的音质未必取决于气柱的长短,而是取决于管风琴的材料和形状。

水晶酒杯可以在共振时破碎,它们能用来敲出音乐吗?

如果共振驻波足够长,水晶杯就很容易破碎。但是当振幅减小时,水晶杯完全可以发出声音。比如说,用手指摩擦水晶杯潮湿的杯口时,水晶杯听起来像在唱歌或发出嗡嗡声。嗡嗡声是由手指在水晶杯上所做的功引起的。摩擦使水晶杯获得了驻波,或许还可能发生共振。水晶杯的共振分子产生足够大的能量来振动周围的气体并发出平稳的嗡嗡声。

可以用改变管风琴声频的方式(改变气柱的高度)来改变水晶杯的声频。在这个例子中,可以通过增加或减少杯子里的水来实现这一目的。

阻　抗

什么是阻抗匹配?

当波从一个介质传播到另一个介质中时,波的一部分能量转移到新的介质中,而另外一些能量被重新反射回原有的介质中。为了使波的能量更多地进入新的介质中,需要在两个介质中使用阻抗匹配设备使能量的转换更为顺畅并且阻止发射。

阻抗匹配是如何应用在减震器中的?

当汽车遭遇碰撞、路面坑洼或其他不规则路面时,减震器可以减小汽车的振动。人们设计减震器用来匹配振动的阻抗,阻止振动将汽车反复上下摇晃。

为了避免汽车和轮子之间发生反射振动,减震器的活塞会被推进到充满液体的汽缸中。液体(通常情况下是油)从振动中吸收了大部分的能量,显著地减少了汽车的上下振动。有效的减震器在完全吸收能量前,只允许汽车上下振动最多两次。

什么是变压器?

当机械波遇到新的介质时，变压器被用来匹配阻抗。为了不在两种介质之间形成突然的障碍，变压器提供了在新旧介质之间更为光滑、缓和的转变。根据波和介质的不同，选择不同的变压器（比如1/4波长变压器和锥形变压器）来帮助减少反射。比如，当电波进入不同类型的电器装置时，可以使用电变压器来减小或增大进入装置的电流量。如果没有变压器提供平稳的转变，波的阻抗将不能匹配，会产生反射的电波。

锥形变压器的例子可以在隔音的房间或录音室找到。任何发出的声音都能够被墙上的阻抗匹配材料所吸收。制成V形的特殊泡沫是一种变压器，它能够逐渐地将所有声音吸收在墙里。这种将空气介质里的声音完全吸收在墙介质的方法阻止声音被反射回空气中。

照相机镜头是1/4波长变压器的一个实例。它没有将照射到镜头上的光波反射回去，而是吸收进镜头里。

什么是变频器?

变频器的作用是将一种形式的波转变为另一种形式的波。电话听筒是一种变频器，它将纵向的声波转变为能在电话线里传输的电信号。而话筒同样是一种变频器，能把横向的电信号转变成纵向的声波。还有一种变频器是光电管，它可以将太阳能电磁波转变为电信号。

多普勒效应

什么是多普勒效应?

多普勒效应是指由于物体相对于观测者发生了位置上的改变，波的频率会发生变化。多普勒效应最著名的例子是赛车在赛道急驶时会发出“喂—呦”的声音。因为赛车移动的方向与发射声波的方向一致，聚合在一起的声波形成了

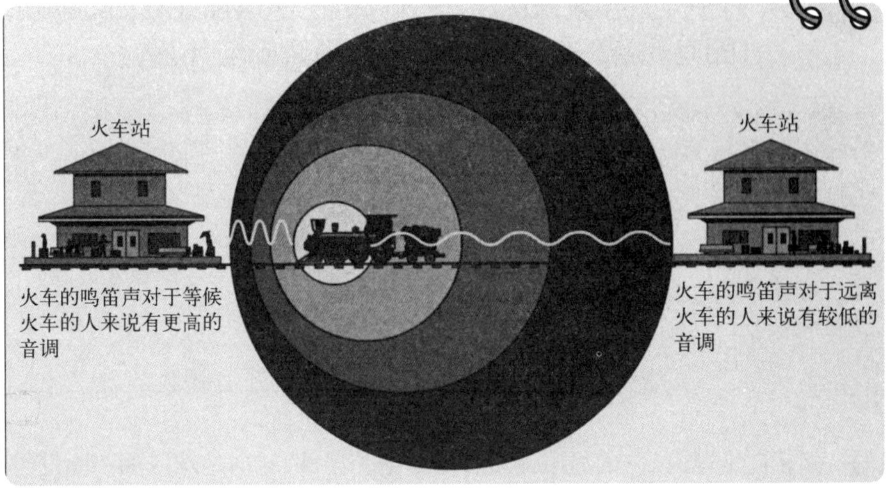

多普勒效应。

“喂”声。声波的集束效应造成了频率的增加，因此产生了高音调的声音。当赛车远离了声波传播的范围时就发出了“呦”声。因为汽车远离了声波，连续的波之间的距离就变大了。声波频率的减小就形成了较低的声音。

多普勒效应是以谁的名字命名的？

多普勒效应是以奥地利物理学家多普勒·克里斯琴·约翰（Doppler Christain Johann，1803—1853）的名字命名的。他在观测双星时，发现了移动的物体会发生频率的改变。他发现物体接近或离开某一点的速度越快，它在频率上产生的变化就越大。多普勒通过观察得出的结论被广泛地应用在当今的科技世界里。

红移和蓝移有什么区别？

可见色谱的范围从低频的红、橙、黄到高频的绿、蓝、靛蓝和蓝紫色。天文学家在观测行星、恒星和星系时，使用多普勒效应来测量物体运行、旋转或周转的速度。比如，土星的旋转速度可以通过观测土星自身的多普勒效应来测量。土

对于天文学家来说，观测大多数的星系都会发现红移现象（即向光谱的红端位移），这究竟意味着什么？

天文学家观测宇宙中的大多数星系都会发现红移现象，这意味着总的来说，其他星系正远离我们的星系——银河系。如果宇宙整体处在不断的扩展中，那么这种情况是可能发生的，这也许对于宇宙大爆炸学说更有推动力。

星的一侧转向地球时，它的另一侧就转离地球。因此，转向地球的那一面发射的光的频率就大，这就产生了蓝移。相反，远离地球的一侧发出的光具有较低的频率，叫做红移。根据行星的速度，它发出的颜色产生频率上的改变，这是多普勒效应的结果。这种颜色上的转变或改变及色饱和度的变化，使天文学家测定出土星的速度约为1.1万千米/小时。

警察使用的测速雷达枪是如何应用多普勒效应的？

警察在检查超速行驶的车辆时使用多普勒效应。测速雷达枪会发出某个特定频率的雷达波，当雷达波传送到车辆时，波会以不同的频率反射回雷达枪。反射波的频率取决于车辆的行驶速度。速度越快，频率越大。计算原始波与反射波的频率差，测速雷达枪就可以确定车辆的速度了。

雷　达

雷达是什么？

雷达是电磁光谱上的一个波段，雷达（radar）是一个首字母组合词，完整的英文词组为“radio detection and ranging”，意思为“无线电探测与测距”。雷达包括发射电磁波，测量发射波的时间、频率和方向变化以便确定物体的位置和速度。现在，雷达可以广泛使用在各个领域中，但是最初使用雷达是出于军事目的，在可见度低的情况下，雷达可以帮助人们确定船和飞机的位置。

谁发明了雷达？

1935年，苏格兰物理学家罗伯特·沃森–瓦特（Robert Watson-Watt）为英国军队制造了第一个雷达防御系统。英国政府最初要求他制造一种能将纳粹飞行员烧死在座舱内的设备，沃森–瓦特解释说这是不可能的。他认为20世纪30年代早期的科技使制造一个可信赖的预警信号系统成为可能。沃森–瓦特借鉴了赫兹和马可尼（第一个无线电广播发射机和天线的发明者）等物理学家的研究和突破，发展和完善了英国雷达网络系统。该系统能侦测出距英国海岸100英里（160.9千米）之外的敌军。具有讽刺意味的是，沃森–瓦特在19年之后成为自己所发明技术的受害者。根据加拿大的警察所描述，沃森–瓦特在公路上超速行驶，被警察的测速雷达枪监测到，沃森–瓦特当时非常自愿地交了罚款，然后开车离开。

雷达除了应用在军事领域外，它还有哪些其他的用途？

在第二次世界大战期间，雷达不断发展和完善。与此同时，公众也开始意识到雷达也可以应用到日常的生活中。如今的“新一代天气雷达多普勒系统”技术大大提高了天气预报的准确度，坐飞机出行变得更为安全，家庭使用雷达窃贼报警系统可以更好地保护财产和家人的安全，使用雷达技术核磁共振成像能诊断严重的疾病。

天文学领域是如何应用雷达技术的？

雷达天文学发射雷达波并通过分析雷达反射来计算太阳系物体的位置、速度和形状。在20世纪60年代早期，雷达被用来确定地球和金星之间的准确距离。之后，从“麦哲伦”号空间探测器发射出雷达来勘查金星的表面。雷达天文学被广泛应用在确定太阳系中物体之间的距离方面，却从来没有被用来测量太

阳系之外的距离。

下一代天气雷达多普勒系统

什么是下一代天气雷达多普勒系统?

NEXRAD(或next-generation weather radar)意思为“下一代天气雷达多普勒系统”,是天气预报领域最新的科技突破之一。该系统依靠多普勒效应来计算天气元素(比如锋面、雪、雨和尘粒)的位置和速度。球形的NEXRAD雷达塔发射360°的雷达波,并计算不同天气元素发回的反射雷达波的频率转换。之后,NEXRAD计算机将信息进行转化,并在色码监视器上呈现出有可能的天气问题以待分析。

NEXRAD雷达的目的和主要作用是预测危险的天气问题,在灾难到来前警告公众。通过这种方式,可以保护人们的财产和生命安全。气象学家估计,这种新型的天气预警系统已经保护了数百万美元和成千上万人的人身安全。NEXRAD系统可以更精确地查明旋风,这是它最值得称道的优势之一。

NEXRAD雷达的成本和射程分别是多少?

尽管目前已经建造并投入使用的NEXRAD雷达系统已经有很多了,但是

无线电天文学家能听到什么?

无线电天文学家测量声音模式,这种声音模式查明了其他星系、脉冲星和类星体的位置和特征。为了能清楚地听到这些信号,他们使用了无线电望远镜。无线电望远镜的形状同圆盘式卫星电视天线一样大,可以探测到任何地方的长度为1毫米至1千米的波长。

在175个被提议的NEXRAD雷达系统中仍然有一些尚未建成。整个工程的成本据估计达5亿美元。每个NEXRAD雷达站的精确扫描范围是125英里(201.2千米),如果精确度的要求不是很高的话,其扫描范围能达到200英里(321.9千米)。NEXRAD雷达系统的成本尽管极高,但是它通过预警系统能保护的财产价值能达到5亿美元。

无线电天文学

无线电天文学与雷达天文学有什么区别?

雷达天文学通过测量人工发射的无线电波的发射波来测定物体的形状、位置和速度。而无线电天文学是雷达天文学的一种演变,它不发射无线电波而是等待回波或反射,它只是监听来自宇宙自然发出的信号。

波多黎各的阿雷西博天文台,阿雷西博望远镜是此处的最大的单一陆基固定无线电望远镜。

▶ 最大的无线电望远镜在哪里？

最大的单一陆基固定无线电望远镜是波多黎各阿雷西博天文台的直径为1千英尺的阿雷西博望远镜。它一直被用来接收来源于太空不同位置的声音。

新墨西哥索科罗拥有一组望远镜，这组望远镜由27个彼此相隔13英里（20.9千米）的无线电望远镜组成。这组望远镜能实现极度精确的判断。当联合在一起之后，这组望远镜被称为VLA（VLA：Very Large Array，意思为“超大型相控天线阵望远镜”），可以成为一个天线直径达13英里（20.9千米）的望远镜。如此大的直径在探测无线电天文学的详细信息上极有帮助。

更大的是超长基线干涉测量无线电望远镜。这些无线电望远镜安装在美国的多个地方，它们彼此之间的距离超过了VLA的间距，因此其直径达数千英里。

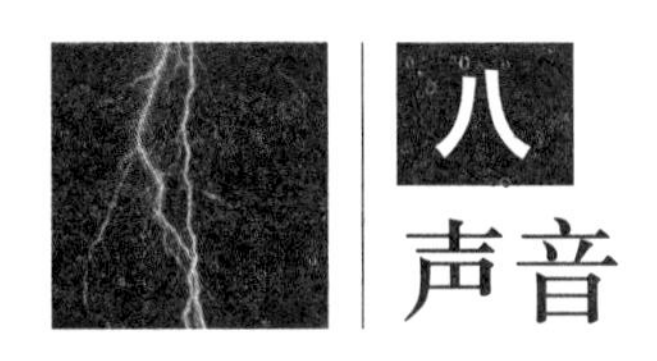

八 声音

声　　波

什么是声音的来源?

某种机械振动产生了声波。一般说来,声音来源于振动的物体,该物体也能引起周围介质的振动。音叉是振动声源的极好的例子。当受到橡胶槌的击打后,可以观察到音叉以特定的频率前后移动。这种振动使周围的气体分子以同样的频率前后移动,这就形成了压缩区(分子聚集紧密的地区)和稀薄区(分子分散的地区)。

声波是什么样的波?

压缩和稀薄的波(比如说声波)叫做纵波。对于横波来说,它传播经过的介质和材料并不从发射器转移到接收器,分子只是在固定的位置来回振动。

听　　觉

人是如何听到声音的?

耳朵是人和一些动物探测声音的器官。耳朵包括3个主要

的部分：外耳、中耳和内耳。外耳包括叫做“耳郭”的软骨组织。耳郭的大小和形状使其具有类似于变压器的作用，它通过逐渐将波的声能传递进耳朵的方式使阻抗与进入耳朵的声波相匹配。为了听到更多的声音，人可以将手掬成杯形放在耳后。实际上，这种做法增加了接收声音的面积，增强了过滤声音的能力。

一旦声音进入耳道中，就会向耳鼓移动。取决于压缩和稀薄的频率和强度，纵向波使耳鼓里外推动。在耳鼓内侧有人体最小的3块骨头：锤骨、砧骨和镫骨。这3块骨头和耳鼓相连，将声能传递到内耳中。

内耳就像是一个变频器，将纵向的声波改变为横向的电波输送给大脑进行分析。锤骨、砧骨和镫骨在卵圆窗上前后振动，将液体振动到内耳中。位于耳蜗的振动的内淋巴液激活了耳蜗内长短不一的纤毛。根据振动液体的频率，特定长度的纤毛会以同一频率共振，将神经冲动发送给听道，听道将信息以电波的形式传递给大脑进行分析。

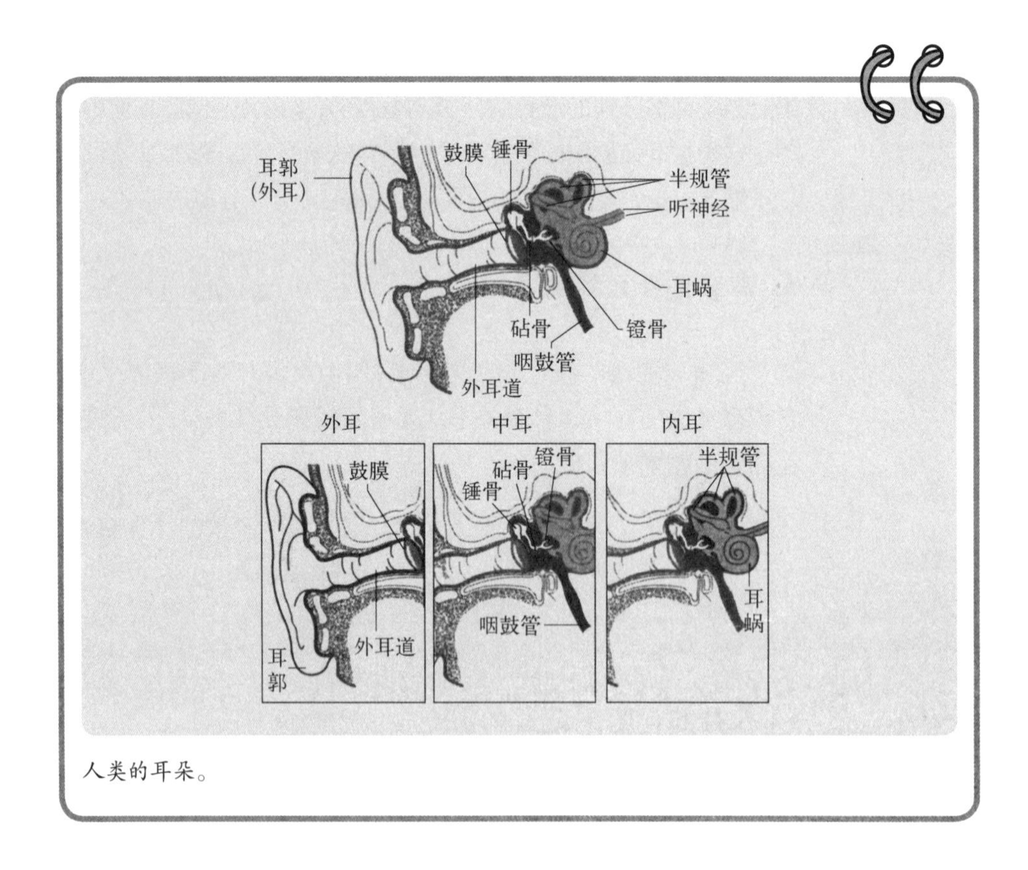

人类的耳朵。

为什么人在听完喧闹的摇滚音乐会后总能听到嗡嗡声?

在离开喧闹的摇滚音乐会后,很多人抱怨总能感觉到耳朵里有嗡嗡声。摇滚音乐会产生了大音量的声音,这种声音对耳朵里的纤毛产生了破坏,因此产生了耳朵里的杂音。共振的物体经常受到损害和损毁。当声音达到纤毛的自然频率时纤毛就会产生共振。如果声音极大并且持续了一段时间,就会引起纤毛破坏性的共振并最终将其毁坏。嗡嗡声的感觉实际上是纤毛正在被毁坏。通常情况下,这种状态会持续到音乐会的第二天,而实际上却对耳朵产生了永久性损害,因为这些纤毛细胞永远不会重新生长了。尽管听觉损耗的影响会持续很多年,而且人听到最大声响的情况越来越多,但是这种损害并不能完全毁坏听力。

在喧闹的摇滚音乐会上,保护耳朵的最佳方式是什么?

为了防止耳朵纤毛细胞受到伤害,首先要做的是增加你的耳朵和扬声器的距离。平方反比定律告诉我们,声音的强度与距离的平方成反比。简单说来,人离扬声器越远,声音的强度就越低。如果将距离变为原来的2倍,声音的强度就会变为原来的1/4。保护耳朵的另一种方法是削弱进入耳朵的声波。很多摇滚乐明星经过多年逐渐的听觉损耗后,现在开始使用耳塞以减小进入耳中声波的

为什么人的声音被录音之后听起来与平时不同?

每个人所听到的自己说话的声音对于他来说都是独一无二的。当你说话的时候,你听到了在你身体中传输的声波和通过空气传播的声波。为了发出声音,人会振动声带,并引起声带周围不同介质的振动。这些介质不仅是空气,也包括了组织、骨骼和软骨。波以不同的速度在这些介质中传播,并在耳朵处产生了一些略微不同的声音。因此,我们会觉得自己的声音被录下来以后听起来非常滑稽,这是因为它们不具备我们所发出声音的特点。

振幅。这样的话，耳蜗中的液体将传递少的能量给纤毛。但是令人遗憾的是，绝大多数听众并不懂得应戴上保护耳朵的工具参加摇滚音乐会。

“声音花园”摇滚乐队的成员之一克里斯·科内尔（Chris Cornell）在音乐会上使用耳塞。

声　　速

声传播的速度有多快？

光传播的速度比声速快了将近100万倍——确切地说，光速是声速的88.8万倍。光和所有电磁波以3×10^8米/秒的速度传播，而声的速度只达到了760英里/小时（340米/秒）。

声速与光速的对比可以在棒球比

在炎热的天气和凉爽的天气，声音在哪种情况下传播速度快？

空气分子倾向于在炎热潮湿的环境里运动速度快，这是因为它们的内能在不断地增加。既然声音依靠分子彼此撞击并产生压缩和稀薄，分子的弹性可以帮助声波更加快速地传递。因此，在炎热潮湿的天气里，声音的传播速度更快。而在凉爽干燥的天气里，气体分子的振荡并不是十分自由。

测定声音在空气中的传播速度的公式是：

$$声速 = 331米/秒 + 0.6\times（增加的度数）$$

声速在温度每增加1℃时，每秒钟增加0.6米。

赛中观察到：在露天看台先看到击球手击球，然后才能听到球拍击球时发出的声音。与光的速度相比，声音延迟的速度远远超过了光延迟的速度。

谁确定了声音在传播时需要一个介质？

17世纪60年代，英国科学家罗伯特·波义耳（Robert Boyle）证明了声波为了传播声音必须通过某个介质。波义耳将一个铃铛放在真空中，将空气逐渐抽空，铃声会逐渐减小，直到声音完全消失。

牛顿提出了关于声音介质的哪些知识？

尽管牛顿的研究主要集中在几何光学原理和经典力学领域，但是他在声音领域也有一些重大发现。他主要的贡献是对声波传播的研究。他证实了声音通过某种介质的传播速度取决于这种介质的特性。他特别证明了该介质的弹性和密度决定了声波的传播速度。

声波在不同介质中的传播速度是多少？

声音在介质中的传播速度取决于几个因素，比如密度、温度、介质是固体还是液体以及弹性。介质的弹性越大，声音的传播速度越快。下表列出了声音在不同介质中的传播速度。

介　质	声速（米/秒）	介　质	声速（米/秒）
空气（0℃）	331	铅	1 960
空气（20℃）	343	木材（橡木）	3 850
空气（100℃）	366	铁	5 000
氦气（0℃）	965	铜	5 010
水　银	1 452	玻　璃	5 640
水（20℃）	1 482	钢　铁	5 960

为何用声音能判定是否发生了全球变暖的现象?

海洋气候声学检温机构（ATOC）曾提出了一个有争议的实验，这个实验帮助测定全球变暖的程度。该实验表明，目前大气全球变暖程度只达到了最初研究预报的一半。许多气象学家认为是海洋吸收的热量造成了大气温度的略微升高。为了证实这个理论，必须测量海洋的温度以便检验它们是否真正从空气中吸收了热量，还是由于温室效应使水温变高。

为了测量海洋的温度，海洋气候声学检温机构建议在海底安装产生声音的大型扩音器，它在每20分钟里重复发射频率75赫兹的脉冲。附加在中央电脑上的接收器安装在海洋的另一端，用来接收信号。电脑将计算声音从扩音器所在地（夏威夷或加利福尼亚）传到接收器所在地（分布在新西兰和阿拉斯加州之间）所需的时间。通过测量声音传播所需的时间，科学家能确定在实验期间水的温度是变高还是变低。

声波是测量水温的一个有效的方法，这其中有几点原因。首先，声波进入一种介质中会改变速度。介质温度越高，声波传播得越快。事实上，水温每升高1℃，声波在每秒钟时间里多传播4.6米。通过测量声波传播的距离，科学家可以测量声音传播的速度和水的温度。其次，在水中发射声波是测量温度的有效的

有没有可以测定闪电有多远的方法?

闪电和打雷同时发生。然而，光传播的速度比声音快88万倍。闪电的发生转瞬即逝，人们几乎来不及观察（取决于观察者与闪电之间的距离)。人们看见闪电后过一段时间，才能听到轰鸣的雷声。

通过声音和光传播的不同速度，可以测定闪电发生在多远的地方。雷声的速度比光慢，记下看见闪电和听到雷声之间的秒数，将记下的秒数除以5就能测量闪电和打雷发生的地点。比如，如果你看到闪电，在大约10秒钟之后听到了雷声。用10秒除以5就可以得出闪电和打雷的地点是距离你2英里（3.2千米）远的地方。

方法，这是因为声波在水中不会像在空气中那么容易改变振幅。这就形成了一种可靠、有效和独特的测量全球变暖的方法。然而，这个计划存在一定的争议，因为有些科学家认为采用了这个计划后，一些人类听不到但海洋生物能听到的声音会对海洋生物造成伤害。海洋气候声学检温机构计划要发射的低频声音可能会对海洋生物造成一定的影响。

超音波学和次声学

人耳的频率限制是多少？

人耳部的骨骼决定了人耳能听到的频率范围在20~20 000赫兹。处于这个范围之外的临界频率是很难被人耳听到的，但是有些人（尤其是年轻人）也可以很清楚地听到。

人耳最容易探测到哪些频率？

人耳最容易接收到的频率在200~2 000赫兹之间。尽管人耳能收听到频带宽度的其他部分，但是人耳对于200~2 000赫兹之间的声音最为敏感。

其他动物听觉的频带宽度是多少？

动　物	最低频率（赫兹）	最高频率（赫兹）
人	20	20 000
狗	20	40 000
猫	80	60 000
蝙　蝠	10	110 000
海　豚	110	130 000

超声波学

什么是超声?

超声是指超过人类听力频带宽度的频率。超过20 000赫兹的频率不能被人听到,但是确实是存在的。一些动物对超声频率特别敏感,比如海豚使用超声频率彼此交流;蝙蝠使用超声作为“导航”和捕食的工具。

什么是声呐?

声呐是一个首字母缩写词(sonar:sound navigation ranging),意为“声导航和测距”。声呐是一种使用声波测定声音发射机和物体之间距离的装置。声波(通常是超声波的嘀嗒声)从声音发射机发出,被某个物体反射回到发射机的接收器。该装置测量声波往返的时间,利用声速计算声音发射机和物体之间的距离。

声呐主要被人和动物作为导航工具来使用。船上的测深仪,建筑上使用的寻柱机和测距仪,运动监测器等安全装置,诸如此类的设施都是使用了声呐。海豚、蝙蝠等动物利用声呐进行导航、捕食和交流。

什么是超声波?

超声波是一种不需要进入人体就可以对人的组织和液基组织及系统进行检查的方法。超声波系统指引高频声音(通常在5~7兆赫之间)进入人体要检查的部位,测量声波返回机器所需的时间。通过分析所接受的反射形式,电脑可以在显示器上呈现出相应的视觉图。

有时超声波被用来代替X射线,因为它没有辐射,对接受检查的人更为安全。产科医师用超声波检查胎儿的发育过程和(或)出现的问题。这种方法也被用来检查身体的液基器官和系统(比如神经、循环、泌尿和生殖系统),因为只有液基物体能反射超声波。超声波不能用来检查骨骼结构,因为超声波可以被骨骼结构吸收。

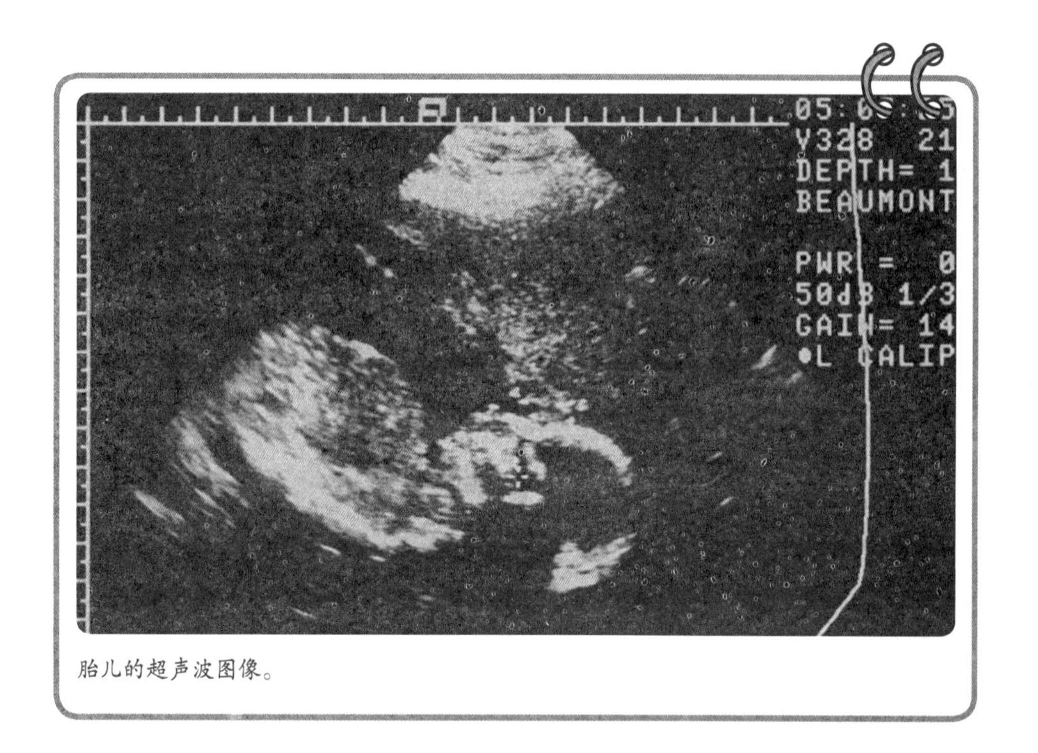

胎儿的超声波图像。

次声学

什么是次声？

超声是指超过人类听力频带宽度的频率。而次声（或亚声）是低于人类听力频带宽度的频率。次声通常情况是由振动较慢的物体发出的。比如桥产生的声音频率低于20赫兹。大象的声音低于12赫兹，而核爆炸只产生低达0.01赫兹的次声。

次声如何提供旋风预警？

科学家在使用可以探测次声频率的声音传感器时，偶然发现了旋风的漩涡所产生的低于人类听力频带宽度几赫兹的声音。旋风与管风琴相似，当漩涡大时产生低频的声音；当漩涡小时产生高频声音。旋风所产生的次声可以在100英里（160.93千米）以外侦测到，所以次声可以帮助人们提前预报旋风来袭。

有研究表明,产生次声频率的桥梁容易使住在附近的人患上心脏节律障碍。人听不到桥发出的低频声波,但据推测这种声波会对心脏有影响。然而,并没有任何研究可以证明这推测是否属实。

声　　强

什么是声强?

声强是声波的能量。对于声和所有机械波来说,能量由振幅高度决定。声波的振幅代表了它的强度或音量。振幅越大,声音越大。

声调代表什么?

声调是频率和强度的结合。一个音量较高的高频声音比音量较低的相同频率的声音具有更高的声调。同理,一个音量较高的低频声音比音量较低的相同频率的声音具有更低的声调。

多普勒效应与音调有什么关系?

多普勒效应阐述了当声源靠近观测者时波长会减小,而当它远离观测者时波长会增加。声音尤其如此。当声源在移动时,不仅波长会改变,而且强度(或音调)也会改变。发出声响的物体越近,声强或振幅就越大。当物体移到远处,强度就会减少。

▶ 为什么声源向远处移动，声音会减小？

这个问题有两个主要的答案。第一，在声源运动过程中，空气分子之间摩擦减小了声波的振幅或强度。第二，声波并不是在狭小的路径传播的，它呈球状向周围介质扩散（如果声音不向四周扩散，我们就会很难听到声音。假设这种情况存在，我们想让别人听到信息就必须发出能直接传输到他们耳朵里的声波）。发出声音的能量大小是固定的，所以当面积增加时，每单位面积上的能量就会减少。

▶ 当声源向远处移动时，声强会减少多少？

根据平方反比定律，声强与距离的平方成反比。比如说，如果某人距离说话者1米远，声强也许在任意单位下值为1。如果这个人移动到距离说话人2米远的地方，强度1作用于距离平方之上，即1/4声强。如果收听者移到3米远的地方，强度将变为1/ 9声强。

▶ 什么是分贝？

分贝（缩略形式为dB）是国际通行的相对声强的单位。强度是相对的，因为测量将响度级与参照级相比较。通常情况下，参照级为人的听阈。分贝标度是一个对数标度，意为每10个分贝，响度将增加10倍。比如说，从30分贝变为40分贝，声音的响度增加了10倍。当从30分贝变为50分贝时，声音强度增加到100倍。

下面的表格显示出在一个典型的声音环境下，一些声音比人的听阈大多少倍，以及这些声音与听阈相比的相对声强是多少。

声音环境	声音比人的听阈大多少倍	相对声强（分贝）
听觉损失	1 000 000 000 000 000	150
火箭发射	100 000 000 000 000	140
喷气式发动机50米远	10 000 000 000 000	130
痛觉阈限	1 000 000 000 000	120

（续表）

声音环境	声音比人的听阈大多少倍	相对声强（分贝）
摇滚音乐会	100 000 000 000	110
剪草机	10 000 000 000	100
工厂	1 000 000 000	90
摩托车	100 000 000	80
行驶的汽车	10 000 000	70
真空吸尘器	1 000 000	60
正常的讲话	100 000	50
图书馆	10 000	40
低语	1 000	30
风中树叶的沙沙声	100	20
5米远的呼吸/耳语	10	10
听阈	0	0

人在不会产生疼痛的情况下，能接受的最大分贝水平是多少？

人的痛觉阈限因人而异，但是一般情况下的范围是在120~130分贝之间。人们在极其喧闹的摇滚音乐会上和喷气发动机附近以及手提电动钻附近能感受到这种疼痛。

有没有关于听力保护的统一标准？

美国条例规定在雇员工作达到8小时，日常噪声水平达到90分贝的工作场所，雇主必须为员工提供免费的听力保护。比如，剪草机的平均分贝水平大约是

100分贝，如果雇员每天工作8小时或更多的时间，雇主应该为他们提供免费的耳塞或减噪耳套。

声　障

可参见“液体”一章涉及的“流体动力学”。

什么是声障？

声障是物体为了超过声速必须达到的速度。当测量航行器的速度时，声速经常被用来作为一个参照。温度为0℃时，声速大约为331米/秒，这个值被定义为1马赫。声速的2倍为2马赫。同理，声速的3倍为3马赫。

哪架飞机第一次打破了声障？

1947年，查克·叶格驾驶的贝尔X–1实验型飞机成为第一个打破声障的飞机，这架“空中火箭”式超音速飞机在高空中由另一架飞机发射，在燃烧了火箭发动机后，它达到660英里/小时（1 062.1千米/小时）的速度。许多人都认为超过声速的飞行是不可能的，但如今许多喷气机的速度都能达到声速的几倍。

什么是声爆？

当物体的速度超过声速时就会发生声爆。声爆本身是由物体产生的，比如超音速飞机的速度就超过了声波的速度。其结果是声波的压缩会让人听到“隆隆”声。声爆并不是飞机在打破声障的瞬间发生的，它是飞机以这个速度飞行时持续发出的声音。所有超过声速的物体都会产生声爆。比如说，导弹和子弹在穿过大气以超过声障的速度极速飞行时就会产生声爆。然而，如果在太空中没有空气和其他介质存在的情况下，飞机、导弹和子弹就不会产生声爆。

声　学

什么是声学?

声学是物理学的一个分支,是关于声音的科学。17世纪早期伽利略对声音做过一些预言,之后人们开始对此进行认真的研究,但直到电子测量装置和发电机出现后,人们才具备了广泛而深入地研究声音的能力。这些电子测量装置有图像均衡器、电子合成器和各种记录机器。

声学工程师是什么样的工作?

声学工程师或者声学建筑师设计并建造能使声音悦耳的环境,比如竞技场、音乐大厅、礼堂、录音棚、隔音室、公路声音屏障和其他更多的建筑。他们必须考虑到设计和材料以保证观众听到悦耳的声音,他们的目标是建筑必须产生恰当的反射和声波的阻尼,以便使声音或音乐听起来自然。

什么是混响时间?

混响时间是一个声音的回声将它原有的强度减小到一百万分之一所需要的时间。换句话说,混响时间是一个声音的振幅减小到人耳不能察觉所需的时间。混响时间越长,人们就能听到越多的回声,因为声音有更长的时间从墙和其他物体的表面反射。混响时间越短,人们就能听到越少的回音。

混响时间在声学中起到了什么样的作用?

人们在音乐厅或录音棚听到的音质主要是由混响时间决定的。声学工程师精心地设计音乐厅就是为了将混响时间控制在一两秒钟之内。如果混响时间太短,就像在隔音室中,声音几乎在瞬间变小,这样就缺少了悦耳的声音所具有的饱满度。如果混响时间过长，比如说在健身房中，回声效果就会与新的声音相互干扰，使人们很难听清声音或人的话语。

▶ 什么是反射比？

对于一个声音来说，当它传播后，会受到物体的吸收和反射，被吸收的声音量和被反射的声音量的比即为反射比。效果好的声音消音器通过将声音转化到新介质的方式与声波的阻抗相匹配。而效果差的消音器不能与阻抗相匹配并将声音反射到环境中。反射比的等式为：

反射比=（反射的能量/最初的能量）×100%

什么材料是最有效的消音器？

特定的材料比其他材料适合吸收特定频率的声音。但是最好的消音器是一些柔软的物体，如毯子、毛毯、窗帘、泡沫和软木都非常适合与声波的阻抗相匹配，并且反射回极少的声能。然而，如混凝土、砖、瓷砖和金属是声音有效的反射材料。这就是为什么健身房采用硬木地板、混凝土的墙和金属天花板，会有相对较长的回响时间，而音乐厅里摆放的舒适的椅子、地毯和落地窗帘则有相对较短的回响时间。根据材料的反射比就可以用相应的材料创造一个特定的听力环境。

▶ 第一个由声学工程师设计的音乐厅是哪个？

波士顿的交响乐大厅是由物理学家华莱士·萨宾（Wallace Sabine）设计的，该音乐厅是为了增强管弦乐的声音而专门设计的。在19世纪90年代末期，当萨宾设计这个音乐厅时，他就发现了声音吸收、回响时间和声强之间的关系。声音反射可以加强声音，也可以破坏声音。他发现声音发出后马上产生强烈反

射的会增强声音，而如果声音在传播过程中受到物体的反弹，那就会削弱声音，因为这种反弹与第一个声波并不协调（相消干扰的基础）。

萨宾设计的波士顿交响乐大厅于1900年建造，因为能保证演出的纯正音质而享有盛名。这主要是正确选择了吸收性材料及反射材料。这样做的目的是使用声音反射材料（具有较高反射比）来产生强烈的初始反射，使用声音吸收性材料（具有较低反射比）从被天花板、侧墙及音乐厅后部反射的声音中吸收大部分的能量。

为什么一些音乐厅设计成前部狭窄后部宽敞？

音乐厅设计成前部狭窄后部宽敞是为了使音乐厅产生扩音器的作用。同电影导演、啦啦队队长和抗议者们使用扩音器增加声波的能量道理相同。音乐厅应用了扩音器的基本形状（锥形），将声音保持住，不让它立即分散到各个方向。可以通过限制声音必须或者能够传播的区域增加声音的强度。

什么是基本频率？

基本频率是一个特别的声音所产生的最低和最强烈的频率。尽管喇叭和法国号都能演奏中音符号C，其基本频率为256赫兹，但是这两种乐器所发出的声音并不是一样的。喇叭上的C和法国号上的C的差异还取决于其他的频率，这种频率叫做泛音。

什么是泛音？

泛音是多个基本频率的组合。一个在喇叭上产生的256赫兹的频率与大号或法国号产生的强度不同且有更多的泛音。然而，这些泛音的分布是相同的。这个256赫兹的频率所具有的第一个是512赫兹，第二个是768赫兹，第三个是1 024赫兹（比256赫兹大3倍）等等。

泛音与和声有什么区别？

泛音与和声这两个术语都表示基本频率的组合，但是被用在不同的环境中。

"泛音"是一个科学术语,特别用在物理学的分支声学中。而"和声"是一个音乐术语。基础频率是第一和声,第一泛音是第二和声,第二泛音是第三和声,等等。

还有哪些因素对音质有影响?

泛音的数量以及频率和强度影响了一个人、乐器或其他发声的装置发出声音的音质。普通的规则是,具有的泛音越多,频率越大,产生的音质越好。没有泛音的纯净音质(比如音叉)没有音质。从音乐的角度来说,萨克斯管具有更多的泛音,因此它具有更好的音质。

谁为泛音和和声学创立了数学体系?

让·巴普蒂斯·约瑟夫·傅立叶(Jean Baptiste Joseph Fourier)以他的三角级数等式闻名于世。这位数学家为泛音和和声学建立了数学体系,这就可以使数学家和物理学家对声音进行定量研究。后来,音乐家看到了他在和声学上的研究意义,开始用他的系统分析和创作乐谱。

什么是过滤的音乐和声音?

过滤的声音是指声音经过了一个装置,该装置可以减少特定范围下多余的频率,比如高频的嘶嘶声或低频的嗡嗡声。高频过滤器除去高频的声音,而低频过滤器除去低频的声音。将低频和高频的声音过滤是减少干扰的噪声。余下的频率就是人们想要得到的频率。

什么是差音?

两个不同的频率相干扰产生的频率叫做差音,比如以前英国警察用的哨子就是能产生差音的工具。哨子中的两个小管能分别产生高频音和稍低一些频率的声调。我们没有听到这两种频率,而是听到了干扰波产生的第三种频率或不同的声调。该声调的频率与最初的两个频率都不相同。比如,如果高频的声音是812赫兹,而低频是756赫兹,产生的差音将是56赫兹。

为什么二重唱时总让人感觉到音乐声中有第三个声音?

当两个人以不同的频率唱歌时,频率互相干扰,引起了差音或第三个频率。你所听到的志愿者吹响的火警哨子声,收音机闹钟发出的嘟嘟声都属于这种情况。实际上,很多情况下,人们故意利用差音来增强原有的声音。

噪 声 污 染

可参见“听觉”一章。

喧闹的音乐是真正的音乐还是噪声?

是音乐还是噪声是个相对的问题,取决于一个人特有的品位,但对于科学家来说,音乐代表了可再生的、独特的声波。然而,噪声包括各种形式的声音,它们彼此之间相互干扰。结果,里面包含了很少的可用于识别的信息。

为什么噪声污染是危险的?

以往,人们只是认为如果噪声足够大,会造成听力的损害,因此会对人的健康有一定的影响。然而,在过去的几十年中,研究表明,如果长期接触噪声会对人,特别是孩子产生除了听力损害以外的潜在的严重健康问题。持续的噪声(甚至是低水平的噪声)也能产生压力,这种压力会引起高血压、失眠、精神问题,并且还会影响孩子的记忆力和思维技巧。在一个德国的研究中,科学家发现,生活在慕尼黑机场附近的孩子有更高的压力水平,导致他们的学习能力减弱。

人们对噪声接触的最低限度是多少分贝？

世界健康组织建议睡眠时的噪声应限制在35分贝的水平，政府已经开始在住宅区和商业区对噪声水平进行了限制。比如荷兰政府规定，新的房屋不能建立在高噪声水平的地方——平均噪声水平超过50赫兹的地方。在美国，雇主必须为每天至少8小时忍受噪声水平达90赫兹的雇员提供听力保护措施。

目前正在使用的减少噪声的方法有哪些？

既然噪声能给人带来压力并引起其他的健康问题，全世界的工厂和政府正努力地降低噪声，特别是在人口密集区。在机场附近减少噪声的一种方法是将航班线路进行变更，让它经过人口相对较少的地区。新的技术（如噪声消除器）将帮助减小和消除喷气式飞机、卡车和直升机回转轴产生的低频噪声。公路上安装了许多声障用来吸收或将声音反射到离马路两边住宅较远的地方。在奥地利和比利时等国家，建设公路的材料叫做“悄声混凝土”，这种混凝土可以将噪声减少5分贝。瑞典的工程师用研磨橡胶为材料建成的路面可以将噪声水平减少10分贝。

主动噪声消除技术存在的问题是什么？

使用该技术的困难在于，为了消除原有的噪声，必须制造出相反的噪声波

什么是抗噪和主动噪声消除技术？

主动噪声消除技术是目前相对新型的消除噪声的技术。它的英文缩略形式是ANC。这种技术使用扩音器接受噪声，将信号发送给微处理器，重新制造与噪声相反的波的形式，并从扬声器发送相反的噪声或抗噪。抗噪是使用相消干扰原理将原有的噪声清除掉。因此，人们听到的声音既不是最初的噪声也不是抗噪。

形。因为噪声不被视为是一种可重复的波的模式，必须具有相应的技术来预测噪声形式及制造可以去除噪声中重复因素的抗噪。重复因素中比较容易预测的是噪声中的低频部分。低频音存在于直升机和喷气式引擎中，这些低频音很容易被相消干扰掉。而喷气式引擎中的高频音就很难被去除掉。

如果扬声器发出了抗噪，人们是否还能听到不是“噪声”的说话或音乐等声音？

主动噪声消除技术的作用是通过产生抗噪干扰原始的噪声模式来清除噪声波。噪声减少了，就更容易听到其他声音。ANC技术用在耳机或听筒中，可以减少噪声，使处在噪声环境里的人更容易交流。这种新科技使工厂里的工人、直升机驾驶员和飞机上的乘客能更好地交流，而且因为噪声污染减少了，他们的压力也减小了。

摩托车一定要发出那么大的声音吗？

现在，工程师努力使特定的商品具有相应的声音或噪声。为了减小压力，无论是真空清洁器、剪草机或者摩托车都应该尽量称为“安静的”产品。比如，消音器技术可以大大地减小摩托车的噪声。然而，很多工程师和制造商认为，如果摩托车听起来不够“强大有力”，消费者是不会购买的。

什么是心理声学？

心理声学是将声学与心理学相结合，研究心理对不同声音所产生反应的一门学科。领域对于消费者所需产品的生产尤为重要，因为顾客总是将特定的产品与特定的声音和感觉联系在一起。比如说，人们将低功率的隆隆声与动力和转矩相结合，而高频的声音经常代表发生了快速而不受控制的事情。心理声学在很多产品的研发和取得的商业成功方面起到了极其重要的作用。

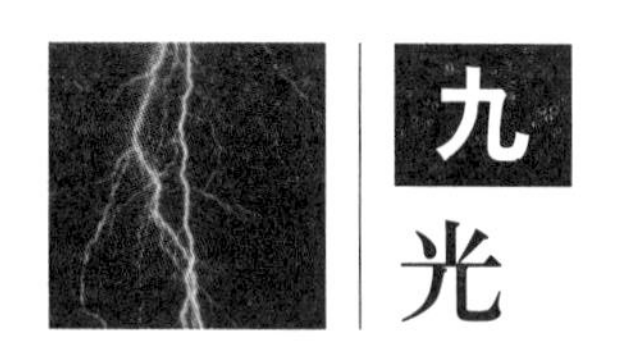

九 光

光的特性

什么是光?

光，或者是我们常说的可见光，都是肉眼可以看见的。事实上，光是人们唯一能够看到的东西。我们认为自己看到的事物都是经过光的反射而射入我们眼中的结果。如果没有光，我们将什么也看不到。

光是一种电磁波。在光谱中，它介于红外线和紫外线之间。虽然光是光谱的一部分，但有时光的运动规律与粒子的运动规律极为相似（不论光是电磁波还是粒子，我们将在“现代物理”一章中讨论它的本质）。

什么不是光?

一些古希腊人认为，我们能够看到景物是因为眼睛放射出的不可见气流所致。而其他一些人认为这是因为由粒子组成的光线穿过空气，撞击我们的眼球所致。到了艾萨克·牛顿和克里斯丁·惠更斯（Christian Huygens）时代，关于光的科学理论才真正形成。他们都是致力于光和视觉研究的先驱者。

可见光光谱

可见光在光谱上的位置?

可见光在光谱上只占有非常狭窄的一段。光的最低频率是4×10^{14}赫兹。这只比红外线的频率稍高一点，而它的最高频率为7.9×10^{14}赫兹。当所有波段的可见光都混合在一起时，我们看到的光是白色的。然而，如果人们只看到光谱上的一小段时，光线就不会呈现为白色了。

光的传播速度

光以多快的速度传播?

因为光是电磁波的一部分，它的传播速度与其他的电磁波速度一样，即在真空中的速度为1 862 824英里/秒（299 792 458米/秒）。除非是实验中所需要的绝对光速，否则一般它的速度都是约等于18.6万英里/秒（3×10^{8}米/秒）。正如其他电磁波一样，当光线进入地球大气层时，它的速度会减慢。

光的传播速度会改变吗?

电磁波在不同介质中的传播速度是不同的。在真空中，光以3×10^{8}米/秒的速度传播。如果光可以绕圈传播，那么每秒钟可以绕地球7.5圈。但是当光进入像地球大气层这样的密度较大的介质中时，它的速度会慢慢减到2.91×10^{8}米/秒。当光射入水中时，它的速度减慢得更加明显，会达到2.25×10^{8}米/秒，是正常速度的3/4。当光射入密度更大的玻璃时，它的速度只有1.98×10^{8}米/秒。即使以如此低的速度，光仍然可以每秒钟绕地球5.6圈。

谁是首位大力研究光速的物理学家?

光传播速度很快，因此难以测量。17世纪以前，绝大多数人都是通过从

谁是罗伊·G. 比弗？

人们按从低频到高频的顺序给可见光的颜色命名为"罗伊·G.比弗"（Roy G Biv）以便于记忆。它们的分别是红、橙、黄、绿、青、蓝和紫对应单词的首写字母，当这些颜色混合在一起时就形成了白色的光。

每一种颜色都有一个频率，当频率改变时，光的颜色就会变为具有光谱上相邻颜色的属性。

一定距离以外光传播到人眼所花的时间的方式来测量光速。为了进行这个实验，伽利略让一个助手拿着一盏灯站在距他很远的地方。伽利略指示他的助手，让他一看见伽利略熄灭手中的灯时就立即熄灭自己手中的灯。通过测量光从伽利略传播到他的助手后再返回来所用的时间，伽利略认为他可以测量出光的传播速度。然而他的实验失败了，因为他无法测量如此短暂的时间，伽利略没能测出数据并且放弃了这个实验，但他对光传播的真正速度有了深刻认识。

还有哪些更精确测量光速的重要尝试？

19世纪法国科学家阿曼德·斐索（Armand Fizeau）摒弃了利用天文学的测量方式来测量光速的方法，他试图尝试在实验室环境中来测光速。斐索利用一系列反光镜，一个旋转的实体镜（一个周边带小凹槽的轮子）和一个光源测出更加精确的光速。通过计算旋转实体镜的时间和镜子之间的距离，菲索计算出了光的速度为3.13×10^8米/秒。这个数字与惠更斯以前测得的结果接近。

直到后来，莱昂·傅科（Jean Foucault）和美国科学家阿尔伯特·迈克尔逊（Albert Michelson）再一次定义了光速值。迈克尔逊的实验包括一个光源，一面旋转的镜子和一个平面镜。这两面镜子分别置于加利弗吉尼亚州的圣安东尼奥山和威尔逊山之上，两山相距35千米（这个实验与菲索的实验非常相似，但要比

斐索的实验精确一些）。通过测量旋转镜子的转速和两面镜子的间距，迈克尔逊得出了当时最精确的数据。凭借这一成就获得了1907年的诺贝尔物理学奖，他是第一个在物理领域获得诺贝尔奖的美国人。获奖之后，迈克尔逊仍然继续致力于测量更加精准的光速。1926年，他测得的结果为$2.997\,996\times10^8$米/秒。这个数据已经非常接近我们今天公认的数值了。

▶ 测量光速使用了哪些工具？

20世纪60年代，激光的出现为物理学家们测量光速提供了新的工具。20世纪80年代初，国际度量衡委员会标明光速由字母“C”来表示，在真空中其值为299 792 458米/秒。光的传播速度具有非常重要的意义，因为如今它被全世界用来作为测量距离的标准单位。比如，国际上公认的1米的长度是光在真空中每秒传播1/299 792 458米的距离。

为了测量光的传播速度使用了什么样的天文测量法？

人们在17世纪末使用了几种天文测量和观测方法。提出光的本质是波的理论的物理学家克里斯丁·惠更斯，利用丹麦天文学家奥罗斯·罗默（Olaus Roemer）的天文观测法测出了光的传播速度。罗默发现爱奥星（木星的卫星）在绕木星运转所用的时间存在矛盾之处。有时，爱奥星看上去运转得非常快，而有时运转的时间要比最快的时间长20分钟。

惠更斯在研究了木星和爱奥星之间的关系相对于地球的位置之后，得出了结论：他认为并非爱奥星的运转速度发生了改变，而是地球与爱奥星之间的距离在发生变化。距离地球较远时，从爱奥星反射出的光到达地球要花更久的时间。通过利用罗默天文观测法，惠更斯计算出的光速为2.2×10^8米/秒。

光传播所需要的时间是多少？

1英里	5.3×10^{-6}秒
从纽约到洛杉矶	0.016秒
绕地球赤道一周	0.133秒
从地球到月球	1.29秒
从太阳到地球	8分钟
从阿尔法·不死鸟星出发（最近的一颗恒星）	4年

（以上的一些目的地需要光线以弯曲的路径传播，这种情况在通常情况下是不存在的。）

科学家们在哪些领域用光年作测量工具？

天文学家以研究电磁波为主，这些电磁波的传播速度与光相同。因此使用光年作为距离单位不仅使数学演算更容易，而且对天文学家来说这也具有概念意义。此外，与生物学家相比，天文学家更倾向于使用更大的测量单位。

最初光年这一概念是非常容易被混淆的。一年是时间单位，但是1光年却是距离的单位。确切地说，1光年是光在1年中经过的距离。光以每秒3×10^8米的速度经过1年的31.536×10^6秒之后，得出1光年的平均距离为9.46×10^{15}米。

光的量如何来测量？

一个物体发出的光的量，既包括发出的光线也包括反射的光线，都可以用流明来衡量。确切地说，流明表示有多少光线从物体发出，而测量光线强度的单

位是坎德拉。

当光源与接收物的距离增大时，光的强度就会按相反二次方定分律减弱：从1米以外发出一束一坎德拉的光，当将光源的距离增大2倍时，光的强度就会平均减弱到距离的平方分之一，即$1/2^2$或是光在1米强度的1/4。如果光源的距离增大到3倍，则光线的强度将会减弱为普通强度的1/9。

非透明、透明和半透明物体

什么是非透明物体？

非透明物体是指不允许光线透过的物体。混凝土、木头、金属是非透明材料的例子。一些材料对光线不透明，但对电磁波的其他形式透明。例如，木头不允许可见光通过，但是允许电磁波的其他形式（比如微波和无线电波）通过，材料的这种物理特性决定了哪种形式的电磁能可以通过它。

透明和半透明的区别是什么？

透明的介质如空气、水、玻璃和透明的塑料允许光线通过从而形成清晰的图像。而另一方面，半透明的材料允许光线通过，但无法看到清晰的影像。例如，毛玻璃和薄纸是半透明的，因为它们允许光线通过，但你无法通过它们看到清晰的图像。

为什么臭氧在我们的大气层中如此重要？

臭氧对紫外线是半透明的，并且保护我们免于暴露于有伤害的紫外线的照射之下。经常在海边的人知道，如果长时间处在露天场所，紫外线对我们的皮肤有极大的损害作用。现在人们非常关注大气层中紫外线的问题。如果大范围的臭氧层空洞形成，那臭氧反射紫外线的能力就会大大削弱。物理学家、气象学家和生物学家已经证明高辐射量的紫外线对人体、植物和动物都有害。

影　子

什么是影子？

影子是物体阻挡光线后形成的黑暗区域。当人将手放到投影机的光线中，或站立在阳光下，或看到月亮运行到太阳和地球中间（月食）时，所产生的影子总是引起我们的兴趣。

食是怎样形成阴影的？

食的形成和其他影子的形成是一样的，是某个物体出现在光线通过的路径上。在食中，地球或者月球运行于太阳前阻挡了光线的通过。被阻挡住的阳光形成的阴影，就是食。

食

什么是月食？

当地球正好位于太阳和月球之间时，就形成了月食。在这个位置上，地球阻挡阳光照射月球，留下一片完全的黑暗区。对于地球上的观察者来说，月球看起来像褪了色，因为没有从月球上反射过来的光线进入观察者的眼睛。当地球从太阳和月球中间运行出来，月球逐渐被照亮，直到人们可以再次清楚地看到整个月球。

什么是日食？

当月球将它的影子投射到地球上时，就形成了日食。当月球运行到地球和太阳之间时，地球被月球阻挡住阳光的部分形成黑暗区。

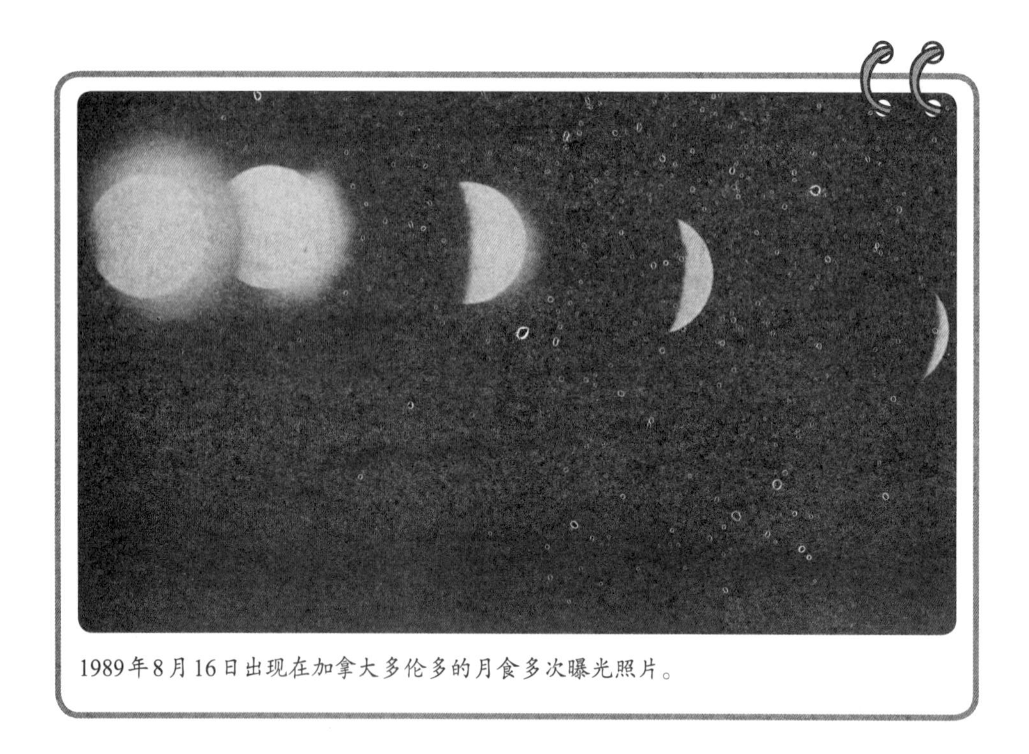

1989年8月16日出现在加拿大多伦多的月食多次曝光照片。

▶ 日食时的地球会有多暗?

在日全食中，最暗时会有90%的光线被减弱。其余10%的光线可能来自月球周围弯曲的光线，也可能来自没有太大影响的周围区域光线的折射。完全的日食（即日全食）通常平均持续2.5分钟，但最长的一次日全食的持续时间超过了7分钟。

▶ 全影和半影之间的区别是什么?

一个影子有两个不同的区域。半影区是指由于光线的进入，产生不完全明亮也不完全黑暗的区域。全影区是影子中光源完全被阻挡，没有任何光线进入的区域。

在一次食中，被食影响的外围区域是半影区，因为有部分阳光可以进入表面。完全（或者接近完全）黑暗的区域是全影区；因为没有直接的光线到达这个区域，因而导致完全的食。

全影区和半影区可以被调整吗？

有影子的地方就有全影区和半影区。当非透明物体靠近它影子投射的表面，就会产生清晰而不同的影子，因为它有大的全影区和小的半影区。相反，如果物体投射的影子离物体表面很远或者离光源很近，那么被阻挡区域的光线就有机会弯曲折射绕过物体散出影子的条纹。这样就形成一个大的半影区，同时使全影区减少，从而形成一个模糊不清的影子。

既然月球公转周期是一个月，那为什么日食不是每个月形成一次？

月球公转周期是一个月，如果月球每个月都能保持一个确定不变的轨道，那月食和日食就会发生得更规律些。然而，月球在黄道位置（地球绕太阳运行的行星轨道）是倾斜的，而且和地球的轨道也是不同的。因此，月球和地球不是经常位于能够发生食的位置。然而，通过月球和地球轨道的运动规律可以预测出食的发生时间。

出现在美国密歇根州底特律上空的日食多次曝光照片。

多久能发生一次日食和月食？

日食（包括日偏食）比月食发生得更频繁一些；通常每年有2或3次日食，平均每年会有1或2次月食。然而，每次出现日食只能被小范围的观察者观测到，但月食则可以被很大范围的人观测到。

当一次日食出现时，是否整个地球都在月球的影子中？

实际上，观看到一次日全食是非常罕见的，因为月球的影子只能覆盖一个直

径大约300千米的区域。因此，一个足够幸运出现一次日食的区域很可能只看到部分日食，因为只有部分太阳被阻挡。

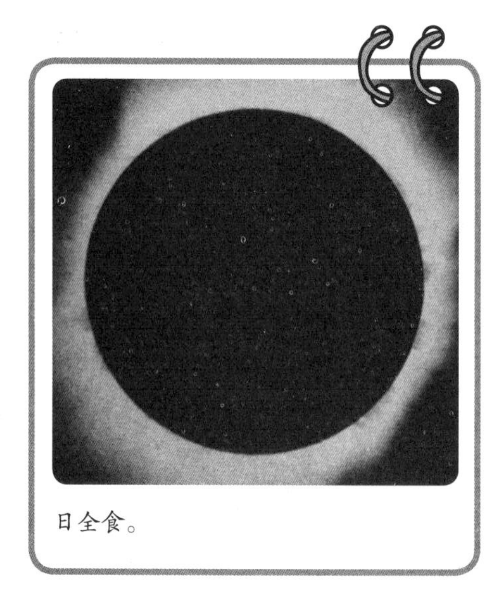

日全食。

什么是日环食？

月球在地球轨道的位置不同会产生不同形式的日食。如果月球离地球足够近，就会发生日全食；然而，如果月球离地球远些，月球不能覆盖太阳。这就导致日环食的形成，发生日环食的时候，一个明亮的光环会出现在月球的周围。

哪些地方近几年中会出现日全食？

下表是近几年日全食出现的时间和位置：

日　期	位　置
1999年8月11日	北大西洋、中欧到印度
2001年6月21日	南大西洋、非洲
2002年12月4日	南非、印度洋、澳大利亚
2003年11月23日	南极洲
2005年4月8日	太平洋、南美

美国最后一次观测到日全食是1979年2月26日。下次观测到日全食是什么时间？

尽管不是美国所有的地方都能观测到日全食，但它会扫过一个相当大的区域。下次在美国看到日全食的时间是2017年8月21日，范围是从俄勒冈州到南卡罗来纳州。

哪些地方近几年会出现月食?

下表是近几年出现月食的时间和月球被地球遮盖的百分比:

日　期	食的百分比
1999年7月28日	42%
2000年1月21日	100%
2000年7月16日	100%

在古代文化中,人们是如何对日食做出反应的?

在古代文化中,许多崇拜太阳的人显然感觉到突然的日食是件可怕的事情。日食虽然不经常发生,但是当日食出现天空黑暗时,崇拜者聚集在一起并向"太阳神"祈祷数日。

公元前6世纪,日食出现了,在米提亚和吕底亚军队的一次可怕的战斗中,日食阻止了战斗并带来了两军的和平;对两个军队来说,消失的太阳是停战的征兆。

为什么观测日食是危险的?

观测日食如同在普通条件下观看太阳一样是危险的,因为阳光仍绕过月球照射到地球上。太阳持续不断地发射对人眼有害的紫外线,这和照射到皮肤上是一样的。视网膜对紫外线非常敏感,由于视网膜没有对痛觉敏感的神经末梢,这使视网膜很容易被灼伤,在人们发现受到影响前就已经造成了严重的损伤。

通常短暂的损害发生在观看太阳几分之一秒的时间里。而事实上,观看太阳会在人的视网膜上留下一个太阳的影像,长达几分钟时间里,你所看到的每个东西都有太阳的影像。

唯一安全的观看太阳的方法就是佩戴足够合格的阳光过滤镜。日常的太阳镜不能达到这个标准。很多人在每次观测日食后都会去医院,因为他们以为自己观看太阳的方式是安全的。千万不要这样做;你应该做一个针孔照相机(参

见这一章后半部分）或找个特殊的阳光滤片来观测日食。

光 的 偏 振

什么是偏振光？

光通常都是带着确定方位向各个方向传播的；也就是说，光波可能被电磁波中的电子所引导而上下或者垂直振动，而在其他情况下，光波也可能水平振动甚至斜线振动。不确定方向，光波不会偏振。为了产生偏振，所有的光必须被定位在相同的方向。例如，垂直偏振光将光波都调整为上下振动。不偏振的光产生强光，强光会在驾驶、滑雪和画画时分散人的注意力。

怎样才能检查出太阳镜是否产生了偏振？

只有定位在一个方向的光能穿透偏振镜片。因此，如果太阳镜是偏振的，那么当将两副同样的太阳镜相互垂直竖立在一起时，通常不会有任何光通过镜片。调整两副眼镜中顶部的那副，旋转镜片使其互相成90°，这个偏振的光栅消除了所有方向的光，因此可以证明这副太阳镜确实是偏振的。

并且，由于大气中光和气体分子的分散，阳光也发生了部分偏振，所以如果你戴了一副太阳镜并倾斜你的头，让耳朵接近肩膀，你可以在晴朗的天气里看到光线的亮度发生了变化。如果你没有发现任何变化，这副太阳镜就没有产生偏振。

光是怎样产生偏振的?

阳光和其他大多数的光源是向着各种不同方向发射的，并且它们不是偏振的。为了减少强光，一个偏振滤光镜被用来接收某一个方向的光。例如，如果你只想接收垂直偏振光，那么你使用一个带有垂直光栅的偏振滤光镜，它阻止不是垂直的光波进入，只允许垂直振动的光波通过。

为什么偏振眼镜是重要的?

在驾驶、航行、滑雪或者一些其他的不希望出现强光的情况时，偏振眼镜是非常有用的。强光是光在像水、公路或者雪这样的平面上反射造成的。在这些情况下，如果没有偏振的太阳镜，你将很难看清路。以湖面反射的光为例。光在类似于水面这样的平面上发生反射，这样的反射光会分散人的注意力。为了减少或者消除这种来自水面的强光，可以使用垂直偏振太阳眼镜。垂直偏振滤光镜只允许垂直方向的光波通过太阳镜，挡住不想要的强光。

当透过偏振太阳镜观看轿车的后窗玻璃时，为什么上面看起来好像有斑点?

戴偏振太阳镜看到的后窗玻璃上的斑点是夹层安全玻璃的应振斑痕。这些斑痕是在制造这些玻璃的过程中形成的，它们起到偏振滤光镜的作用，因此能阻挡一部分光，在这块透明的玻璃中形成小的、迂回的黑暗地带。

在一些计算器和数字式手表中显示的数字是偏振的吗?

通过液晶显示器（LCD）显示信息的电子设备使用旋转偏振滤光镜产生黑色的线段用来形成数字。当需要在偏振的屏幕上显示一个线段时，会产生一个小电流将另一个偏振部位旋转90°，因此使得光不通过屏幕上的那个部位。结果在液晶显示器上就会出现一个黑色的线段。如果不想在液晶显示器上显示出一个黑色线段，就将偏振滤光镜再旋转90°让光线通过，这时就会显露出浅灰色或者银色的屏幕。

三　维

什么是三维视景?

人用肉眼看到三维,意思就是除了看到高度和宽度这两维之外(例如看一张纸、海报、电视或者电影屏幕),人还能看到第三维,即深度。我们看真实的物体是三维的,因为我们有两只眼睛,它们用不同的视角来看同一事物。这些视角的混合体经过大脑的作用,给了我们看到第三维深度的能力。

如果你闭上一只眼睛,观察深度的能力就被减弱了。如果你只用一只眼睛观看周围的事物,这个世界对你来说好像并没有太大的差异(除了失去了你的视野的左边或者右边的大部分,失去哪一边取决于你闭上了哪只眼睛),但是如果你试着向周围移动,你会发现判断距离是很困难的,并且你会感觉行动有点笨拙。

既然是在二维的屏幕上放映电影,三维电影是怎样产生的?

虽然电影是在平的屏幕上放映,但三维电影利用偏振滤光镜和两个分开的放映机来模拟出逼真的三维效果。当拍摄三维电影时,两台摄影机从不同的方位进行拍摄。当电影在屏幕上放映时,每台放映机使用一个不同的偏振滤光镜。左边的放映机可能使用一个水平偏振滤光镜,而右边的放映机使用一个垂直偏振滤光镜。观众也戴上偏振的三维眼镜。因此左眼只会看到由左边放映机的水平偏振滤光镜产生的影像,而右眼只会看到右边放映机的垂直偏振滤光镜产生的影像。这种安排模拟了看到现实生活中的三维景象时每只眼睛看到的不同视角。让大脑分析深度的差异(第三维)。

还有其他实现三维模拟的方法,比如,较为古老的使用滤色镜的方法,而更现代、更昂贵的方法是只戴上护目镜,在护目镜的屏幕上同步反应交替(不是叠印)影像。所有的这些方法都取决于每只眼睛产生的有差异的影像。

如果一个人在看三维电影时没有戴三维眼镜将会发生什么?

任何人都可以不戴三维眼镜观看三维电影——看到的影像有时可能是模

糊不清的，这取决于这部电影制作的三维效果有多显著。如果为了好玩，也可以反着戴这副眼镜，即从相反的方向透过眼镜去看，镜中所见的深度将被颠倒；电影中的人看起来会比电影中的背景离得更远。

颜　色

白光是什么颜色？

白光是在可视光谱中所有颜色的结合体。当彼此分离时，不同波段的光产生不同的颜色：最低波段的光是红色，往上依次是橘黄色、黄色、绿色、蓝色、靛青，最后，最高波段的可视颜色是紫罗兰色。

人怎样能看见物体？

物体为了能呈现在人的眼前，它本身必须发出或反射出光。我们能看见星星、闪电和电灯泡是因为它们能发出或放射出光。这些物体所发出的光使我们看见了不发光的物体——因为不发光的物体对光进行了反射。例如，一片草叶并不发光，但是因为它将光进行反射并呈现出特有的绿光，因此我们能看见这片草叶。

为什么我们能看见特有的颜色？

当我们"看见"颜色时，事实上我们看见的是光照射到物体上所呈现出来的效果。当白光照射在物体上，它可以被反射、吸收或传播（允许穿过）。玻璃传播大多数照射到玻璃上的光，因此它呈现出无色。雪反射所有的光，所以它呈现出白色。一块黑布吸收所有的光，所以它呈现出黑色。草的绿色叶片反射出绿光胜于它反射的其他颜色。大多数物体呈现出彩色是因为它们的化学结构吸收某种波长的光，并且反射出其他的光线。

一些人由于遗传因素不能看见某些颜色被称为色盲。1794年，英国的化学家和物理学家约翰·道尔顿（John Dalton）发现了色盲。他本人也是色盲，不能区分红色和绿色。很多色盲的人意识不到他们不能准确地识别颜色。如果他们不能区分交通灯或其他安全信号的颜色，就存在潜在的危险。那些把红色当作绿色并且把绿色当作红色的人被称为“红绿色盲”。其他色盲的人只能看见黑色、灰色和白色。据估计，7%的男人和1%的女人是天生的色盲。

谁发现了白光能够被分成彩虹的七彩颜色？

随着玻璃制造业的发展，枝状大吊灯在17世纪非常受欢迎。那些枝状大吊灯所产生的颜色令牛顿着迷，他决定仔细检查一块玻璃（实际上是一个棱镜），观察它是怎样产生了这样一连串的颜色。他在英国剑桥成立了一个实验室，除了在百叶窗上留出一个小洞之外，整个房间都是黑暗的。牛顿将棱镜固定以便能让白色的太阳光穿过，这时在房间对面的墙上产生了一连串漂亮的颜色。

对于牛顿来说，他的另一个重大突破是他能够逆转光谱的顺序，并从色谱中产生白光。他将一个棱镜放在光谱中间，让光的颜色彼此平行穿过另一个棱镜。果然如他所料，从第二个棱镜中出现的是白光。

如果白色是七彩颜色的结合体，黑色是什么？

黑色是白光相反的颜色，在缺乏光或所有光被吸收时能产生黑色。一张黑纸呈现出黑色是因为所有的光被吸收到纸上——没有任何光被反射出去。

发射光中的原色是什么？

调漆时，任何一个新手都知道红色、黄色和蓝色（三原色）能够被调成所有其

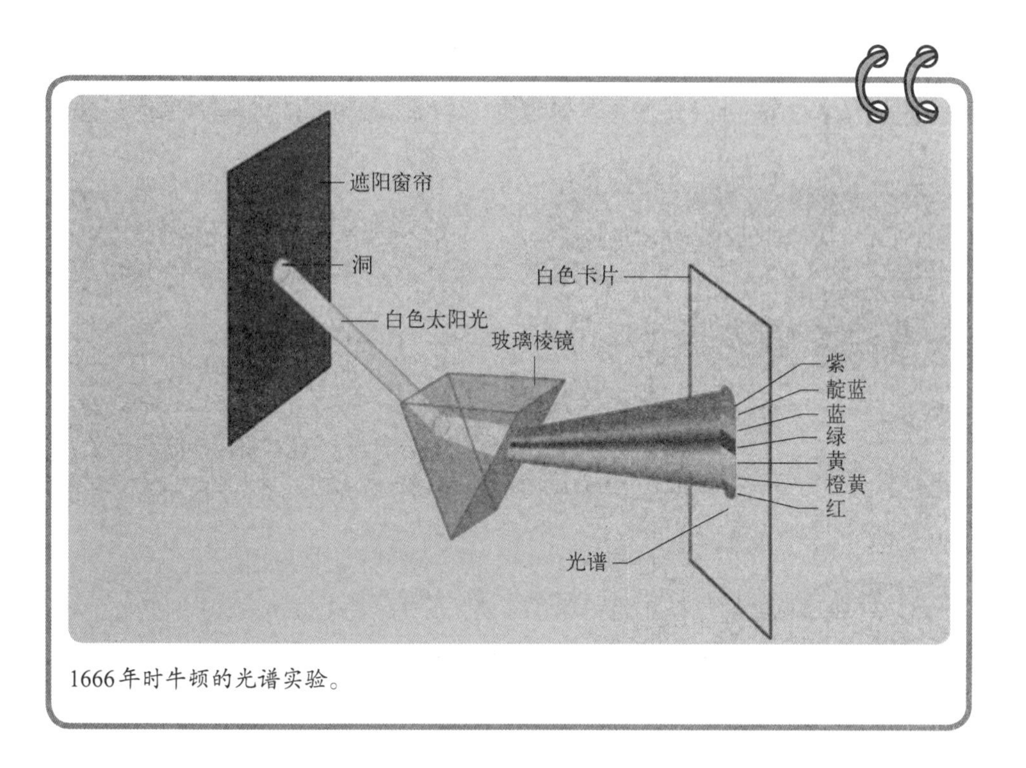

1666年时牛顿的光谱实验。

他颜色。然而,混合光(或“加色混合”)却有一个不同的模式。光的基本3色是蓝色、绿色和红色。这些原色的结合体引起其他颜色的变化,并且当所有3种颜色与同样的色彩结合时,一种接近于纯白的颜色就形成了。如果光不同,原色就不同,因为着色剂(比如色素、油墨和染料)反射并且吸收光,而不是放出光。

什么是合成色?

三原色中任何两种颜色混合在一起就形成了合成色;之所以被称为合成色是因为它们是红、绿、蓝三原色的副产品。和原色一样,合成光与着色剂混合在一起而形成的合成色是不同的。红光与绿光混合产生黄光;红光与蓝光混合产生洋红色;蓝光和绿光混合在一起形成青色。

什么是补色?

补色是任两种以合适比例混合后产生白色(对光线来说)或灰色(对颜料

来说）的颜色之一。例如，黄光和蓝光互为补色，这是因为当它们混合时会形成白光。洋红和绿色、蓝绿色和红色也互为补色。

▶ 什么是减色法混色？

与光的混合（加色混合）截然相反，减色法混色只在合成染料、色素或物体吸收及反射光时发生。涂剂和油墨是减色法混色的例子。当颜色混合在涂剂和油墨中时就形成了黑色，与彩色光彼此叠加形成白色的情况截然相反。

▶ 什么是原色素？

原色素是像油墨、涂剂和染料一样的着色剂原色。当光混合在一起（加色混合）时，合成色所呈现的颜色与原色素是一样的。原色素或染料是红紫色，它们反射出蓝光和红光，但却吸收绿光；青光反射蓝光和绿光但却吸收红光；黄色反射红光和绿光但却吸收蓝光。

▶ 在减色法混色中什么是合成色？

对于染料和色素来说，合成色在加色混合中与原色有相同的颜色。然而，当红色、绿色、蓝色吸收其他两种光时，它们反射本身的颜色。比如说，红色吸收绿光和蓝光却反射出红色。

▶ 为什么大多数的彩色喷墨式打印机不是使用3种原色的减色法混色而是使用4种颜色来打印彩色图画？

装有黄色、洋红和青色3种原色素的彩色喷墨式打印机能调出包括黑色的所有其他颜色。然而，当把所有3种原色结合在一起时，混合物更多呈现的是泥褐色而不是黑色。

尽管这3种原色的颜色深浅可以调试，但这并不代表光谱中所有的颜色都需要形成黑色。因此，当今大多数的彩色喷墨式打印机有一个装有黄色、青色、洋红油墨的墨盒和一个只装有黑色油墨的墨盒。

人的眼睛最容易看见什么波段的光?

人的眼睛对色谱中相对应的黄色和绿色波段的光是最敏感的。光鲜的标记容易引起人们的注意。当人们浏览或用眼角余光看某些东西时,更容易去注意鲜艳的黄绿配色物体而不是相对较弱的红色或蓝色物体。

天空为什么是蓝色的?

大概每个孩子都向他们的父母问过这个问题。很多父母不知道这个问题的答案。其实答案就是一个词:散射。当白光在地球大气层遇到氧气和氮气时,白光中高波段部分撞击沿轨道运行的氮气和氧气的自由电子,这引起了高波段的光向各个方向散射。在空气中通过分子所散射的高波段光是白光中的紫罗兰色、靛蓝色和蓝色。这些是大气层原子反射出的颜色,也就是我们平时看见的天空的颜色。

什么是比色法?

因为颜色的感知主要是依靠眼睛和大脑之间的神经,不同人对颜色的感知有细微的差别。科学家、艺术家、广告设计者和印刷工人需要一个与光的波段相关联的规定颜色的客观方法。这种用于测量特别波段光的方法被称为比色法。

色调和色饱和度之间的差异是什么?

色调是光特定颜色的特殊频率。色饱和度是光的特殊频率呈现在特定颜色里的程度。纯色调和完全色饱和度在人工设计的实验室以外很少能被看到。

为什么雪和云是白色的？

雪和云是由大小不同的水滴组成。小水滴散射高波段的光，大水滴散射低波段的光。同时，水滴吸收少量的光能，但却散射光谱中所有的颜色，从而产生了白色的反射。

如果高波段的光被散射了，为什么我们只能看见蓝色天空而不是靛蓝色和紫罗兰色的天空？

我们的眼睛对色谱中间的部分最为敏感。因为蓝色接近色谱的中间部分，所以我们的眼睛很容易感知蓝色而不是靛蓝色和紫罗兰色。即使所有的3种颜色都被空气中的分子和粒子所散射，人们看见的也是一个蓝色的天空。

在潮湿的夏季，为什么天空会呈现出白色或浅灰色？

当空气中的湿度很高时，空气中存在更多的水分子。水分子由两个氢原子和一个氧原子组成，它们比空气中的氧气和氮气分子更大。在分子能散射什么波段的光这一方面，分子的大小起到了重要的作用。当白光遇到较大分子或尘粒时，低波段的光将被散射，然而白光穿过一个较小的分子时，较高波段的光将被散射。

因为在潮湿的天气里大气层中的水滴比较多，具有较低波段的红色、橙色、黄色和绿色被散射了。然而，在白光碰撞小的水分子、氧分子或氮分子的区域时，就会散射出蓝光、靛蓝和紫罗兰色的光。不同波段的光组合在一起造成了白色天空和不太强烈的灰色天空。

如果蓝光被地球大气层中的小分子散射，那么是不是所有的蓝光在到达地面以前已经被散射掉了？

中午时会有一小部分的蓝光被散射。因为那时大气层相对较薄，所以当阳光照在地球表面时就能剩余大量的蓝光。

▶ 为什么日出和日落经常是橙色或红色的?

在傍晚和清晨,当太阳在地平线下时,它所散发的光不得不传播更远并穿过更多的大气层才能到达地球。这与中午的情形不同。因为早晨和晚上太阳光所穿过的大气层距离比中午远,所以蓝光、靛蓝和紫罗兰色频率的光都被散射,并且在晚间和早晨时全部散尽。光最后到达我们所在的位置时,只剩下那些频率较低的红光、橙光、黄光和一点绿光(一些绿光也已经被散射了)。蓝光的彻底散射使得我们看见由漂亮的红色、橙色和黄色组成的日出和日落。

▶ 当日落是红色或橙色时,为什么位于我们上方的天空仍然是蓝色的?

光由太阳发出并穿过地球大气层很远的距离,在此过程中,阳光中的蓝光被散射,可是我们头顶上空的天空仍然是蓝色的。不是所有的阳光都穿过地球大气层的厚壁,一些阳光飞速掠过我们上空的大气层厚壁。因为只有一小部分的太阳光碰撞这个厚壁,还有很多高频率的光被散射。所以即使日落是红色、橙色和黄色,我们上方的天空也仍然呈现出蓝色。

▶ 为什么海洋是蓝色的?

有两个主要的原因可以说明为什么海洋和大部分的水呈现蓝色。

第一,分别在阴天和晴天观察水面,你会发现在两种不同的天气里水所呈现的蓝色有很大的差异。水对于天空来说就像是一面镜子。所以在晴朗的天气里,天空呈现出清晰的蓝色,水面自然也会比在阴天时呈现出更加饱满的蓝色。

第二,因为水更易于反射或散射高频率的光。事实上,水吸收低频率的光(如红外线)使水体提升温度并且吸收红色和一点橙色。结果产生了黄色、绿色、蓝色、靛蓝色和紫罗兰色的反射。使高波段的光被大量反射后产生蓝色有波纹的水体。

一些水体可以呈现出更多的浅绿色，有时还呈现出浅褐色或黑色。通常情况下是由于水中的水藻、泥浆、沙子、矿物资和水污染的其他元素造成的。然而，在大多数情况下，水看起来是蓝色的。

彩　虹

彩虹是怎样形成的？

彩虹是由于阳光射到水滴里，发生光的反射、折射和再次折射而形成的光谱。当光穿过一个水滴时，白光被分散传播到它特有的波段，就像在棱镜中一样。水滴中的光反射到水滴背面并分散出更多的光。光波段的分散连同大量的水滴暴露于阳光下，形成了环形的彩虹。

在什么情况下我们能看见彩虹？

只有在两种情况下我们能看见彩虹。第一种情况是观测者必须位于太阳和水滴之间。水滴可以来自雨、瀑布形成的雾，或是花园水管中的喷洒水雾。第二种情况是太阳、水滴和观测者眼睛之间的角度位于40°~42°之间。

因此，雨后看见彩虹是在早上或下午，太阳与观测者的角度位于40°~42°之间时，彩虹就会出现。

彩虹中颜色的顺序是什么？

彩虹的颜色顺序是从弧形的最外层低波段到最内层的高波段光的排列。从外至内分别为红、橙、黄、绿、蓝、青和紫。

谁是测定彩虹形成的第一人？

牛顿不是第一个知道彩虹光学特性的人。事实上，早在14世纪初，一个德国的修道士就发现了光在水滴中的折射和反射。为了论证这个假设，他在一个球体里装上水，让一缕阳光穿过球体，他观察到了白光被分离成不同的颜色并在水滴的背面形成反射。

多余虹。

什么是多余虹？

多余虹是双彩虹的另一个名字。副虹颜色的排列次序和主虹是相反的，它位于主虹的外侧，并且它的光亮度比主虹弱。多余虹的形成原因是在水滴内又进行了另一次反射。并不是在水滴内经过一次反射，而是在水滴内进行了两次反射，从而形成了主虹映像的调光镜。

每个人看见的彩虹都一样吗？

因为我们所看见的彩虹是根据太阳、水滴和观察者的位置决定的，所以每个人看见的彩虹事实上是略有差别的。

有绝对圆形的彩虹吗？

如果没有地面的阻挡，所有的彩虹都将是圆的。然而，如果从某一高角度来看（比如在飞机上），就可以在太阳、水滴和飞机在40°~42°之间看见彩虹。在这样的情况下，以彩虹为水平线，它会与地面平行而不能被地面阻挡。这绝对是一幅特别的景象！

光　　学

什么是光学?

光学是研究光的特点和运动的物理学科。光学不只研究可见光,现在已经扩展到对电磁波的研究,其中包括微波、红外线、可见光、紫外线和X 射线。光学有两个主要的分支学科——物理光学和几何光学。

物理光学和几何光学的差异是什么?

几何光学具体研究当光在遇到镜子和透镜时的传播途径。几何光学忽略光的波动说,并且使用射线图来描绘和了解光在不同介质中反射和折射时的传播途径。

与几何光学不同的是,物理光学是研究在光的干涉、光的衍射、光的偏振和光波光谱分析中光的复杂特点的分支学科。

反　　射

什么是反射?

光“反弹”到物体表面形成了光的反射(比如镜子)。反射量的多少取决于物体表面的性质。不吸收光的表面将把光反射回去,而吸收光的表面不会发生这样的情况。其次,粗糙和不光滑的表面将引起反射的光散射,这时想要看清图像是非常困难的。

在反射中,抛光和平滑的表面最不容易吸光;磨光的金属是很好的反射材料,而不反射的材料是钝金属、木材和石头。

镜　子

第一面镜子是怎样制成的?

在几百个世纪以前，人们在水中看见自己的影像。在《圣经》和古埃及、希腊和罗马的文学作品中曾提到最早的人造黄铜和青铜镜子。最早的玻璃镜子出现在14世纪的意大利，它表面涂有光亮的金属。制作玻璃镜最原始的工序是在玻璃的一面涂上水银和锡箔。

这个方法与我们如今所使用的在镜子上镀银的方法类似，这种制镜的方法是1835年德国化学家尤斯图斯·冯·李比希(Justus von Liebig)发明的。他的操作步骤是把氨水和银混合在一起浇铸在镜子表面。如果将甲醛加到金属中，就会生成一个明亮的可以反射光的银色表面。

为什么你不能总在镜子中看到自己?

人不是总能在镜子中看见自己是因为角度的问题。反射法则规定光在镜子上的入射角度必须和反射光的角度一致。如果你径直地站在镜子前，你的入射角度(就是传入光的方向和水平面正交线之间的角度)是零度，所以光线直接以零度反射回来。然而，如果以汽车里你的眼睛和后视镜之间的角度为例，这个角度也许大到反射的角度不能返回到你的眼睛，但是你却可以看见镜子中呈现的车后部的情形。

单面镜(也就是侦讯室使用的镜子)的工作原理是什么?

单面镜的一面可以用作镜子而另一面可以用作玻璃。有效地把一块玻璃"化妆"成一面镜子，目的是为了进行秘密监视。为了实现这一目的，需要满足以下两个条件。第一，侦讯室必须比镜子后面的观察室明亮。一个被审讯的人很难从亮的房间观察到旁边黑暗的房间。第二，镜子后面的银粉用量必须是正常镜子用量的一半。这样一部分光可以被反射到侦讯室，而另一部分光可以穿过观察室。观察室必须始终保持黑暗，因为如果在观察室打开一个台灯，台灯的

透过单面镜进行录像。

一些光线也会穿过侦讯室，这样就会暴露目标，不能起到秘密监视的作用了。

为什么美国的救护车上把“救护车”这个词反着写？

“救护车”这个词被反写是因为当你在镜子（特别是汽车的后视镜）看到时，字体会按照正常的顺序呈现出来。这就使马路上正在开车的司机马上做出回应，迅速地为救护车让路。

汽车的后视镜在夜晚起什么作用？

司机在夜间开车时，如果后面的车辆发出强光照射到他们眼睛，许多司机会调整后视镜使强光偏转射向车顶。镜子银色的表面反射大约85%~90%的入射光。余下10%~15%的光被镜子前方的玻璃反射。为了使剩下的光线进入到司机的眼睛里，玻璃的角度需要下调一些。因为光线已经被大大减少了，所以剩下的光线对司机不造成影响。

为什么车辆的侧视镜上面写道："在镜中看见的物体比它们的实际距离近"？

在许多车辆的侧视镜上经常有这样的表述，这其实是一个非常重要的安全信息——这条信息告诫司机，镜子是具有欺骗性的。为什么汽车制造者把一面骗人的镜子放在汽车上呢？一个普通的平镜只能让司机看见汽车后狭窄的道路；然而，如果使用凸透镜的话，司机在看见汽车后部的同时，也能看见汽车旁边的区域，这样就减少了司机的盲点。然而凸透镜使物体看起来更小也因此看起来更远，所以侧视镜上面的表述是为了提醒司机，图像不是像它本身显现出来那样精准。

什么是虚像？

虚像就是出现在镜子或透镜后面的一种图像，当你径直在镜子里看你自己时，你的图像会出现在镜子的另一面，这就被称为虚像。没有源自虚像的光，但呈现出的状态仿佛有光线来自虚像。同时，虚像也不能被聚焦在一个屏幕上。

什么是实像？

实像是指有光线来源于图像，并且光线在穿过透镜或被镜子反射后能将图像投射到墙上。实像比虚像更有用，因为实像可以产生比原有物体更大的图像，同时也可以被投射和聚焦到屏幕或墙上。

什么是凹透镜，它的用途是什么？

凹透镜是向内凹的镜片，它反射入射光束并将其聚焦在一点上，这个点被称为焦点。凹透镜通常被用来聚焦波能，包括接收器上的微波信号和反光镜上的可见光。当你观看一个凹的浴室镜子时，你会发现在焦点内你的图像是垂直的，当图像离焦点更远些时，则会出现上下颠倒的情况。

什么是凸透镜，它的用途是什么？

凸透镜与凹透镜是截然相反的。凸透镜是向外弯曲成弧形，这样就使反射的光分散而不是聚焦在一点上。商店所使用的凸透镜是以安全为目的的，因为凸透镜能扩展视野的反射范围，服务员就能看见商店的大部分区域。在凸透镜中所看见的物体图像尽管比现实生活中的小，但是却可以帮助我们看见更宽泛的区域。

折　射

什么是折射？

光能以3种方式重新定向：反射、衍射或折射。第一种方法是反射，反射是将光从物体表面弹回（比如镜子）。第二种方法是衍射，衍射是波（比如声波或光波）在穿过障碍物或缺口时偏离径直的轨道而形成的。第三种方法是折射，它指当光从一个介质进入另一个介质时光发生弯曲的现象。眼镜上的透镜能折射光并将其聚焦到戴眼镜人的眼睛里。阳光在遇到地球大气层的介质和射入水中时产生折射。经过折射介质后，该物体会呈现出不同的图像。

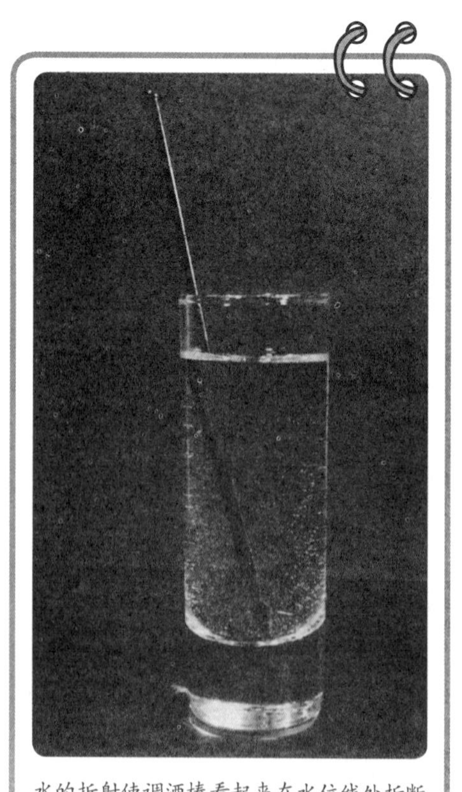

水的折射使调酒棒看起来在水位线处折断。

光波进入不同的介质时，光的折射能被测定吗？

当一束光射入不同的介质时，它的弯曲程度取决于特定介质的物理特性和光进入到新介质的角度。所有的材料都有特定的折射指数。折射指数是光穿过该材料速度的一种测量手段。一个特定介质的折射指数是在真空中的光速除以在该种媒介中传播的光速。因此，光在没有障碍物的情况下传播，即在真空中传播时，它的折射指数是1，而玻璃有一个较高的折射指数，通常情况下这个值在1.5左右。折射指数越高，光穿过该介质的速度就越慢。

根据反射原理，当光以特定的角度射入到一个表面时，会以相同的角度产生反射。根据这个原理将镜子固定为45°时，可以看清楚某一个角落。

斯涅尔折射原理是以荷兰物理学家威里布里德·斯涅尔（Willebrod Snell）的名字命名的，它阐述了光在两种不同材料的分界线是如何传播的。根据斯涅尔原理，当光传播到两种介质的分界线或接口时，光从它原来的路径折回去（产生折射）。如果在两种介质中，位于上部的材料比下部的材料具有更高的折射率，根据斯涅尔折射原理，光线的原始路径将以小角度产生弯曲，向垂直线靠拢进入到第二种介质中。当射入的角度增大时，折射的角度也会增大。

光射入不同介质的折射指数是多少？

下表是几种不同介质的折射指数。折射指数中“n”代表的是光在真空中的传播速度除以在介质中的传播速度的比率。折射指数越大，折射时弯曲度就越大。

介　质	折射指数（n）	介　质	折射指数（n）
真　空	1.00	石　英	1.54
空　气	1.000 3（通常视为1.0）	火石玻璃	1.61
水	1.33	钻　石	2.42
冕牌玻璃	1.52		

通过了解上述折射指数和光射入新介质的角度，人们能在光进入介质时，准确地测量会有多少光产生折射。

人们看到星星在天空中的位置是它们的实际位置吗？

首先，星光已经运行了几百万光年，所以有一种可能是我们所看见的星星已经不再存在。然而，这是个涉及星星方位的问题。在星光射入地球大气层时，

人站在水池中，为什么常常看起来又矮又胖？

位于水面上的身体部分看起来还是匀称的，这是因为射入你眼睛的光没有射入到不同的介质里并发生折射。然而，在水下的部分——人的腿看起来很短。这是因为反射到他们腿上的光先射入水中然后又反射回空气中。由于介质发生了变化而产生了折射。因为水的折射指数比空气的折射指数大，所以人的腿在水池中看起来又短又粗。

它发生轻微的折射。因此，星星实际的位置并不是我们所认为的位置，两者之间有一定的偏差和距离。太阳和月亮也有同样的情况，特别是当它们位于水平线上很低的位置时；在这些位置上，阳光和月光的轻微折射是产生月亮和太阳变形景象的主要原因。

透　镜

透镜是什么时候出现的？

古希腊和罗马人对透镜这个词并没有太多的概念，但他们曾尝试使光在一个装有水的玻璃广口瓶和球体中折射。阿拉伯人认识到用透镜能将物体放大，所以他们使用放大镜读书。13世纪的欧洲，有人用支架把两个放大镜放在一起制成了第一副眼镜。透镜的材料是绿玉。这种透明的宝石很容易被制成放大镜的形状。现在的透镜是由透明的薄塑料制成，这种透镜比又重又易碎的传统玻璃透镜便宜且耐用。

透镜的焦距是什么？

透镜的焦距是透镜中心与光束射入透镜相交点的距离。一个圆的透镜有很短的焦距，比较扁平的透镜却有一个相对较长的焦距。

什么是发散透镜？

发散透镜至少有一个凹面，透镜的另一面在通常情况下是平的。光线照射到发散透镜后，能够产生更多的发散光线（也就是说在光线传播的方向上产生更多的扩散），这会在屏幕上产生更大的投影。

什么是会聚透镜？

会聚透镜至少有一个凸面。它的形状使入射光线汇集在一点，也就是说，正在传播的入射光线在传播足够的距离后最终会相交于一点。这样就会在焦点前产生一个小的直立镜像，但在焦点之后，当镜像投射到屏幕上时，产生比实物大并且倒转的图像。

通过针孔照相机看到的日食。

针孔照相机是怎样形成图像的？

我们可以用一个鞋盒来模拟针孔照相机，在盒子的一侧有一个针孔而另一侧有一个屏幕。当光穿过盒子的小孔时，小孔就起到会聚透镜的作用。它使光线同时聚焦到一个焦点上（针孔）；在焦点的另一边，镜像倒转并且在屏幕上投射出图片。针孔照相机制作简单，人们常常在出现日食时使用它，因为直接观看太阳是非常危险的。背对太阳，把小孔对着太阳，在屏幕上就会看到月亮挡在太阳前面的景象。

沙漠中的海市蜃楼。

什么是海市蜃楼?

海市蜃楼通常发生在炎热的夏季,在这种情况下沙滩、混凝土或沥青的表面会很热。海市蜃楼就是地面看起来像一潭水,而这潭水中会出现远方的高楼大厦、车辆或树木的颠倒图像。当你接近这个幻景时,这个水潭和反射似乎就消失了。

因为地表上空的空气是热的,而距地面几米高的地方空气是凉的,正是这种温差造成了海市蜃楼两种不同的温差使来自物体的光发生了折射。结果是物体的折射景象是倒转的,并且位于实物的下方。水是天空的折射景象。海市蜃楼只能发生在炎热的表面和物体上,并且物体和观察者之间需保持相对较小的角度。因此,一个在数米以外的人看不见物体的海市蜃楼景象。海市蜃楼不是幻觉,而是一个真实并且得到充分证实的光学现象。

什么是全内反射和临界角?

全内反射是一束光从一种介质射出进入另一种介质时,被反射回原来的介质中所形成的。因为光是以一个过大的角度(叫做临界角)射入两个不同介质的交界面，所以不会发生流散。光线没有折射出介质之外而被重新发射回原有的介质中时，它就形成了临界角，并且被完全地反射回原有的介质中。

▶ 为什么钻石会发出耀眼的光芒？

判断一颗钻石的好坏是根据它是否有好的刀工切口。钻石的侧面需要在一个特定的角度上，当光射入钻石时，钻石内部的反射就代替了外部的折射。钻石的临界角是25°；因为钻石的临界角小，这样就确保射入钻石的大部分光不是从侧面而是从钻石的顶部射入，这就是钻石发出耀眼光芒的主要原因。

▶ 如果你在水下睁开眼睛，能看见水外的景象吗？

能够产生全内反射的一个例子是在水下。如果一个潜水员径直地朝水外看，那么他将会看见天空和水面上的任何其他可视环境。然而，如果潜水员以48°角或更接近垂直的角度向水面上看时，他将看不见水外的事物，但是相反他却可以看见湖底的反射。下次你在游泳池时，试着去看水面，你将会看见一个点，当你从水池里出来之后，你就再也看不见这个点了。这是因为光已经达到其临界角。

纤维光学

▶ 光缆是如何使用内反射传播信息的？

根据全内反射原理用玻璃纤维以光速来传播信息叫做纤维光学。现代激光把光发送到光纤的一端并使消息传递到另一端。当激光碰撞玻璃纤维外壁时，它不在玻璃外折射而是反射到沿着光纤向下移动的电缆上。光缆覆面的折射指数应尽可能高些，这样临界角就可能小些。只有在光射到临界角里的覆面边界线时才会在光缆外部折射。

玻璃与外覆面的低临界角使光在没有足够减弱的情况下传播更远。这种传播信息的方法已经大幅度地改善了通讯领域，并且还将继续为通讯领域带来更大的发展。

纤维光学是如何起源的？

光能够射入玻璃丝的这种构想起源于19世纪40年代，当时，物理学家克罗敦（Collodon）和巴比涅（Babinet）论证了光能射到喷泉里弯曲的水柱上。第一个使用一捆光导纤维来呈现此景象的是德国的医科学生，他的名字是拉姆（Lamm）。1930年，他使用光缆投射灯泡的镜像。在他的研究中，拉姆最终在没有做大切口的情况下，使用光学纤维观察和探索了人体领域。从那时起，人们对光学纤维做了更为严肃认真的研究，为后来激光的发展奠定了基础。

目前纤维光学被应用在哪些领域？

通过光导纤维传递光资讯在技术领域产生了巨大的影响。医疗领域也从光纤束的使用中获得了巨大的收益，它实现了人体从不可视到可视的重大突破。在不用做手术的情况下，激光穿越纤维也可以被送进身体进行检查和治疗。

通讯可能是从光导纤维技术出现以来收益最多的领域。计算机网络区域系

光学纤维。

统正在使用纤维光缆来加快文件和应用程序的传送速度。通过光缆传播的光能在增强信号之前运行数百千米,这是信息电子传输的常规系统中的一个重大突破。

▶ 用光代替电传递信息的主要收益在哪些方面?

用光来传递信息有许多根本的收益。首先,传播光资讯几乎不产生热量,而使用电传播信息就产生热量。电器电路使用时间长就会变热,因此需要将其冷却。其次,光比电信号传播快。使用光的另一个好处是电干扰不会使信号变形,但如果使用电子信息传送器就会受到电干扰。光缆线更容易弯曲,而电传递信息使用的铜线如果发生弯曲会增加电阻。除此之外,光纤本身比铜线便宜。最后,光纤能承载更多的信息量。光缆和调制激光在一起使用能够完成整个城镇的电话和电视台的信息传输。

衍　射

▶ 什么是光的衍射?

光的衍射是光绕过障碍物偏离直线传播路径而进入阴影区里的现象。当光被射入比光的波长大的小孔时,一个清晰的阴影就形成了。然而,当光需要穿过小孔时,它会在小孔的边缘形成一个模糊的阴影。所有类型的波都可以发生衍射,但是光波产生的衍射是最常见的也是最容易被看见的。

光学仪器

视　力

▶ 人的眼睛是怎样看物体的?

眼睛不是“看见”物体,它只是接受刺激,并将其传递给大脑转换和合成信

号。为了接收图像,我们的眼睛有一个聚焦图像的透镜,一个能调控射入我们眼里光量的虹膜以及一个被叫做视网膜的屏障。

为了使光聚焦到我们想看见的物体上,眼睛通过收缩或放松眼部周围的睫状肌去改变焦距和眼中水晶体及角膜的形状。一旦光被聚焦,图像被两个凸透镜颠倒过来并且聚焦到视网膜上。视网膜由上百万的感光圆锥细胞和柱状细胞组成,它将电脉冲传送到视神经,最后到达大脑,在大脑里图像被转换并被倒转过来,形成一个正立的画面。

▶ 眼睛中的圆锥细胞与柱状细胞的差别是什么?

圆锥细胞是视网膜上圆锥形的神经细胞,它能辨别或采集图片的微小细节。它们普遍位于视网膜的中心。视网膜的这个区域(被称为大孔穴)采集图像微小的细节。圆锥细胞也能辨别颜色。

当大孔穴的距离加大时,柱状神经细胞就替代了圆锥细胞。柱状细胞的作用是对一个大领域形成总体图像,它并不针对图片的细节。这就说明,当我们仔细检查某物时,需要向前直视物体。图像聚焦在视网膜的中央凹,在那里大量的圆锥细胞接受图像的微小细节。并且,柱状细胞帮助人们在夜间看清物体。

为什么肥皂泡和溢出的汽油形成不同颜色的反射?

虹色是当光射到像肥皂泡或汽油薄膜时形成不同颜色的原因。虹色是由光在不同厚度的表面多次反射形成的光波干扰引起的。肥皂泡出现彩色图案是因为光从肥皂泡的上表面和下表面反射。表层厚度不同,颜色看起来也就不同。

在潮湿的路面上很容易看到溢出的汽油;这并不是因为人们在下雨时泼出更多的汽油,而是由于汽油表面、汽油下伏面和表层水面的反射形成了彩色图案使路面上的汽油更加明显。所形成的图案是出现在汽油薄膜里可见光谱的颜色。

▶ 当聚焦远处的物体和近处的物体时，晶体的形状是什么样的？

睫状肌的作用是改变晶体的形状，根据物体的距离调节张力以便对焦。当聚焦于远距离的物体时，晶体需要一个大的焦距，这时睫状肌会自然放松，使晶体变得扁平和纤薄。当眼睛向近处看时，则需要较短的焦距。此时睫状肌收缩，降低晶体的对焦能力。调节晶体的形状使光聚焦到该物体上的过程被称为“眼调节”。

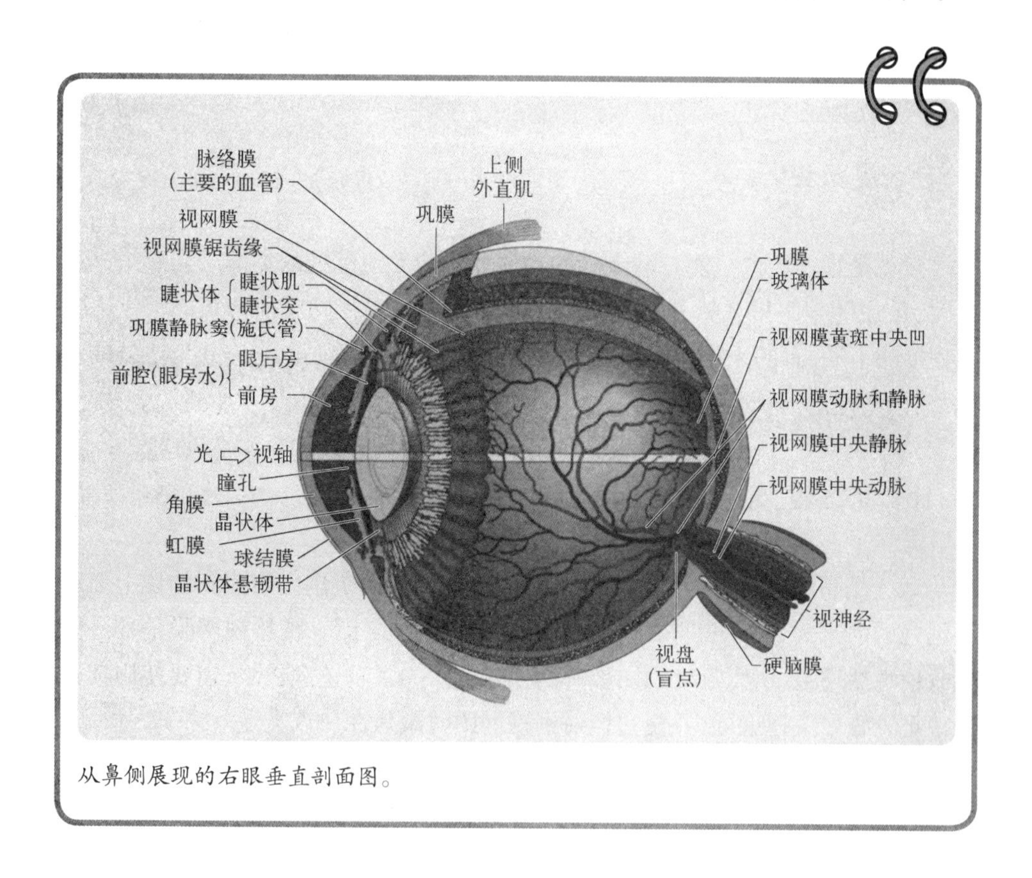

从鼻侧展现的右眼垂直剖面图。

▶ 在水下游泳时，为什么睁开眼睛看到的图像是模糊的，而戴上游泳镜后能看到清晰的图像？

尽管视网膜的晶体为了聚焦图像能够改变形状，但大部分光的折射发生在光从空气转移到眼角膜期间。当水代替空气时，改变了折射到眼角膜的光量，形成了在视网膜上模糊的图像。然而，如果眼角膜前有少量空气的话，折射的性质

便恢复到了正常状态。

物体距眼睛多远开始变得模糊?

在晶体不再调节焦点之前,物体距离眼睛有多远是有一定限度的。在大约30年的时光里,能够被聚焦的最近的物体大约在10~20厘米远的地方。当人变老时,晶体趋于僵硬,看近的物体就越来越困难。事实上,当一个人到70岁时,他的眼睛不能再聚焦于眼前数米之内的物体。所以,大多数老年人需要戴老花镜来看近的物体。

什么是近视?

近视是指一个人只能看清近处的物体而不能看清远处的物体。当一个人近视时,就说明他眼里放松和相对扁平的晶体使光线在视网膜前聚焦。根据人近视程度的不同,有的人不能清楚地看清远方的物体,有的人也许连几米之外的物体都看不清楚。

什么是远视,怎样能矫正远视?

远视是晶体只能看清远的物体但却不能在较近的范围内聚焦到物体上。对于远视的人来说,他们晶体的光学焦点位于视网膜之后。既然视网膜是唯一能接收信息的通道,所以近处的图像都是模糊的。为了矫正远视眼,需要使用会聚透镜把光线聚集在近处,并使它们射到视网膜时聚焦在一点上。

在黑暗中为什么夜行动物比人类看得更清楚?

在夜间,夜行动物比人类看得更清楚有4个主要原因:

第一个原因是它们的眼睛。它们的眼睛比人类的眼睛更大,并且能比人类的眼睛聚合更多的光。更多的光自然就会形成更加清晰图像。

第二个原因是夜行动物眼睛里的圆锥细胞和柱状细胞。圆锥细胞的功能是捕捉微小细节并在亮光下发挥最佳功效。对于夜行动物来说,它们不需要太多的圆锥细胞。因此,它们的眼睛就有更多的空间容纳柱状细胞,这些柱状细胞的

大角枭（一种夜行动物）的眼睛。

作用是探测运动和行动这样的总体信息。

第三个原因是夜行动物眼睛里存在的一种叫做绒毡层的东西。绒毡层是视网膜远侧的一个膜，它们通过视网膜把光反射回来，从而使视网膜加倍接收光线。没有被圆锥细胞吸收的光被它们的瞳孔反射出去，所以在夜间可以看到夜行动物的眼睛发出亮光。

第四个原因是许多夜行动物有狭长的瞳孔，使动物在睁眼或闭眼时能更快地做出反应。因此，在晚上，它们的眼睛可以睁到最大的限度，而在白天只允许少量的光进入到眼睛中。

照 相 机

照片中出现的“红眼”现象是什么原因引起的？

使用闪光时出现了“红眼”，是因为没有足够的光实现良好的曝光。在正常情

况下，为了使足够的光射入眼睛中，瞳孔扩大并在视网膜上形成图像。但是当闪光灯闪烁时，瞳孔没预计到强光，因此没有产生缩紧。结果，大量的光射入到眼睛并反射眼睛后部的红色视网膜。瞳孔上的红光实际上是胶片捕获的视网膜的反射。

▶ 用什么方法来减少照片上的“红眼”问题？

许多现代相机的一个特点就是防红眼，它尽量使人的瞳孔缩小从而避免光从视网膜反射。有几种方法可以实现这种功能。一种方法是在真正闪光之前先用较小的光照明；而另一种方法是在拍照之前有5~6次连续预闪，在正式闪光之前使人眼的瞳孔缩小，从而避免红眼问题。

望 远 镜

▶ 谁发明了第一架望远镜？

伽利略使用望远镜来观察恒星和木星的卫星，他惊讶恒星和木星的卫星的数量如此之多，而它们中的绝大部分是人的肉眼所看不见的。尽管伽利略在1609年被授予望远镜的发明家的荣誉称号，但是历史表明，1608年荷兰的一位名为汉斯·利伯希（Hans Lippershey）的眼镜制作者发明了第一架望远镜。

在天文学家约翰尼斯·开普勒（Johannes Kepler）和克利斯多夫·沙伊纳（Christoph Scheiner）的构想下，通过使用被大焦距分隔的两个凸透镜，他们对望远镜进行了改进。实践证明这些望远镜非常笨重，使用起来非常不方便。大约120年以后，人们能够制造出更高质量的无色玻璃，这使望远镜有了很大程度的改良。

1668年，艾萨克·牛顿发明了用镜子聚光的反射望远镜。如今，望远镜相对来说比较便宜；普通人都可以架起一个望远镜来观测星空，而且可以使用比伽利略或牛顿曾经梦想的望远镜更好的仪器。

伽利略望远镜的复制品。

什么是折射镜望远镜?

折射镜望远镜是人类发明的第一台望远镜。它使用透镜将光聚集、折射并聚焦到目镜上。折射镜望远镜由于透镜的重量和颜色失真两个原因只能接收有限的光亮。颜色失真现象被称为色像差,当光通过透镜的不同位置时能够产生明显的色像差。

什么是反射望远镜?

反射望远镜是使用镜子聚光并聚焦图像。这种望远镜通常由两个镜子组成:望远镜的一侧安有稍大一些的镜子用来聚光,而稍小的镜子可以将光汇聚到目镜。1668年,艾萨克·牛顿发明了第一台反射望远镜。

最大的反射望远镜有哪些?

反射式望远镜越大,汇聚到的光就越多,倍率也就越大。下表列出了世界上

一些最大反射望远镜。

望远镜的直径（米或英寸）	天 文 台	位 置
10.00米（394英寸）	莫纳基亚山天文台凯克望远镜	美国夏威夷州
6.00米（236英寸）	天体物理天文台	俄罗斯
5.08米（200英寸）	帕洛马天文台	美国加利福尼亚州
4.19米（165英寸）	戴·若克·德·洛斯莫查乔斯天文台	加纳利群岛
4.01米（158英寸）	席罗托洛洛美洲天文台	智利
3.89米（153英寸）	英-澳天文台	澳大利亚
3.81米（150英寸）	基特峰国家天文台	美国亚利桑那州

除了型号之外，夏威夷的凯克望远镜的独特之处是什么？

莫纳基亚山天文台凯克望远镜工程所用的镜子是独一无二的，因为这面镜子有36个六角形部分。镜子的每一部分都采用电子控制，这使镜子的定位、清洁和其他的维护工作执行起来相当容易。

为什么使用像哈勃太空望远镜这样的空间望远镜有优势？

在太空拥有太空望远镜的主要优势是当你在陆地上观测时，它们能避开会使图像变形的光、空气污染和折射。其次，太空望远镜也能聚集红外线、紫外线、X射线和伽马波，如果没有太空望远镜，这些气体在地球的大气层中很难接收。

哈勃太空望远镜首次进入轨道时遇到了什么问题？

哈勃太空望远镜的主镜曲度上存在一个极小的误差（该误差比人的头发还细），但是这个极小的误差却造成了重大的聚焦问题。这个直径94.5英寸（2.4米）的巨大的主镜不能使光聚焦在望远镜内部正确的点上。美国国家航空航天局因为这个误差导致数百万美元的损失。

美国怎样校正了哈勃太空望远镜的问题?

哈勃太空望远镜被放入环绕地球的轨道3年后,来自"奋进"号宇宙飞船的一队宇航员在哈勃太空望远镜上安装了3个极小的镜子来校正哈勃太空望远镜存在的聚焦问题。重新修理后,哈勃太空望远镜才真正应用于宇宙年龄和膨胀率的研究中。人们使用哈勃望远镜后,观察到了以前通过地球上的望远镜从来都没有看到的其他恒星和星系。

哈勃太空望远镜。

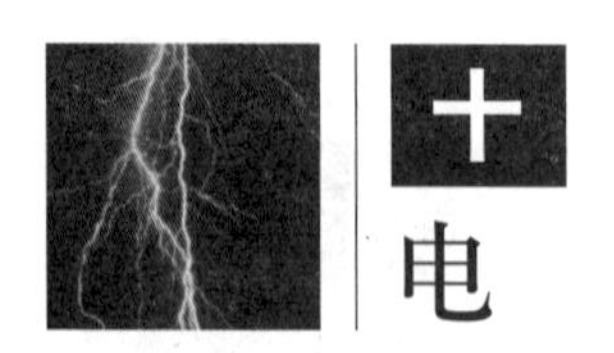

十 电

静 电 学

"电"这个术语的起源是什么?

17世纪的医师兼科学家威廉·吉尔伯特(William Gilbert)从希腊语"elecktron(意为:琥珀)"一词创造了一个新词"electricity"(电)。琥珀是一种材料,古希腊哲学家当时已经注意到用毛皮摩擦过琥珀后会吸引小的微粒。

什么是静电学?

静电学是对可以从一个地方移动到另一个地方而后静止的带电粒子的研究。静电定律涉及了正负电荷的相互吸引和排斥问题。静电学经常被称为静态电学。

谁最初发现了静电荷?

两个希腊的哲学家米利都的泰勒斯(Thales of Miletus,公元前600年)和狄奥佛拉斯塔(Theophrastus,公元前300年)观察到了一种叫做琥珀的特殊物质在被毛皮摩擦过之后,能够吸引灰尘和小的微粒。直到几个世纪之后,威廉·吉尔伯特来到了英国,并用琥珀做了一些科学的观察和试验。

正电荷、负电荷和中性电荷的区别是什么？

带负电的物体是物体具有多余的负极粒子，这种粒子叫做电子。带正电的物体是指物体有多余的正极粒子，这种粒子叫做质子。中性电荷在每个原子中有相同的电子和质子，因此中性电荷是不带电的。

哪种电荷的结合可以产生吸引力和排斥力？

重力引力将物体彼此吸引，与其不同的是，静电力可以吸引或排斥电荷。相似的电荷（正电荷与正电荷；负电荷与负电荷）相互排斥，相异的电荷（正电荷与负电荷）相互吸引。一个描述人际关系的短语“异性相吸”在静电力领域也是如此。

观察静电力的方法有哪些？

当橡胶棒被毛皮摩擦后，毛皮将电子转移到橡胶棒上。最初中性的物体体现出带电。橡胶棒带的是负电，因为它有了额外的电子，这时它可以吸引正极的电荷。既然它可以吸引其他物体中的正电荷，它就能吸引小纸片、灰尘甚至是人的头发。尽管这些物体受到带负电的橡胶棒吸引，物体本身仍然是中性的，因为

为什么橡胶气球与头发摩擦后能粘到墙上？

带电的气球和墙之间的吸引是静电力作用的结果。当橡胶与头发摩擦后，头发上的电子很容易转移到橡胶气球上。这个过程叫做摩擦生电。因为头发上具有了多余的正电荷，就会彼此相排斥而立起来。带负电的气球被墙上的正电子吸引。墙上的电荷极化后，正电荷移向气球，负电荷远离气球。只要气球和墙之间的静电力大于使气球下落的重力引力，气球就会粘在墙上，暂时不会下落。

它们本身没有静电荷，在与橡胶棒接触的过程中形成了极化。在静电学中，极化意味着正电荷和负电荷进行重新排列，纸片或灰尘中的正电荷将快速地移至带负电荷的橡胶棒上，而负电荷远离橡胶棒。用丝绸摩擦玻璃棒会产生相反的效果。玻璃棒带正电，而丝绸则得到了额外的带负电的电子。玻璃棒也能吸引小的物体，但是它所吸引的是物体中的负电荷。

为什么有时触摸门把手时会感觉到被电击了一下？

干燥的日子里，如果你在地毯上行走后用手触碰门把手，就会发生这样令人烦恼的事情。在地毯和鞋之间的摩擦使你的身体获得了额外的负电荷。当你的手接近门把手时，手上的负电荷会受到门把手正电荷的吸引（由极化作用产生），当两种电荷相遇时，会产生电火花。

什么材料是好的电导体？

有效的电导体能允许电流快速通过。尽管大多数的材料在某种程度上都能导电，但是好的电导体，比如金属（特别是铜和银），有许多自由电子，可以非常容易地帮助移动电荷。

当使用电脑设施时，为什么要小心额外的静电集结？

如果你曾经在电脑里安装过电路板或插件，这些产品可能被装在了“不受静电干扰”的袋子中。这个袋子的作用是将所有额外的静电荷都排斥在袋子之外。许多电路对于静电集结比较敏感，如果电荷堆积在电路的某个地方就会造成一定的损害。因此，当安装电路板时，说明书经常会告诫你不要碰触已经接好的金属电路板，避免将你身上和工具上的电荷传递到安装的零件上。

什么是电荷的有效绝缘体?

与导体的作用相反,绝缘体抑制电流的运动。非金属材料是有效的绝缘体,比如塑料、木材、石头和玻璃。这些材料中的电子不像导体中的电子那样能够自由地移动。

电力的大小是如何测量的?

所有的力(包括电力)的测量单位是牛顿。决定电力多少的公式与万有引力定律只有略微的差别,静电力的公式中使用的是电荷而不是质量,同时在公式中还使用了一个不同的常数。1785年,查尔斯·奥古斯丁·德·库仑(Charles Augustin de Coulomb)通过实验确定了能定义电力大小的几个变量。他认为,要想知道电力的大小必须确定两个或多个电荷,并且要确定电荷之间的距离。

什么是库仑定律?

库仑定律决定了两个带电物体之间确切的引力或排斥力的大小,其公式为: $F=k(q_1q_2/r^2)$,这里的k是一个介电常数,它的值为9.0×10^9 Nm^2/C^2(每平方库仑上牛顿·米的平方)。电荷q_1q_2代表物体被测量的电荷数量。最后,r是两个带电物体之间的半径及距离。负数代表吸引力,而正数代表排斥力。如果知道了公式中的变量,两个带电物体之间的静电力就可以计算出来了。

什么是电荷的1库仑?

电荷的1库仑相当于带电电荷的6.24×10^{18}个电子或质子。负电荷代表电子电荷,而正电荷代表质子电荷。

什么是验电器?

人们使用验电器检验物体是否有电。有两个金属片(金属材料从铝箔到金)固定在金属杆上。如果验电器的顶端接触到了带电物体,两个金属片就会

相互排斥（因为它们携带了同性的电荷），这就代表所测量的是带电物体。如果金属片没有相互分开，则表示验电器所测量的物体是中性的。

▶ 谁发明了验电器？

英国物理学家迈克尔·法拉第（Michael Faraday）在18世纪中期发明了第一个验电器。随着验电器的发明，电场的概念形成了。

▶ 什么是电场？

电场是在两个或多个带电粒子之间存在吸引力或排斥力的区域。就像地球上存在重力场一样（所有有质量的物体都受到地球的吸引），电场中的带电物体之间存在着相互的电吸引力或电排斥力。

▶ 高斯定律被用来描述什么？

高斯定律描述了带电电荷与周围电场的强度和分布之间的关系。这个定律是以卡尔·弗里德里希·高斯（Carl Friedrich Gauss）的名字命名的，高斯是一位数学家，但他却将非凡的数学技巧应用在19世纪早期他所做的天文学和物理学的实验中。

范德格拉夫发电机

▶ 什么是范德格拉夫发电机？

范德格拉夫发电机是以美国的制造者罗伯特·杰米森·范·德·格拉夫（Robert Jemison Van de Graaff）的名字命名的。这种发电机是全世界物理课堂和博物馆里电子展示中最精彩的装置。范·德·格拉夫于1931年发明了这个装置，它包括一个绝缘的塑料管和上面的中空金属球，在管子里有一根橡皮带可以从发电机底部垂直连到金属球上。橡胶带将负电荷顺着管子移至金属球上。

铁梳用来抓住电荷并将它们分布到金属球的外部。在球体上堆积的大量负电子可以达到几百万伏特。

▶ 当人们碰到范德格拉夫发电机时会发生什么情况?

当范德格拉夫发电机的金属球充电时,带电的电荷堆积在球体上,电荷间彼此排斥。此时人接触到发电机时,电荷就会传导到人的身体上。最终,人的身体会充满带电的电荷。因为头发上的电荷相同而产生排斥,所以人的头发就会立起来。这并不会对人造成伤害,因为经过人体的电流并不足以对人体造成伤害。

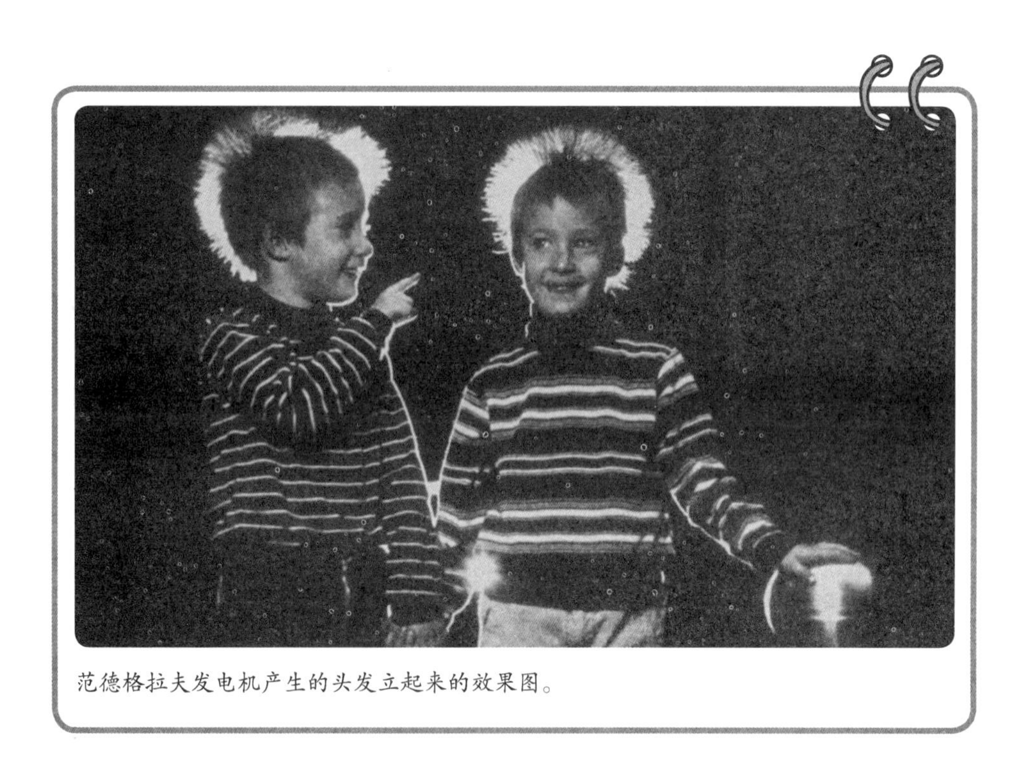

范德格拉夫发电机产生的头发立起来的效果图。

▶ 如果范德格拉夫发电机导电时人碰到会发生什么?

范德格拉夫发电机的球体是由绝缘体(空气)包围的导体。电荷充电后有强大的力量要离开金属球,但是由于存在空气这个绝缘体而不能实现。然而,当带有正电的物体或者不同电压的物体靠近范德格拉夫发电机时,负电荷就会跳

出空气隙与正电荷结合。当人靠近正在导电的范德格拉夫发电机时，人就会受到电击。在人体的末端（如手指或鼻子）与发电机之间会出现小型的闪电。尽管这会带来疼痛，但是它对人体并没有伤害。这是在物理课堂上常做的小游戏，这种游戏用的是典型的范德格拉夫发电机，而不是研究室或博物馆中的大型发电机。

▶ 在范德格拉夫发电机金属球上有成千上万伏特的电，在球体内部有多少电？

答案是零。当负电荷离开橡胶带时，它们马上到达了球体的外围。负电荷会远离彼此，这就是它们为什么会达到范德格拉夫发电机的最外围。

▶ 什么是法拉第屏蔽？

以英国物理学家迈克尔·法拉第（Michael Faraday）的名字命名的法拉第屏蔽是一个笼子或金属栅栏，它可以遮蔽电荷。电荷聚集在屏蔽的外壳，因为它们相互排斥，所以当它们聚集在外壳时彼此尽可能地远离。这就在法拉第屏蔽内形成了中性的电荷。范德格拉夫发电机的金属球体就是一个法拉第屏蔽。汽车和飞机也可以被视为是法拉第屏蔽。它们可以在雷电暴风雨天气为乘客提供保护。

莱 顿 瓶

▶ 什么是莱顿瓶？

莱顿瓶是如今电容器的基础，它是一个有橡胶塞可以储存电荷的玻璃容器，由包括两个导电板和一个将两个导电板分开的绝缘体组成。导电板通常由铝箔制成，而绝缘体由玻璃或塑料制成。铝箔片的内层被放在瓶子的内部并使其充电。而铝箔片的外层被放在玻璃瓶子的外侧与地面相连，所以它可以积聚相反的电荷。当充电结束后，莱顿瓶可以被携带走，以供需要时使用。

当为莱顿瓶放电时，将金属丝从外部（正电荷层）向内部（负电荷层）相连，当金属丝接触到了内层时会形成一个相对较大的电火花，这时莱顿瓶就重新变为中性。

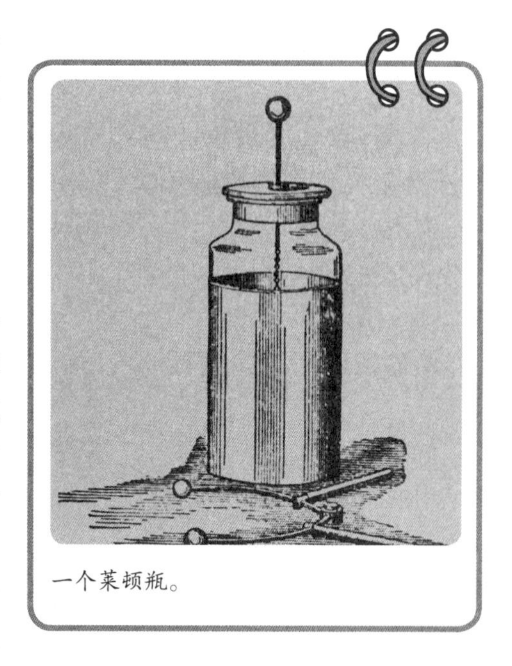
一个莱顿瓶。

谁发明了莱顿瓶？

在18世纪40年代，荷兰科学器具制造者埃瓦尔德·冯·克莱斯特（Ewald von Kleist）和皮埃特·范·穆森布罗克（Pieter van Musschenbroek）创造了第一个莱顿瓶，但是他们当时并没有意识到这项发明具有潜在的发展意义。他们使用了瓶子是因为人们当时认为电是一种流体，而瓶子是用来储存流体的。

最初的莱顿瓶在瓶子内部有金属钉和水。穆森布罗克握住瓶子的外部，钉子从静电起电器上得到一个电荷，随后他从地面上获得了一个极性相反的电荷。当他用手去触摸钉子时，他感觉到了明显的电击。这是最初的人工产生的电击。穆森布罗克曾说他将永远不再做这个实验了。然而，第二天他就改变了主意，继续研究莱顿瓶。

本杰明·富兰克林用莱顿瓶取得了怎样的成就？

本杰明·富兰克林（Benjamin Franklin）在电学方面做出了很多的贡献，但是其中最有趣、最大胆的实验与莱顿瓶有关。富兰克林提出了正电荷和负电荷的概念，而且意识到在玻璃绝缘体的每侧存在电场。在静电学和电场领域，找到莱顿瓶两个金属板之间的电场是一个重大进步。富兰克林试图在闪电中捕获住电并将其储存在莱顿瓶中。在某种程度上他获得了成功，因为他可以从闪电中获得电荷并将其储存在瓶子中，当把内外部的两个金属板相连时产生了巨大的火花。他的实验获得了成功，这可以说是神的恩赐，因为第二个这样做的人却在实验中丧生。富兰克林意识到了电可不是闹着玩的。

莱顿瓶的用途是什么?

在18世纪末期和19世纪,人们试图将莱顿瓶用于多个领域。一些人认为它可以治疗疾病,因此许多医生将莱顿瓶应用于原始的电击疗法中。其他人将其作为展示装置用于娱乐。还有更多的人认为它可以被用来烹饪。用电火花将火鸡做熟这将是多有创意的事啊!

什么是现代版的莱顿瓶?

现在如果人们想储存电荷,他们不必到处拿着莱顿瓶去收集电荷。人们现在使用的是电容器。根据设计的不同,每个电容器都有特定的存储量。就像莱顿瓶一样,电容器也有两个导电金属板和一个位于两者之间能产生电场的绝缘体。放电时,用金属丝连接两个金属板从而产生迅速的电子放电。

电 容 器

电容器的作用是什么?

电容器用来为以后储存大量的电,在各种各样的电路中都能看到电容器的存在。照相机闪光灯主要依靠电容器来工作。通常情况下,照相机的电池不能产生足够大的电流让闪光灯亮起来。为了解决这个问题,人们使用电容器来存储大量的电荷。所以当照相机需要强大的电流时,电容器就会放电,发送电流点

相机的闪光灯闪过之后为什么会发出特殊的声音?

在电容器放电之后,照相机需要为下一次的闪光做好准备,因此,电容器重新充电,此时在照相机内部电路中就会产生特殊的声音。

亮闪光灯。

电容的单位是什么?

电容的测量单位是法拉第,是以迈克尔·法拉第的名字命名的。电容是电容器所带电量与两极板间电压差的比值,其公式为$C=Q/V$,其中C是电容,Q是电容器所带电量,V是两极板之间的电压差。

闪　电

什么是闪电,它是如何产生的?

闪电是发生在雷雨云有电区域或者雷雨云和地面之间的放电现象。积雨云中电荷的分离造成了顶部和底部的巨大的电位差。云层顶部是正电荷区域,底部是负电荷区域,而地面则是正电荷区域。当云层底部的负电荷区与地面的正电荷形成足够大的电位并相感应时,电荷相互碰撞形成巨大的闪电。

雷雨云和地面是如何带电的?

大多数的物理学家认为云层内的冰粒子和水滴相互摩擦。电荷的分离使云层上端聚集了正电荷,下端聚集了负电荷。地面由于感应现象被充电。雷雨云下端的负电荷吸引地面上的正电荷。因此地面的正电荷远离地面,将大量的负电荷留在地面上。

云的带电区域和地面是怎样具有大型电容器功能的?

电容器是由两个导电金属板和一个绝缘体组成的。当金属丝将两个导电金属板相连时,巨大的电流经过并产生电火花。云的带电区域相当于导电金属板,而之间的空气具有绝缘体的作用。在云的底部和地面之间也形成了同样的情

况。这些部分之间的空气就充当了绝缘体，当电荷从空气中逃逸出并与相异的电荷接触时，就会产生巨大的电流形成闪电。

闪电总能击中地面吗？

尽管人们认为闪电是发生在地球和云层之间的，但是最普遍的闪电还是发生在雷雨云之间。对于电荷来说，在云层之间跳跃比跳过云层到达地面容易得多。实际上，只有1/4的闪电能击中地面。

美国图森地铁区上空的闪电。

电荷是怎样穿过空气的？

当云和地面之间有足够的电位差时，负电荷将离开云层呈之字形移动然后击中地面。地面的正电荷感觉到了负电荷的强烈吸引，将从高的物体上（比如树、建筑物和塔）发射正电荷形成的电子流。当两种电流相遇时，云和地面发生了放电。闪电从交汇点到达地面，然后下一个支流继续同样的放电过程。因此从某种意义上来说，闪电是从地面向上发生的，而电流则是向地面流动的。

闪电的平均电压、电流和持续的时间是多少？

在闪电之前的电位差或电压可达到数百万伏特。闪电的电流可达2.5万~3万安培。闪电的持续时间约为0.25秒。

每年约有多少人在闪电中丧生或受伤？

美国一年有大约4 000万次雷击，其中的400次能对人造成伤害。遇难者中丧生的能达到半数，剩下的人会受到严重伤害。

美国哪个地区的闪电最频繁？

佛罗里达州的一个地区被称为“闪电巷”，这个60英里（96.6千米）宽的地区是美国闪电的频发区。这个地区每年平均有90天时间处于雷鸣电闪之下。

安全预防

闪电不会在同一个地方发生两次，这种说法对吗？

这种说法绝对是错误的。纽约的帝国大厦就是闪电击中就不止一次的例子。在雷暴季节里，帝国大厦上面的塔楼被击中过几十次。

雷电袭击的频率是多少？

平均说来，全世界每一秒钟大约发生100次闪电。大部分的闪电发生在云层中，只有少部分的闪电到达地面，所以每秒钟有大约25次闪电击中地面。

发生闪电时，为什么汽车里总是最好的躲避地点？

这并不是因为汽车有橡胶轮胎！许多人认为当闪电击中地面时，汽车的橡胶轮胎提供了绝缘的环境。如果事情真是如此的话，难道雷雨天骑自行车也能从橡胶车圈得到绝缘的保护吗？当雷雨天气到来时，车里是最安全的地方，这是因为大多数的汽车有金属车身，它的作用相当于法拉第屏蔽，能将所有的电荷隔在汽车外部。既然电荷没有进入汽车内部，车里面的人就可以保持中性和安全。所以保护车内人不受闪电伤害的是金属车身，而不是汽车的橡胶轮胎。

如果飞机被闪电击中会发生什么情况？

飞行员会尽力避免雷暴，但是如果飞机真的被闪电击中，里面的乘客也会绝对安全，因为飞机就像一个法拉第屏蔽，保护人们不受大量电荷的伤害。20世纪80年代美国国家航空航天局做了大量的研究，他们让战斗机飞入雷暴中，看看闪电会对飞机产生什么样的作用。科学家很快发现飞机对雷电起到促进作用，因为飞机在云层产生的电场中形成了压缩，引起闪电不断击中飞机的金属外壳。

如果遭遇了暴风雨，你应该做些什么？

雷雨天气最安全的地方是建筑物中（在建筑物中也应该远离电话、电视、管道和能发出辐射的物体）以及汽车中。但如果不能躲避到这样的环境里，应该采取下述的预防措施：

蜷缩在地面较低的区域，不要用手接触地面。如果闪电击中了地面，电流的斜向流动会击中你。如果你的脚在地面上（特别是当你穿着胶底鞋时），可以减少通过体内的电量。如果因为受伤而必须躺下时，要将自己蜷缩成一个球形。将所有金属物体都拿开，除非这个金属物体有法拉第屏蔽功能。远离单独的高大的树木。避免小山或大山的山顶以及河流或田野等开阔地。如果在湖里或海里，要立刻上岸。如果离岸边很远，要立即躺在船里，并远离金属杆或天线。

避雷针

避雷针如何能使大树和房子不受闪电的破坏？

避雷针是安装在树上或屋顶上的保护物体的带尖的金属杆。避雷针通过一根金属丝与地面相连，它可以促进并阻挡电击。在雷雨天气时，云层需要地面的正电荷，而避雷针通过将尖部正电荷释放出去的方式避免雷击。如果避雷针不能提供足够的正电荷，云层中的负电荷会被吸引到避雷针上，从而产生由闪电带来的闪光。因此，当避雷针不能阻碍电击时，它可以将闪电吸引过来，从而避免闪电击中树木或者房屋。

如果避雷针与接地线没有连接好，就会增加建筑受雷击的危险。如果这些沉重的接地线变松了，当闪电击中避雷针时，电流会通过建筑物的表面流向地面，从而引起火灾。疏于日常的维护可能会造成避雷针连接出现问题，所以明智的做法是要经常检查避雷针的连接情况。

谁发明了避雷针？

本杰明·富兰克林发明了避雷针，用来保护房屋和树木不受闪电的破坏。

为什么在雷暴天气里不能站在树下？

在雷暴天气，许多人站在树下避雨。然而，这会引起可怕的后果。1991年的春天，因为发现天空出现了闪电，华盛顿特区的一个中学推迟了曲棍球比赛。许多观看比赛的人跑到树下避雨。几秒钟之后，闪电击中了树木，造成22人受伤，一名15岁的学生丧生。

树木是地表较高的物体，它将正电流释放到空气中吸引云层中的负电荷，从而形成闪电。人们站在树下打着伞，摇晃高尔夫球棒或者用铝棒击球时，就仿佛成为避雷针的一部分。

电　流

▶ 谁是路易吉·伽尔瓦尼?

意大利生理学家路易吉·伽尔瓦尼(Luigi Galvani,1737—1798)以他偶然发现了电流而闻名于世。他当时并不是想要找到产生电流的方式。事实上,18世纪80—90年代,人们甚至还认为不可能存在持续的电流。伽尔瓦尼证实了持续电流的存在。他将两个带电的探针接触到死去的青蛙的腿之后,青蛙腿会抽搐。他认为这个实验的结果更像是一个生理学的发现而不是物理或电学的发现。

▶ 伽尔瓦尼的实验对亚历山德罗·伏特(Alessandro Volta)有什么帮助?

亚历山德罗·伏特是伽尔瓦尼在博洛尼亚大学的同事,他证明了这种抽搐并不仅仅是生物学现象,他认为这是由于两个带电金属探针碰触青蛙的肌肉所产生的电流。根据伏特的研究,青蛙的肌肉起到了电流导体的作用。伏特成功证明了电流不是由神经产生的,而是由两个不同的金属产生,由肌肉作为导体形成的电流。

▶ 伽尔瓦尼实验最重要的结果是什么?

伏特从伽尔瓦尼偶然性的实验中得到的知识促进了伏打电堆的发展。伏打电堆提供了一种生成可维持电流的方法。

▶ 什么是伏打电堆?

伏打电堆是最初的电池,由亚历山德罗·伏特在18世纪末期发明。在银和锌的金属电极之间，伏特用一个蘸过盐水的纸板将金属分离并导电。他发现电子通过铜丝从锌电极转移到银电极上。伏打电堆是如今干电池的前身。伽尔瓦尼和伏特在18世纪末期的发现使科学研究从静态电学发展到电流的新领域。

▶ 什么是电流?

电流被定义为正电荷的流动。它的测量单位是安培，表示1秒钟之内通过金属丝的电荷量。为了能够产生电流，电源（如电池或发电机）是必需的。

▶ 什么是伏特数?

伏特数是以亚历山德罗·伏特的名字命名的，是指一个物体或电池的位差。为了能够产生电流，必须存在电位差使电可以流动。这个概念与水的流动相似，电从高位能流到低位能，就像是河水从海拔高的地方流到低的地方。在电路中，电池是电位差的来源。电池的正极端子具有高位能，电流通过电路流向电池的负极或低位能区。

电　阻

▶ 什么是电流的电阻?

所有的物体在运动中都有摩擦。电子也是如此，我们将电子受到的摩擦力称为电阻。电阻使电荷的移动减慢并引起金属丝或其他电导体的发热。当电阻较高时，温度可以升高到能点亮灯泡或者启动烤箱。而另一方面，电阻也是有害的，当电阻过大时，会将一些电器设备烧坏。

▶ 决定金属丝具有多大电阻的4个因素是什么?

金属丝的电阻由下面4个因素决定：

电阻器的长度（金属丝越长，电阻越大）。

电阻器的横截面面积（横截面面积越小，电阻越大）。

电阻器的温度（温度越高，电阻越大）。

电阻器材料的属性（自由电子的数量越少，电阻越大）。

▶ 电阻器上的色带代表了什么？

如果你曾经拆开过电器设备，你也许会看到小的圆柱形组件，它们的上面有4个色带。这些色带代表了电阻器的特定电阻值。当电气工程师想要知道需要多大电阻能加速或减慢电路中的电流时，这些色带就显得尤为重要。电阻器上的每一个色带代表了特定电阻器的特定电阻值或倍加系数。前两个色带代表第一和第二个重要的数字。第三个色带代表倍加系数。第四个色带代表电阻器的精确性或百分误差。比如说，如果一个电阻器有橙色（代表3）、蓝色（代表6）、黄色（代表10%）和金色（代表5%）的色带，它就有36×10^4的电阻值，误差的极限为5%。

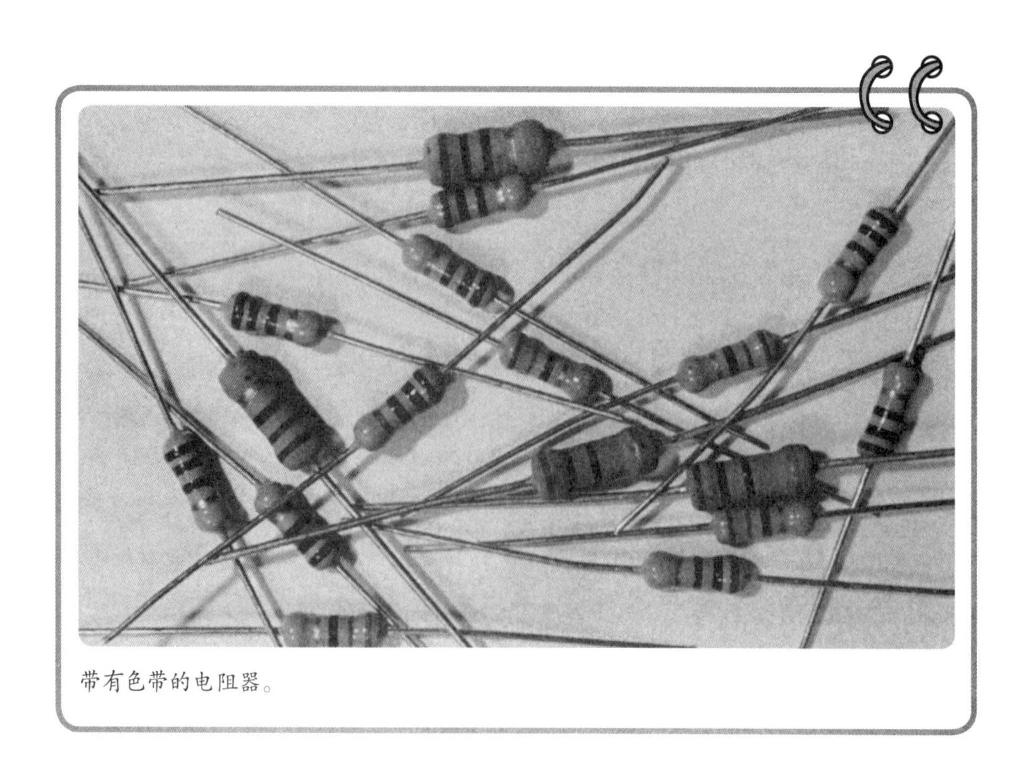

带有色带的电阻器。

超导体

什么是超导体？

超导体是电流通过时电阻为零的导体。如果电在没有阻力的情况下传输，所有的电气系统将更好、更节能地运行。有些物质在极低的温度下能达到没有电阻的状态，这些物质就可以用来作为超导体。这些物质包括铝、铅和铌。然而，制陶术的发展使许多超导体材料不需要被降温就可以达到低界点。这项进步是极其重要的，目前要制造一个超导体就不需要大量的能量了。

陶瓷超导体。

谁发现了超导电性？

制造一个没有电阻的材料看起来是不可能的，但是荷兰物理学家海克·卡末林·昂内斯（Heike Kamerlingh Onnes）在1911年证明了这种想法是可能的。他将不同物体（包括水银）的温度降低，接近绝对零度。然后在低温下测量了不同物质的电阻，他发现水银在只有4.2开氏度时（−277.2℃）对电流有零电阻。

人们发现了超导电性后发明和发展了哪些技术？

核磁共振成像（MRI，一种不使用有害放射线检测人体的方法）、地质敏感器（定位地下石油）、粒子加速器（通过粉碎亚原子微粒揭示物体的基本结构）等技术都是在人们发现了超导电性后发明和发展的。

在科学领域，超导电性的发展前景如何？

超导电性技术的进一步发展对依赖电学和磁学的技术有重要影响。在不远的未来，超导体也许会被用来生产、传输和储存电。它可能还会被用来探测电磁信号，保护人们不受功率突增的影响，帮助发展质量更高、信息传送更快的手机技术。未来要发展的技术还包括超导磁悬浮列车和超高速计算机。

谁在超导电性领域做出了重大贡献而获得了诺贝尔奖？

3位美国的物理学家约翰·巴丁、利昂·N.库珀和约翰·罗伯特·施里弗解释了为什么某些特殊的物质具有超导电性。他们因对弹道计算机系统的超导电性所做的研究获得了1972年的诺贝尔奖。

15年之后，另外两个科学家乔治·贝德诺兹和亚历山大·缪勒在相对于超导体过高的温度下发现了电阻为零的超导电材料，并因此获得了1987年的诺贝尔奖。他们发现的这种陶瓷材料可以在35开氏度下成为超导体。在当时，很多科学家都认为对于超导体来说这是个相当高的温度。

电压可以让人感觉到电击吗？

发电站和开关盒上经常有这样的标记“小心：高压区”，这并不意味着高压可以伤害你，是电流传输到你的身上对你造成严重或致命的伤害。范德格拉夫发电机产生的电压能达到成千上万伏特，但能产生火花的少量的电流只能让肌肉感到刺痛。

欧姆定律

电流、电压和电阻的单位和符号是什么?

术　语	单　位	单 位 符 号
电流(I)	安　培	A
电压(V)	伏　特	V
电阻(R)	欧　姆	Ω

电压、电流、电阻的值有怎样的相互关系?

电压、电流和电阻形成了电路的基本定律。18世纪早期,德国物理学家乔治·西蒙·欧姆(Georg Simon Ohm)总结出了以他名字命名的定律。他发现了电压、电流和电阻之间的关系,并且根据这种关系推导出了公式:电压=电流×电阻。

人的身体对电流产生多大的电阻?

大体说来,根据人体的自身特点,电阻的范围在30万~70万欧姆之间,所以要使人受到致命的电击相对来说是比较困难的,除非我们自己降低电阻。比如说,当我们将身上弄湿时就会使电阻减至几百欧姆。在电阻如此低的情况下,人是很容易被电死的。

多大的电流可以引起疼痛和死亡?

即使是少量的电流通过身体也能带来疼痛甚至是死亡。然而,人体的电阻很难使高强度电流通过。而且电流流经人体所产生的结果还取决于电流在人体中流过的路径。比如,流经心脏和大脑的电流会对人造成极大的伤害甚至死亡。如果电流只是经过腿、胳膊或其他外在的部分,人受到的伤害会相对小一些。然

而，总体说来，如果要产生略微疼痛的感觉，只需要0.005~0.010安培的电流。0.07安培的电流会将人致死。当然，人的高电阻通常情况下阻止了严重的损害。

电椅。

电椅会产生多少伏特的电？

我们设想电椅能让人在毫无知觉的情况下毫无痛苦地死去。这种想象其实是不现实的，因为电击是极度痛苦和危险的。一般情况下，电椅会使2 000伏特的电流经人体。这并不表示低电压的电流不会引起疼痛或死亡。如果人体的平均电阻为50万欧姆，2 000伏特的电位差将产生不足0.004安培的电流，这种电流只能让人体产生疼痛。

怎样做能增加电流？

既然将人电死的是流经人体的电流而不是电压，为了让犯人在电刑中死去，执行死刑的工作人员要注意几个事项。为了减少电阻，犯人身上安置的两个电极已经蘸过盐水。盐水将皮肤上的电阻减少约5 000欧姆，这可以帮助电的传导。可以在几分钟之内使0.4安培的电通过犯人身体将其处死。

人捕获电鳗时，电鳗真的会发电保护自己吗？

电鳗确实会发射电脉冲将人击昏或电死。电鳗的尾部集结了大量的特殊神经末梢。这些神经末梢能使小电鳗产生30伏特的电，而大电鳗则可发出600伏特的电。除了在捕食过程中使用电击以外，电鳗还会产生恒定的电场用来导航

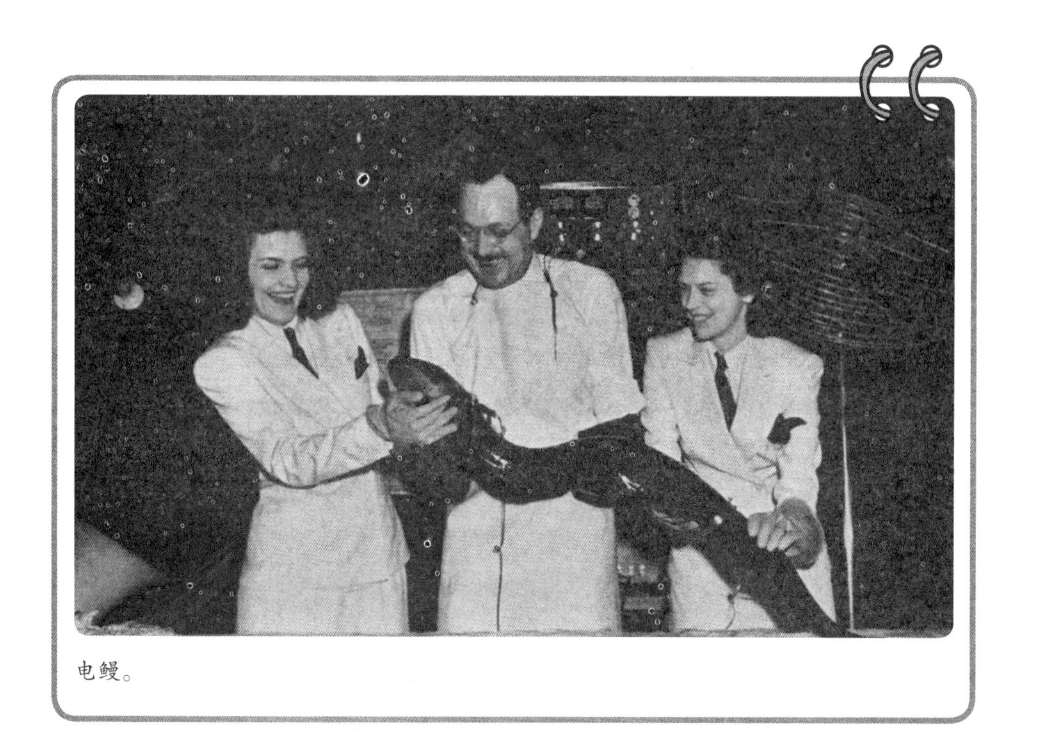

电鳗。

和自卫。然而,大多数人不必担心会遇到电鳗,因为这种鳗鱼只生存在南美的河流中。

为什么落在电线上的鸟不会被电死?

鸟落在绝缘的电线上是处于同一电压下,如果它接触两个不同电压的物体,它就会被电死。比如说,如果鸟同时碰到了电线(高压)和地面(低压),巨大的电流就会将鸟电死。人也可以安全地悬挂在电线上,只要他没有接触或接近另一个不同电压的物体,如另一根电线、电话杆、梯子或地面。

为什么许多电工在工作时都“将一只手放在后背”?

许多电工在解决复杂的高电压电路时,都喜欢将一只手放在后背,这是因为如果电工的另一只手碰倒不同电位的物体就会引起火花和电击。而将手放在后面就减少了这种可能。并且,如果电工将手放在后背,电流就很难流经两个手

落在电线上的鸟不会被电死，因为它们只碰到了电线而没有碰到其他不同电压的物体。

臂并径直通过心脏。少量的电流通过心脏也会造成人立即死亡。

瓦特和千瓦

什么是瓦特？什么是千瓦？

瓦特是功率单位。特别是在电学中，它是电功率的单位，人们经常能在灯泡和电路上使用的其他设备上找到瓦特的字样。为了确定电器的功率，科学家应用了公式$P=I\times V$（功率=电流 × 电压）。1 000瓦是1瓦特的1 000倍。

为什么100瓦的灯泡比25瓦的灯泡亮？

瓦特数表明了灯泡的功率。当把两个灯泡插在普通的110伏特或120伏特的电源插座上，比起25瓦的灯泡，更多的电流将流过100瓦的灯泡。灯泡里经过

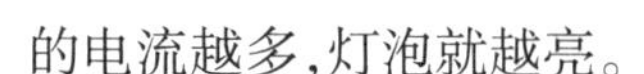

的电流越多，灯泡就越亮。

千瓦和千瓦时有什么区别？

千瓦是用来描述特定装置或建筑物使用的功率，用来测量能量被消耗的比率。它的计算方式是将电器或灯泡需要的电流与电压相乘。电力公司并不在意你使用电能有多快，他们关注的是你使用了多少能量。因此，电力公司将以你使用的千瓦时数向你收取费用。这是你使用能量的总量，并不是能量被使用的比率。

比如说，一个100瓦的灯泡使用了100瓦（或0.1千瓦）的能量。如果这个灯泡持续开了一整个月，灯泡消耗的能量将是0.1千瓦×24小时×30天，一共是72千瓦时的能量。如果一千瓦时花费0.12美元，这个灯泡这个月的花费将是8.64美元。

电　路

制作一个电路需要什么？

欧姆定律表明在一个电路中需要3个不同的变量。第一个变量是提供的电压，或者是电路中的电位差。这可以通过与电池、墙上插座或者电路中的其他电源供应器相连而实现。第二个变量是电流，为了使电流流动，需要用电线将电源供应器与电阻相连并连回电源供应器。第三个变量是电路中需要的电阻。电线、电器设备甚至是电源供应器本身都可以充当电阻。

什么是短路？

当电路中没有足够的电阻时就会产生短路。当两个电线相接触或者电路中电阻器的部分产生分路时，就产生了短路现象。电流的增加使电路温度升高，严重时可以引起电器火灾。

闭路和断路有什么区别？

在电路中使用开关，操作员可以打开或关闭电路。为了产生电流，电路中不能有任何缺口。它必须是从电源供应器正极开始到其负极的完整的回路。否则它就是一个断路的没有任何用途的电路。

怎样做可以避免短路？

当电路中产生短路现象时，大量聚集的电流使温度升高。当电流量过大时，电路就会断开或将保险丝烧断，这时，这个电路就会形成断路。

直流电和交流电

19世纪末期尼古拉·特斯拉对电学做出了哪些重要贡献？

尼古拉·特斯拉（Nikola Tesla）是托马斯·爱迪生（Thomas Edison）的前雇员，对制造和发送交流电第一系统的发展做出了重要贡献，是该领域研究的重要人士。他的成就还包括发电机和特斯拉感应圈（作为电磁无线通信的变压器）的创造与发展。

什么是直流电路？

直流电路是电子只按一个方向移动的电路。大多数的直流电路包括一个电池或电源供应器、电线和各种不同类型的电阻器。

什么是交流电路？

在交流电路中电子并不是向一个方向移动，交流电路在1秒钟之内将电子在电路里前后振动60次。建筑中的墙上插座经常使用交流电路。大多数的电器设备使用的都是交流电路。

为什么交流电比直流电好?

在制订电传输的标准时,关于直流电和交流电的争论非常激烈。争论的结果是交流电更好,这是因为交流电更适合远距离地传输电。用变压器产生高交流电压更容易,而人们在几十年里尝试用相似的变压器产生直流电压却费尽了周折。因此,交流电比直流电更好。

串联电路和并联电路

什么是串联电路?

串联电路里包括一些电器装置,如电阻器、电容器、电池和开关。它们被安装在单线线路上。电流只有一个路径可以通过。如果串联电路中有断路,那么电路上所有的装置都不能使用。

什么是并联电路?

并联电路可以使电流经过不同的分支。比如,3个灯泡可以安装在电路不同的分路上。如果一条分路发生了断路,这条分路上的灯就会熄灭。然而,其他分路仍有电流通过,因此其他的分路上的灯泡仍然会亮。

为什么圣诞树的装饰彩灯是并联电路?

很多年以来圣诞树上的装饰彩灯都是以串联电路相连,这么做的目的是为了节约电线。但缺点是如果一串彩灯上的一个彩灯熄灭,就会造成整个电路的断路,其他的彩灯就都会熄灭。最近,越来越多的生产商制作了并联电路的彩灯,这样的话,即使有一个彩灯熄灭,其他的彩灯仍然会亮。

如果在串联电路上安装了更多的灯泡会怎样?

在串联电路上如果安装了更多的灯泡或其他的电阻器,电流就会经过更多的电阻器,所有的灯泡会黯淡一些。

如果在并联电路上安装了更多的灯泡会怎样?

并联电路的优点是电流会经过各个分路。如果再安装上一个带有灯泡的分支,电流就会多经过一个分路并减少电阻。这就好比在公路上再增加一个车道。马路上的车道越多,拥塞情况就越少。因此,当并联线路上多加了一个灯泡,所有的灯泡并不会变暗。

家庭中使用了串联或并联电路吗?

总体说来,家里和办公室中采用的是并联电路。如果采用串联电路,某个人打开或关闭开关时,整个房间的灯都会被点亮或关闭。为了避免这种不便,家庭中的电路是并联的。因此,当一个灯被点亮时,其他的灯不会变暗。家用并联电路的唯一缺点是太多的家用电器同时在工作,由于电阻减小,流经的电流过多,电路会发生断路或者为了避免引起火灾电路中的保险丝会自行烧断。如果这种事情经常发生,电工就需要在房屋原有的电路上再增加一段。

插　座

许多插座有3个孔,每个孔的作用是什么?

插座上面的两个插孔看起来是相同的,但是它们的作用却是不同的。通常位于插座右侧与黑色金属丝相连的孔是火线。火线(带电导线)流过120伏特的电流,这种电流可以使电器运作,因此火线与电器设备的电路相连。与白色金属丝相连的左侧插孔是中性线。中性线与家用电器电路的另一侧相连,电压为零伏特。应该记住的是,为了让电流动,必须存在电位差。火线和中性线就提供了这种电位差。第三个插孔位于插座的底部,它与绿色的地线相连。

如果用具或电器有三芯插头但是你只有两插槽的插座,这种情况该如何解决?

如果没有适当的插座就不要使用这个电器。确实有一些人将连接地线的插头剪掉或者把三芯插头插入适配器中。这种做法就完全放弃了第三个插头的安全性能。地线是有一定的作用的,完全放弃使用地线将会是危险的。

地线的作用是什么?

地线是一个不能忽视的安全设施。在使用电器或工具时发生了短路现象,如果有地线存在,危险的电流就会通过地线安全地传输到地下。否则,当人碰到电器时,电流就会进入人的身体。有地线存在的情况下,为什么电流会选择地线而不会选择人呢?这是因为地线比人有更低的电阻。

适配器上的绿色金属丝或金属板是什么?

适配器上的绿色金属丝是地线。既然适配器没有使用地线插孔,它就采用了其他应用地线的形式。如果电源插座上安装了地线螺孔,适配器的绿色金属丝就可以安装在螺孔上。采用了这种方式,如果发生了短路,电流也可以通过地线流走。

什么是防高压触电功能?

建筑规范要求在排水口附近区域或能引起电击危害的水源地区采用防高压触电功能(GFI)。该功能可以探测电流的流失,也就是说它可以发现电流通过其他路径流失。当这种情况发生时,防高压触电功能可以在发生短路的一毫

秒之内切断电路。

为什么在浴缸、淋浴或水池附近操作电器设备有一定的危险？

尽管水降低了人身体的电阻，更容易使人受到电击的危险。然而，在这种情况下，真正危险的是管道设备。比如，一个人喜欢在浴缸里洗澡的同时听收音机。如果收音机碰巧掉到浴缸中，水会造成收音机的短路并将电传导到水中。更为重要的是，浴缸的金属管道是与地面相连的，这个路径会产生难以阻止的巨大电流。对于入浴者来说，这就是一个灾难日，而罪魁祸首就是收音机中的电池。

防高压触电功能插座。

发生电击事件时，浴缸中的水一定是满的吗？

答案是“不”。水并不是能引起电击的唯一原因。只要人与带电设施或与金属管这种与地面相连的部分相接触时，就容易发生电击事件。如今人们设计了浴室中的防高压触电功能插座来避免此类事件的发生。但是最安全的方式是尽量避免接触到电器设备和管道。

美国使用120伏的系统，而欧洲国家使用220伏的系统，这是什么原因？

美国是第一个为公民建立广泛用电系统的国家。在开始执行这一系统时，120伏的系统看起来可以为用户提供足够的电压，然而，实际情况是，120伏的电压对于电灯泡这样的电器都不足够。几年之后，当欧洲国家开始安装电线系统时，技术的进步允许他们使用更高的电压。因此，欧洲的标准是220伏，而美国仍然使用120伏的电压。

电 灯 泡

谁发明了电灯泡？

从金属丝中获得光的第一人是英国化学家汉弗莱·戴维（Humphry Davy），19世纪早期，他以在电弧领域所做出的贡献闻名于世。他的突破性发现是创造了第一个电光。他使电流通过一根非常细的铂丝而产生了电光。这个实验所产生的电光不实际也不实用，但是他的研究为其他研究电灯的人开拓了道路。

托马斯·爱迪生在电子照明领域做出了哪些贡献？

尽管他没有发明第一个电光，但他却发明了第一个实用的电光。在某种意义上来说，他发明的灯泡比同时代其他灯泡能多持续几个小时。1878年，爱迪生将炭质灯丝放在一个真空封闭的玻璃容器中，从而发明了他的电光。

托马斯·爱迪生和他发明的电灯泡。

托马斯·爱迪生在电学方面还做出过哪些贡献？

托马斯·爱迪生对于电学和电灯泡的使用做出了许多贡献，其中包括为电灯泡设计并联电路的计划。如果灯泡以串联形式连接，每增加一个新的灯泡，每个灯泡的亮度就会变暗一些。在并联电路中，人们可以在电路中增加更多的灯泡而不会降低其他灯泡的亮度。

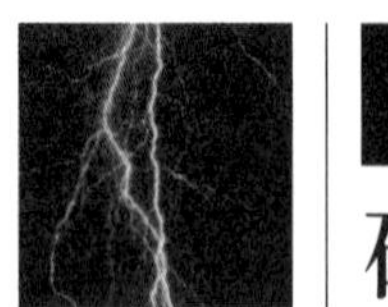

十一 磁学、电磁学和电子学

磁　学

什么是磁力？

正像两个带电的粒子之间存在电力，两个有质量的物体之间存在万有引力一样，在两个磁极之间存在着磁力。磁体的两极分别是北极和南极。孩子们在玩有磁性的玩具时就知道北极和南极相互吸引，而相似的磁极相互排斥。

磁体由类似于铁这种材料中极小的、成直线的、有磁性的磁畴构成。磁畴是带电的原子，每一个都有南极和北极，方向一致。磁畴从头到尾成一直线，为物体提供磁性。换句话说，磁畴本身就是磁体，也可以经拼凑形成更大的磁体。

另外，磁力也能由电产生。带电线圈是一个磁场。磁场由金属线中电子的匀速运动形成。因此，也可以说，产生磁力的关键是电子的匀速运动。

当一个磁体被切成两块时会怎么样？

如果一个磁体被切成两段，磁体中的磁畴会保持成直线不变，因此就会形成两个磁体，每一段磁体都有自己的南极和北极。物理学家一直在寻找磁单极子，磁单极子是只有一个磁极的磁体，虽然关于这个问题存在一些争论，但是现在人们仍然在不懈

自从古中国、古罗马和古希腊时期起,人们就意识到了磁力。磁铁包括铁矿石或者磁铁矿,在这些古老的文化中,人们发现了磁铁可以吸引其他的磁铁。

地寻找这种磁体。

谁第一个将磁体用作指南针?

虽然一位名叫彼得鲁斯·佩里格林纳斯(Petrus Peregrinus)或者"朝圣者彼得"的法国人在1269年出版了几本关于磁体用途与特性的科学著作,但是在他进行研究之前很多年,中国人就已经将磁体用于导航了。

地球磁场是如何确定方向的?

就像我们观看指南针时所看到的,地球磁场是指向南北方向的。地球磁场从南极附近地区射出,平行于地面传播到地球的北极。

指南针的北极指向北方吗?

当一个指南针自由旋转时,因为被相反的磁极所吸引,它受到扭转力的作用而产生旋转。当我们看指南针时,我们说指南针的北端指向北方。然而,指南针的北极从来都不能被地球的北极所吸引,因为只有相反的磁极才会相互吸引。因此,我们说的北极实际上是指南针的南极点。换句话说,指南针的"北极点"实际上是地球这个巨大的磁体的南极,而指南针的"南极点"实际上是地球的北极。

哥伦布1492年横渡大西洋时发现了什么？

当哥伦布使用指南针时，他发现指南针的北端与星星指示的北方好像有一点儿不同。哥伦布发现，随着他横渡大西洋，指南针的指向产生了越来越多的变化。哥伦布由此发现了磁偏角。

地球为什么被磁化？

没有人能绝对确定地球磁场是如何产生的。一些科学家认为地球内部炽热的地核是不完全的金属，通过内部电荷的运动产生了一个磁场。

地球磁场一直保持稳定不变吗？

通过对地壳内的铁矿石和海底沉积物中的铁矿进行观察，地质学家推测，地球磁场在过去的350多万年里大约反转了9次，并且在几千年后，地球磁场的方位和强度可能还会发生变化。实际上，自从1831年以来，北磁极已经朝着地球北极移动了800多千米。

什么是磁偏角？

磁偏角是北磁极与地球北极之间的角度差异。地球北极是地球的旋转轴的位置；指南针指向的北磁极是不固定的，因此不能精确地指明地球北极。当时人们没有注意到这个细节是因为欧洲的任意两个地方之间的距离都很近。但对于像哥伦布横渡大西洋这样长的距离却变得很明显。非常有趣的是，关于这一发现，哥伦布没有向他的船员透漏一点消息，因为他怕船员们会因为恐惧而放弃航行。

地球磁场对地球上的生命重要吗？

地球磁场对地球上的生命是非常重要的，因为地球磁场能帮助偏转和反射有害的宇宙射线和太阳风；如果我们完全暴露在这些射线和风中，会对我们造成极大的伤害。当地区磁场反转时，只剩一点儿或者完全没有磁场存在。在过去，一些科学家认为磁场反转可能是恐龙灭绝的原因。

指 南 针

▶ 指南针是如何制作的？

指南针是一根有磁力的针，它被放在有低摩擦的枢轴转动点上。有时这根针被放在装有液体的容器中以避免针随意转动。有磁力的针通过地球磁场的南北极方向进行调整，使用指南针的人通过观看指南针来确定方向，在指南针的容器上有360°的标记，用来表明距离北极的方向有多远。

▶ 指南针在指北的同时，有时会指向下方吗？

千百年来，使用指南针的航海者们注意到，在海洋上，指南针除了指向北

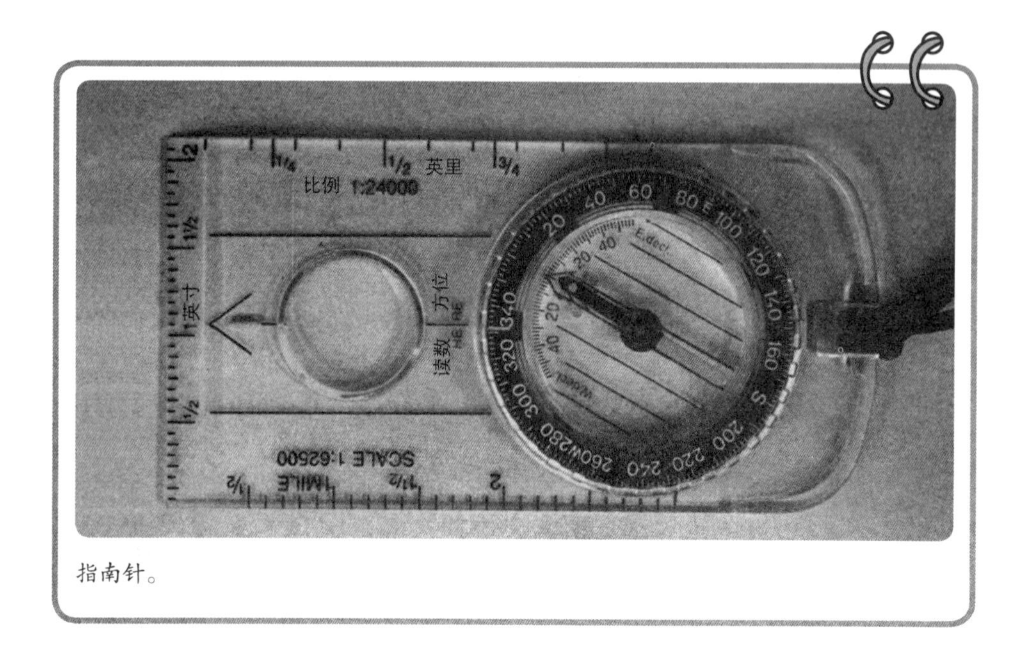

指南针。

之外还指向下方。这个几百年来未被解释的现象，被一位名叫罗伯特·诺曼（Robert Norman）的指南针制作者理解并进行了阐述。他发现在地极上空飞行时，指南针的一端会因为飞机下方的磁极对指南针产生吸引而指向下方。他试着通过使指南针垂直来解决这一问题，这个实验使他发现了磁倾针。

什么是磁倾针？磁倾针与指南针有什么相似之处？

磁倾针就像一个普通的指南针，只不过它是被垂直地使用，而不是像普通指南针那样水平地使用。像指南针一样，磁倾针是被用于航海的有磁力的针，但它主要是在航行到南极或北极的时候使用。磁倾针测量垂直磁偏差而不是水平磁偏差。在赤道上空时，地球磁场是与地球表面平行的。然而，当人们靠近两极时，他们很少依靠指南针，而更多地依靠磁倾针来确定离地极有多近。离地极越近，磁场就变得越垂直，这是因为地球表面的旋转造成的。因此，当在地极上方时，磁倾针指向下方。

指南针指向南极和北极吗？

指南针指向磁极而不是地球的地极。实际上，地极与磁极相互之间有很大的距离。磁北极就是指南针感应到的极点，位于加拿大的东北部。而磁南极在澳大利亚的南海岸。地极实际上是地球旋转轴的位置。

电　磁　学

人们发现电流和磁力之间有怎样的关系？

人们在很偶然的情况下发现了电流与磁场之间的密切关系，这种偶然又存在一点尴尬。1819年，丹麦物理学教授汉斯·克里斯蒂安·奥斯特（Hans

Christian Oersted）做了一个演讲，证明在电流和磁力之间没有任何关系。他在演讲中进行了一个演示，他将指南针与一个带电金属线相邻。然而令他失望的是，当他拿起指南针并将它保持在金属线的上方时，指南针改变成东西方向，这表明金属线产生了自己的磁场。这种变化确实使奥斯特很尴尬。

▶ 奥斯特的发现对科学有怎样的影响？

金属线里的移动电荷能产生磁场的这一事实在科学界引发非常大的刺激和热情。一位名叫安德烈·玛丽·安培（Andre Marie Ampere）的法国物理学家和数学家以奥斯特的演示为基础做了一系列的试验，他的研究帮助铺平了电磁学发展的道路。迈克尔·法拉第发现，如果放一个磁体在金属线附近，这个磁体引起电荷的流动。法拉第的发现证明了奥斯特的发现是可逆的。不但电流能产生磁场，磁场也能产生电流。

▶ 电流和磁力的关系与电磁波谱有什么关系？

电磁波谱，正像我们在“波”和“光”这两章中所论述的一样，是依赖于奥斯特、安培和法拉第的那些发现。电磁波（包括无线电波、微波、可见光、X射线等等）是由电荷振动产生的。振动的电荷形成一个振动的磁场，磁场反过来产生电场。这些振动以两种相互垂直的横波的形式向外传播，一种是电而另一种是磁，联合在一起叫做电磁波。

电磁学和技术学

▶ 将废弃的汽车吸起的电磁体为什么那么强大有力？

电磁体是被包裹在带电金属线中的铁芯（磁体的主要成分）。当电磁体中的电流被接通时，它将产生一个强大的磁场，确切地说，电磁体产生的磁场比磁铁产生的磁场还要强大。这样强大的磁场可以使人们非常容易地将类似钢铁汽车这样的巨大的金属物体从一个位置移动到另一个位置。

电视是如何利用电磁原理的？

电子使屏幕发光形成图像，这就是我们看到的电视图像。为了在屏幕上产生一个可识别的图像，每个电子都需要被发送到屏幕上的特定位置。为了实现这一点，电磁体被用来使电子在电视显像管中上下左右地移动。这些电磁体只不过是一些铜线圈，通过它们的电流数量是变化的，这种变化的电流数量改变了正在运动的电子的磁偏转次数。成千上万个被移动的电子结合到一起生成了电视屏幕上的画面。

扬声器使用电磁体吗？

扬声器的后面是一个具有金属线圈的永磁体。这个被连接到扬声器的锥形物（振动的、像纸一样的黑色物质）上的磁体，根据通过电磁体里金属线的电流的方向和强度前后移动。在磁体的锥形物上来回经过的电流，通过压缩和稀疏扬声器周围的气体分子产生声音。

金属探测器的工作原理是什么？

常见的金属探测器是由金属线圈构成的，这些金属线圈叫做螺线管，它携带电流。无论什么时候，只要金属接近这些线圈，金属的磁性就会改变金属线圈中的电流从而引发警报。

当一辆汽车停在交叉路口时，路口的交通灯是如何感知的？

在美国，许多交通灯是由于车辆的接近而引起改变的。这个原理与金属探测器的原理类似，在交叉路口汽车所停位置的马路下方也有带电线圈。当有足够数量的金属在线圈上方通过时，引起电流的变化，电流的变化引起交通灯的改变。

什么是磁悬浮火车？

磁悬浮火车与普通火车不同，它利用电磁力将火车从轨道上抬起并沿着细的有磁力的轨道向前推进，磁悬浮火车能加速到300英里/小时（500千米/小时）。虽然美国当前还没有使用磁悬浮技术，但德国和日本在这一领域进行了大量的研究。

▶ 磁悬浮运输的两个主要形式是什么？

德国人研制了一个电磁体装置，它可以将火车底部抬高到轨道上方1.5厘米处。这个装置很难保持稳定，但被成功地应用于比较慢的通勤火车系统中。

对于磁悬浮技术，日本人使用了略有不同的方法。通过在火车车身下使用超导电的电磁体，流过轨道里线圈的电流使火车漂浮在轨道上方15厘米处。这种类型的火车就是众所周知的低空飞行火车，只有在速度超过100千米/小时的时候才能漂浮。否则，这个火车仍然需要依靠普通的车轮行进。

▶ 发动机和发电机之间有什么差异？

在每一个设备中，磁体和金属线圈都是被用来把一种类型的能量转变成另一种类型的能量。

发动机利用电能产生机械能。使用发动机的电器科学设备将电流发送到磁场里的金属线圈中。磁场引起线圈旋转产生机械能。发动机能使风扇旋转，可以使头发干燥器吹出热空气，或者使搅拌器的刀片转动起来。

发电机做的与发动机正好相反：发动机把电能转化为机械能，而发电机把机械能转化成电能。当建筑物中的正常电力失灵时，常常会使用紧急情况下的备用发电机。发电机消耗由燃料动力发动机产生的机械能，旋转磁场中的金属线圈，结果迫使电子流动产生电流。

生物磁体

▶ 磁体能帮助减少疼痛吗？

“生物磁体”是价格在25~500美元之间的微小磁体，它的价格取决于磁

体的尺寸和强度。制造商的主张是，磁体产生的磁场使血管中的正负带电粒子更快地流动，这样就升高了血管里的温度。血管温度的升高使血管膨胀，从而增加血管的表面积并加速血液循环，因此加快了疾病的康复并减少了疼痛。

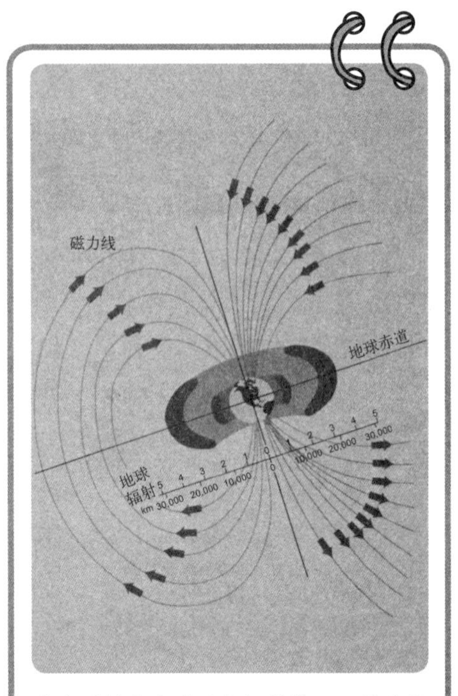

地球磁场产生的两个辐射带——范艾伦辐射带以及地球磁力线的示意图。

什么人使用生物磁体?

虽然生物磁体没有得到美国食品及药品管理局的认可，而且许多医生仍对其持有怀疑态度，可另外一些人（特别是运动员）极其信赖它们的效果。许多高尔夫球运动员、棒球运动员和足球运动员使用这些磁体来减轻后背的疼痛和其他由于运动引起的疼痛。实际上，许多人都购买了生物磁体。尽管许多人都相信磁体的治疗作用，但是目前还没有正式独立的科学研究来证明或者反驳这一说法。

范艾伦辐射带

什么是范艾伦辐射带?

在地球磁场中，有两个特别的地带。在这两个地带，来自太阳风和宇宙射线的电子和质子被完全限制在磁场线与地球的大气层之间。这是因为带电粒子占用了它们通过磁场的路径，除了这个被称为范艾伦辐射带的环形地带，它们无法移动到其他地方。这两个地带集中在赤道周围，并且越靠近两极越细。这两个地带被定位在地球表面上方3 200千米和1.6万千米的地方。

为什么地球的南极和北极不存在范艾伦辐射带?

在赤道,地球磁场与地面平行并且来自太阳风的电子和质子能被限制在磁场线与大气层之间。然而在两极,磁场与地面是垂直的,因此不能阻碍电子和质子。来自范艾伦辐射带的粒子能到达两极地带。它们穿过大气层并产生叫做极光的自然光奇观。

极　光

极光与范艾伦辐射带有什么关联?

当太阳上发生较大范围的日晕或者太阳风暴时,携带电子和质子的太阳风攻击地球磁场。结果,地球磁场被轻微地压缩,并且有时使范艾伦辐射带中的电子和质子进入两极周围的高层大气中。通常在日晕期间,有更多的粒子从太阳风中分离出来,这些粒子往往具有更高的能量。这些带电粒子刺激大气层中的气体分子并产生可见光。这些光在夜空中形成灿烂美丽的光辉。

极光在南北半球有不同的名字吗?

在北半球,极光被称为北极光,而在南半球,极光被称为南极光。

电　子　学

什么是电子学?

电子学是物理学中处理电子和其他电荷的载流子的流动的一个分支。电荷的流动就是众所周知的电流,并且电流行进的封闭的路线叫做电路。电子学的研究对现代技术的发展和应用起到了十分重要的作用。

什么是晶体管？

在大多数电子设备中，小而便宜的晶体管取代了电子管的地位。第一个晶体管是在1947年由3位美国电子工程师发明的。晶体管是许多电路中最重要的组成部分之一，它控制电流流经电路的特定区域，使晶体管起到一个放大器的作用。当多个晶体管连接到一起时，它们被用来在电子计算机、计算器和其他电子设备中储存信息。

什么被看作是电子学的出现？

1879年，英国物理学家威廉·克鲁克斯（William Crookes）设计了第一个原始的电子管，它由一个装有低压气体的玻璃管构成。在玻璃管里有两个电极，会产生电子引起的白光。克鲁克斯发现由电子管产生的电子能被电子管周围的磁场上下左右地移动。这个电子管后来被叫做阴极射线管，它导致了收音机、电视机和电子计算机的发明。

什么是半导体？

半导体是一种能起到绝缘体作用的材料，但如果将它制造成导体，它也可以允许几瓦特的电流（通常少于10瓦特）通过。半导体的性能是由所获得的电压的应用决定的。类似锗和硅这样的半导体只具有很少的自由电子，这些自由电子能自由地在这个材料中流动；这些材料被用在电子元件中，可以改变电子的强度和流动，这些材料经常可以在晶体管中找到。

什么是集成电路？

集成电路是电子计算机和其他电子设备的“心脏”，它包含成千上万有时甚至是数百万的晶体管和其他电子元件。1958年，两名美国电子工程师发明了集成电路，这两名工程师是杰克·基尔比（Jack Kilby）和罗伯特·诺伊斯（Robert Noyce）。电路出现最初被称为单片集成电路，由于技术发展迅速，自集成电路出现以来，每过几周它们就会变得更快、更小、更便宜。实际上，如今在计算器、移动电话和电子计算机中所用的集成电路只在几个月后就会被认为是速度缓慢的过时设备。正是新型快速集成电路的不断更新和发展才使得消费者跟上了技术发展的脚步。

电子计算机

我的书桌上有一台计算机……但究竟什么是计算机？

数字计算机是一个可编程的电子设备，它用极快的速度精确地处理数字和字符。目前使用的计算机有多种形状和尺寸，有家用台式微型计算机、小型计算机和超级计算机。超级计算机是这些计算机中功率最强大的。美国国家航空航天局这样的机构就使用超级计算机，它每秒钟能处理上亿条指令。数字计算机对社会产生了巨大的影响；它以各种不同的形式应用于各个领域：从宇宙飞船到工厂；从卫生保健系统到远程通信；从银行到家庭预算，各个领域都不能缺少计算机。

第一台自动化计算机是谁制造的？

1833年，查尔斯·巴贝奇（Charles Babbage）在计算仪器基础上进行改良并制造了差分机。这是一个自动化程序控制的机器，能够实现所有类型的算术功能。差分机具有现代计算机的所有基本部分：输入设备、存储器、中央处理器和打印机。对于输入和程序设计，巴贝奇使用了穿孔卡片，这种想法借鉴了约瑟夫·雅卡尔（Joseph Jacquard）1801年将穿孔卡片用于旋转织布机的创意。

尽管差分机作为现代计算机的原型已经被记载在历史上，可是直到现在人们都没有制造出全尺寸的差分机。阻碍因素是缺少资金以及严重落后于巴贝奇梦想的技术。即便是制造出了全尺寸的差分机，考虑到它是由蒸汽机提供动力以及纯粹的计算组件，它的运算速度也不会太快。巴贝奇在1871年逝世，在那之后不到20年，一位名叫赫尔曼·霍尔瑞斯（Herman Hollerith）的美国人使用了全新的

技术——电，当时他向美国政府提议制造一个用于人口普查的机器。霍尔瑞斯的电动机械设备只用了不到6周的时间就系统地计算出了美国1890年人口普查的结果，而美国1880年人口普查花费了人们7年多的时间。相对比来说，这是一个巨大的进步。霍尔瑞斯后来创建了一个公司，这个公司就是现在的IBM公司。

第一台电子计算机是哪一台？

第二次世界大战是电子计算机发展到第二个重要阶段的主要原因。这个阶段出现了英国人制造的具有特殊用途的巨人电子计算机，这种计算机的功能是破译德国的电码；之后出现了马克1号（MARK），是由哈佛大学的霍华德·艾

数字计算机的发展历程就是对节省劳动力的设备不断探索的过程。它的来源可以从17世纪的运算机器追溯到罗马商人用于计算的卵石（拉丁语中叫calculi），再追溯到公元前5世纪的算盘。这些早期设备尽管都不是自动的，但是在最初由人力进行而又容易出错的数字计算领域起到了很大的帮助作用。

到19世纪早期，随着工业革命的顺利进行，数学数据中的错误引起了人们的关注。比如说，错误的航海图造成了频繁的船只失事。这样的错误引起了杰出的英国数学家查尔斯·巴贝奇的愤怒。他坚信用机器进行数学运算比人更快、更精确，巴贝奇在1833年制造了差分机的小型模型。差分机的数学功能是有限的，但是除了用手去旋转这个模型顶部的把手外，它能在没有任何人为干扰情况下编制和打印数学表。尽管英国政府对差分机的制造极为重视并投资了1.7万英镑制造全尺寸差分机，但这个差分机并没有建成。

肯（Howard Aiken）制造的一台巨大的机电设备；还有电子数字积分计算机（ENIAC），它仍然是一台巨大的机器，但由于它完全使用电，因此比马克1号更快。电子数字积分计算机是由宾夕法尼亚大学的约翰·莫奇利（John Mauchly）和J.普雷斯伯·埃克特（J.Presper Eckert）指导制造的，共花费了40万美元，这台计算机控制着1.8万个电子管。如果将电子数字积分计算机的电子元件相隔两英寸一个挨着一个地平铺开，它们可以覆盖一个足球场。

谁改进了电子数字积分计算机？

理论上电子数字积分计算机是一般用途的计算机，但从一个程序向另一个程序转换时，不得不将机器上一部分拆卸下来再重新进行连接。为了避免这道烦琐的工序，匈牙利裔美国人约翰·冯·诺依曼（John von Neumann）提出了存储程序的观念——那就是，采用与存储数据相同的方式编写程序并将其保存在计算机中以备将来使用。之后计算机能够通过指令转换程序，而且编写的程序彼此可以相互关联。在编写程序的过程中，诺依曼提议使用二进制数——0和1——而不是十进制的0到9。因为0和1与电流的开或关的状态一致，所以计算机设计被大大地简化了。

诺依曼的观念体现在1949年英国制造的延迟存储电子自动计算机（EDSAC）和宾夕法尼亚大学的电子数据计算机（EDVAC）中，随后，20世纪50年代的通用自动计算机（UNIVAC）和其他第一代计算机中也应用了这一概念。用如今的标准衡量，所有这些机器都是巨大而缓慢的庞然大物。从那时起，编程语言和电子学的发展（比如晶体管、集成电路以及微处理器）将计算机发展到了我们现在所知的样式——从超级计算机到体积越来越小的计算机样式。

现在的微处理器有多快？

从开始写这本书到你读到它的这段时间，新的计算机微处理器的平均速度是原来的2倍。微处理器技术的发展趋势是每18个月微处理器的速度就会变为原来的2倍。这个技术允许微处理器使用越来越小的晶体管。同时，用来制造这些集成电路的材料和技术也在不断发展。据估计，如今的微处理器大约比20世纪50年代末期发明的第一个微处理器快10万倍。

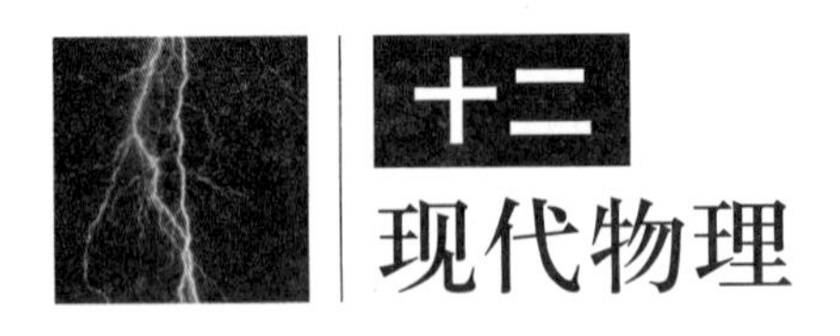

十二 现代物理

物质的基本要素

什么是物质?

物质是占有一定空间,并且具有质量(或者重量,重量是具有质量的物体所有的地心引力)的任何事物。物质与能量是有区别的,能量使物体运动或产生变化,但能量本身并没有体积和质量。质量和能量相互影响,并且在一定的条件下有相似的表现,但在大部分情况下,这两者是相互独立的物理现象。然而根据爱因斯坦等式$E=mc^2$,质量和能量可以相互转换,等式中的E是能量总数,m是质量,而c是真空中的恒定光速。

1804年,英国科学家系统地提出了原子论,原子论阐述了物质的基本属性,并且直到今天,人们仍然在使用原子论。根据原子论的描述,物质由非常小的被称为原子的粒子组成,原子不能被制造也不能被消灭。然而,原子能按照不同的排列方式相互连接在一起形成分子。完全由一种类型的原子构成的物质是一个元素,不同的元素由不同的原子构成。完全由一种类型的分子构成的物质是化合物,不同的化合物由不同的分子构成。纯净的元素或者纯净的化合物通常被归类于纯净物,混合物与纯净物不同,在混合物中,不止一种的原子或分子毫无秩序地混杂在一起。

亚原子微粒

原子是由什么构成的？

尽管人们最初认为原子是不可再分的，但是后来发现它由3种微粒构成：前两种是带正电的质子和不带电的中子，它们几乎包含了原子的全部质量并构成了原子核，第三种微粒是带负电的电子，电子有非常小的质量并分布在原子核的外围。

什么是亚原子微粒？

亚原子微粒是比原子还小的微粒。在历史上，亚原子微粒被认为是电子、质子和中子。然而后来，亚原子微粒的定义被扩展了，它包括基本粒子和所有能被结合构成原子的粒子。

基本粒子是不能被分割为更小微粒的粒子。基本粒子有两种形式。一种是构成物质的基本粒子。电子和夸克（夸克构成质子和中子）就是这种形式的基本粒子。重子和介子是夸克的结合体，它们被认为是亚原子微粒。常见的重子是质子和中子。第二种基本粒子是基本力的介质。这些介质粒子使物质微粒相互影响。例如，有两个男孩想要玩接球游戏。这两个男孩代表物质微粒，正在玩的接球游戏代表基本力。在这个例子中，球代表的是介质粒子。

强子和轻子有什么差异？

最近几年里，越来越多的物理学家发现了新的更小的亚原子微粒。科学家是怎样追踪到这些微粒的呢？在他们无止境的探索中，为了对这些微粒进行分类、整理和简化，物理学家给亚原子微粒创建了“族”。

轻子族，这个名字来源于希腊语的“轻量”一词。轻子族包含通过弱作用力彼此相互作用的粒子。这些微粒总共有6种，负责移动周围的粒子并使它们保持在一起。轻子族的成员有电子、电子中微子、τ 介子、μ 介子、子中微子和中微子。

强子族的名字来源于希腊语的“粗重”一词，通过强大的力和较弱的核动力彼此相互作用，实际上被分为两个亚科：介子和重子。与质子相类似，种子和 π 介子彼此之间有很强的相互作用，它们形成了所有物质的基本要素。

粒子加速

▶ 物理学家怎样发现新的亚原子微粒？

在瑞士的欧洲原子核研究组织和美国伊利诺伊州的费米国家实验室中，科学家设计粒子加速器将类似电子、质子以及其他亚原子微粒的粒子加速到接近光速，使它们能与其他的粒子发生碰撞。在这样高能的碰撞后，物理学家研究碰撞结果或者“粒子指示器”（粒子指示器能显示越来越小的粒子）。正是通过分析这样的粒子碰撞，物理学家发现了新的亚原子微粒。

20世纪20年代，罗伯特·范·德·格拉夫设计出第一个粒子加速器，经历了很多改变和改进。粒子加速器变得越来越大也越来越有效力，它为人们展示出更加广阔的亚原子领域。实际上，直到最近，美国正在得克萨斯州的华兹堡小镇建造一台超高能超导对撞机，这是一个86.9千米（54英里）长的储存环碰撞机的粒子加速器（1994年费用严重超出预算后，人们停止了该加速器的制造）。然而，迄今为止，一些效力最高的粒子加速器包括欧洲原子核研究组织正在制造的16.7英里（27千米）长的大型强子碰撞型加速装置，还有美国费米国家实验室的1万亿电子伏加速器，使科学家得以发现了令人难以捉摸的顶夸克。

▸ 粒子怎样被加速到接近光速？

粒子加速器利用巨大的磁体来引导并加速粒子，这种速度可以达到普通人无法想象的程度。实际上，一些加速器利用了发射机的原理，它们增加粒子的能量，直到粒子在撞到探测器之前达到人们期待的速度。

什么是直线加速器?

直线加速器是直线排开的粒子加速器。当质子被射入到该加速器中时,在电子和质子流经的管道中改变电荷,它沿着2英里(3.3千米)长的轨道加速到能够获得想要的能量。物理学家分析和研究从碰撞中发射出的粒子及其路线。最长、最有效力的直线加速器在美国加利福尼亚州的斯坦福大学。人们专门设计这种加速器来将电子加速到具有极高的能量。

同步加速器与直线加速器之间有什么差异?

同步加速器也被称为同步回旋加速器,使用的目的与直线加速器相同。但是与直线加速器沿直线加速粒子不同,同步加速器利用巨大的磁体沿着环形轨道反复对粒子进行加速。当粒子的速度足够快时,物理学家将粒子送到阴极,在这里他们能观察到粒子的毁灭并有可能发现新的基本粒子。同步加速器的例子之一是美国芝加哥郊区的费米国家加速器实验室所拥有的1万亿电子伏加速器。

美国在得克萨斯州的华兹堡小镇建造超高能超导对撞机时遇到了什么情况?

于1990年开始,预计在1999年完成的超高能超导对撞机(SSC)的制造工程在1994年被美国政府终止了。尽管当时这个对撞机已经完成了将近20%,为了缩减正在增加的国家财政赤字,美国国会在预计花费逐步上升到100亿美元后,终止了这个原计花费80亿美元的超高能超导对撞机的建造。

20世纪80年代后期到90年代,关于得克萨斯州的超高能超导对撞机的制造以及后来的终止一直是热门的争论话题。不考虑这些争论,超高能超导对撞机远远优于当时任何一种粒子加速器。这个周长54英里(87千米)的加速器能加速质子使它们每秒相互碰撞5 000万次。优于其他加速器的另一个长处是它的磁场比美国费米国家实验室的1万亿电子伏加速器增强了一半。这一重要的改进帮助物理学家在粒子物理学领域取得了重大突破,物理学家利用这一技术设计了一个模拟演示,展示了在大爆炸之后的几毫秒时间里发生了什么变化,这

使得物理学家能够对大统一理论的对称性做更深入的研究。

夸　克

什么是夸克？

夸克被认为是所有事物的基本要素。截至20世纪50年代，许多物理学家认为大自然的基本要素是质子、中子和电子。这一概念在1964年发生了改变，当时两位美国物理学家默里·盖尔曼（Murray Gell-Mann）和乔治·茨威格（George Zweig）相互独立地提出了理论，认为存在比质子和中子还要小得多的粒子。他们发现宇宙中最基本的粒子是夸克，而夸克可以分为3种类型：上夸克、下夸克和奇夸克。他们确定这3种“夸克”（这个名字来源于詹姆斯·乔伊斯的小说）是原子核中质子的基本要素。

后来，在亚原子微粒理论中所取得的成就激励粒子物理学家去搜寻第四种、第五种以及第六种夸克的存在。通过粒子加速器中亚原子微粒的碰撞以及观察这种高能碰撞产生的结果，人们已经证明了第四种和第五种夸克是存在的。到20世纪70年代为止，物理学家认为有6种基本夸克，但到目前为止，第六种夸克——顶夸克还没有被发现。

6种夸克每2个在一起被分成3组：“上夸克和下夸克”、“奇夸克和粲夸克”、“顶夸克和底夸克”。另外，每个夸克具有一个叫做“颜色”的属性，可以是红、绿、蓝以及所有的反色。“颜色”这个名字与我们看到的颜色没有任何关系；它只是具有幽默古怪念头的某个人起的名字。夸克具有部分电荷——正负2/3或者正负1/3。3个夸克在一起是重子，而2个夸克在一起是介子。

什么是顶夸克？

到1977年为止，人们发现了前5种夸克。将近20年之后，在美国伊利诺伊州的费米国家加速器实验室，一群物理学家在他们的1万亿电子伏加速器中实施了一系列的粒子碰撞，1万亿电子伏加速器是世界上最强大的粒子加速器，它将质子与反质子彼此相向加速到接近光速。费米国家加速器实验室的科学家们认为他们不得不停止寻找顶夸克的工作，因为顶夸克（即使他们能找到它）可能在10亿次碰撞中只能看到一次，而且持续的时间不超过十亿分之一秒。

1995年3月2日，人们终于找到了顶夸克。费米国家加速器实验室的科学家们几乎用了一年的时间来完成这项任务，就时间上来说，这远远超过了寻找其他亚原子微粒所花费的时间。顶夸克的发现可能是物理学领域近年来的发现中意义最重大的一个，该发现将为科学家提供更多的关于宇宙物质基本构成的线索。

中 微 子

请参见“深层理论”一章中的“膨胀的宇宙”。

什么是中微子？

中微子是理论上假设的粒子，是在放射性的β衰变期间射出的粒子。β衰变是中子衰变成质子和电子的结果，β衰变需要一个中微子来保持平衡。许多年来，科学家想确切地知道被叫做中微子的这种理论上的粒子到底是什么。中微子不带电荷，因此无论出于什么目的和意图都不能探测到。直到人们建立了巨大的地下储罐才探测到了令人难以捉摸的中微子。

为什么要建立地下储罐来获得中微子？

中微子是β衰变的附带结果，它不带电荷，并且有一个未知的质量。实际

上，证明中微子的存在是极其困难的。人们认为每天有数百万以上的中微子穿过我们的身体，但是它们对我们没有任何伤害。将探测储罐建在地下的原因是为了中微子不会被错认为是宇宙射线，因为中微子能穿过地面而宇宙射线不能穿过地面。对中微子的研究是相当重要的，因为许多科学家认为宇宙的90%以上是由中微子构成的。目前，科学家探测到中微子的数量远远没有预计的那么多，令他们惊喜的是当中微子从超新星1987-A中射出时，一个10秒的中微子爆炸袭击了地球和地下储罐。

其他亚原子微粒

什么是胶子？

胶子实际上就像它们的名字一样；它们是与夸克“胶合”在一起的亚原子微粒。当夸克与质子或者中子紧紧地挤在一起时，有非常强的排斥力。如果不是因为胶子使原子核保持在一起，原子将会有飞散的倾向。

什么是正电子？

1929年由保罗·狄拉克（Paul Dirac）命名的正电子是一种亚原子微粒，人们首先在数学计算中预言了它的存在，1932年发现了真正存在的正电子。正电子是电子的镜像。它具有与电子相同的质量和与电子相反的电荷。

量子物理学

什么是量子物理学？

量子物理学也叫量子力学，是一种为类似电子和原子这样的微粒特性提供解释的理论。然而它并不仅仅被用来计算（比如说，计算电子可能在哪里）；量子物理学还采用了一个全新的思考微小物体的方法，这种方法与我们思考肉眼可见的（即更大一些）物体的方法是不同的。

棒球是一个肉眼可见物体的例子。当我们将一个棒球抛入空中时，描述棒球运动的最准确的方法是通过使用“经典力学”（或者“经典物理学”）。经典力学能够预测棒球在飞行期间每一时刻的方位和速度。这种方法与我们每天的经历相符，因为我们习惯看到球按照明确的路线运动。

当我们试着将这种经典的方法用于微小物体时，问题出现了。如果电子只是一个特殊的小球，它的运动应该沿着一条经典力学所预测的路线行进。然而，实验显示事实并不是这样的，因此我们需要使用一个新的物理学方法来处理极小微粒的问题。

在20世纪初，量子物理学出现了。马克斯·普朗克（Max Planck）、阿尔伯特·爱因斯坦和尼尔斯·玻尔（Niels Bohr）为量子物理学的建立做出了巨大的贡献。

量子物理学尽管是相对较新的理论，却非常成功地解释了很多现象，比如电在物质中是如何运动的，电是如何流过个人计算机的集成电路的。量子物理学也被用来理解超导性、核衰变以及激光的工作原理，除此以外还有很多功能。现在许多科学家每天都在尝试使用量子物理学来更好地理解宇宙中的微小物质的特性。然而，这个理论的基本概念一直与我们每天的经历相冲突，使用这个理论的物理学家和化学家还在争论这个理论的含义。

什么是反物质？

在保罗·狄拉克创造的一系列方程式中预言了反物质。他尝试将相对论与影响电子特性的方程式结合到一起。为了使他的方程式成立，他不得不预测存在一种与电子相似却具有相反电荷的粒子。人们在1932年发现了这种粒子，这种与电子相当的反物质叫做正电子。其他的反物质微粒直到1955年才被发现，当时的粒子加速器能最终证实反中子和反质子的存在。

阿尔伯特·爱因斯坦因为什么获得了诺贝尔物理学奖?

爱因斯坦并不是因为他的狭义相对论和广义相对论获得的诺贝尔奖,而是因为他在光电效应方面的工作获得了诺贝尔奖,光电效应能更好地证实他提出的光的量子理论。爱因斯坦相信光量子的表现与粒子相像。他发现如果击中金属表面的光具有足够的能量,电子就会从这种感光的金属表面射出。他后来又补充说,并不是光的强度决定电子能否从物质中被释放出来,起决定作用的是特殊频率的光的能量。

什么是量子?

量子是一个不可分割的基本个体。光以光子的形式传播叫做量子。在世纪之交,马克斯·普朗克确定了光所具有的能量与它的频率之间的关系。他通过数学计算发现,光的能量与它在电磁波谱中的频率成正比。

光敏元件与光电效应有什么关系?

光电效应最好的应用之一是光敏元件。许多光敏元件使用一个感光的光电管,光电管通过感光的金属吸收光,然后将吸收到的光转换成电路中的一个电脉冲。这样的电路作为安全设置现已应用于电子车库开门器、照相机中的曝光表和盘式电影中的光声道中。

爱因斯坦认为光具有类似粒子的特性,粒子会具有与波类似的特性吗?

粒子确实具有与波类似的特性。法国物理学家路易·德·布罗意在1923年发现粒子表现出与波类似的特性。他从理论上说明,当电子从狭长的裂口射出时,没有什么方法来预测这个电子的路线和方向。当足够多的电子穿过这个狭长的裂口时，一个类似于波的衍射图像会出现在裂口的后边。路易·德·布罗意根据光与波类似的特性形成了德布罗伊理论，这使他获得了诺贝尔奖。而且，他根据这个理论发明了电子显微镜。

什么是测不准原理？

德·布罗意认识到，单个电子的路线不能被确定。他认为，既然传统物理学不能预测电子的路线，那么就必须使用依赖可能性和无规则性的量子物理学。德·布罗意使用的无规则性原理目前已经被发展为众所周知的“海森伯测不准原理”。爱因斯坦对科学依赖可能性的这一想法感到非常不安，他在回应测不准原理时说：“上帝不会跟宇宙玩赌博游戏。”

混　沌

（宇宙未形成前的情形）

在物理学中，混沌表示什么意思？

混沌，从定义来看表示没有秩序的意思。麻省理工学院的气象学家爱德

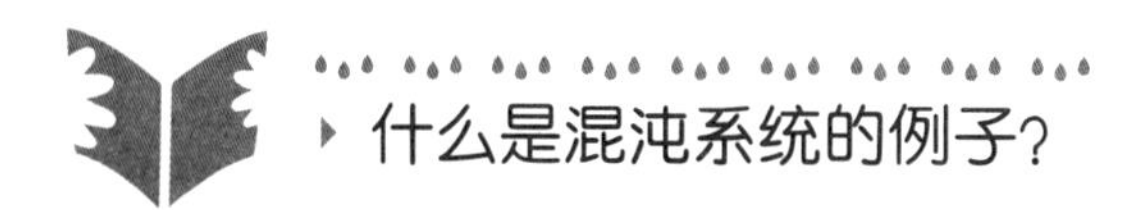

天气是一个混沌系统；天气预报员的工作是有一定难度的，因为他们试图通过预测天气系统的结果从而在混沌中得出一定的规律。另外，太阳系是混沌系统的一个不太明显的例子。这意味着尽管在太阳系中人们可以追踪行星的运动，但是太阳系运动中小规模的变化也可能引起随后1亿年的变化。类似天体系统和太阳系这样的混沌系统，只能预测它们在有限时间内的变化。

华·洛伦兹（Edward Lorenz）提出了一个著名的问题，“一只蝴蝶如果在中国拍打它的翅膀，能否对北美洲的天气造成影响？”没有人能确定——这是混沌背后的要点。尽管我们能预测某些事情，但在这里我们不能预测会发生什么。因为即使这种混沌很小，可是它与其他的混沌结合在一起也完全有可能产生巨大的效应。

激　光

受激发射是什么意思？

电子从高能状态转变到低能状态时，形成光子的能量从原子中散发出来。当光子撞击原子时，光子发生了受激发射，原子中的一个电子减少能量水平并射出一个光子。最终，两个光子从原子中射出。这两个光子是最初撞击原子的光子和电子的能量水平下降时射出的光子。

受激发射只有在一个光子被故意射向一个原子来生成另一个光子时才发生。所有彼此同步的发射光子的重复过程是激光所必需的。

什么是激光器？

“激光器”这个词实际上是“受激光辐射式光频放大器”的首字母缩合词。激光器是一个设备，它通过降低电子的能量水平使它们射出光子来产生纯净的聚合光。正是这种重复的发射光子的过程产生了激光。电子管内的光子在经受镀银镜子再三来回反射时被激发到高能状态。这被称为光放大。一些单频高能光作为一束极细的光从电子管一端未完全镀银的表面发射出来。这束光没有发散，因为唯一被允许从电子管中射出的光子是那些完全垂直向未完全镀银镜面运动的光子。

激光器有什么用途？

当人们第一次发明激光器时，它被称为“寻找问题的解决方案”，因为人们当时并没有为激光器找到非常好的应用方式。而现在决不是这种情况；激光器几乎在科学和技术的各个方面都起到了重要的作用。在科学，特别是物理学领域，激光器被应用于触发机制或触发开关中，它可以被用来作为测量时间和距离的工具，还可以用来发明全息图。激光器在工业上被用来钻孔、切割以及将设备与电子元件熔接在一起。军队也可将激光器应用在制导、防御以及核武器系统中。在通信系统和医学领域，激光器对人类也有十分巨大的作用。

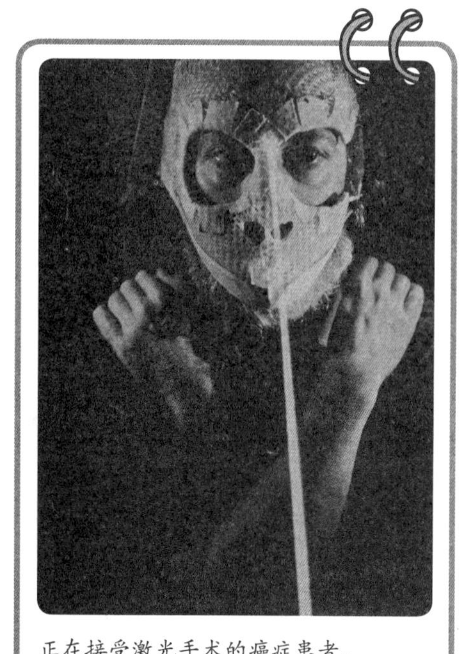

正在接受激光手术的癌症患者。

激光器能够帮助治疗疾病吗？

激光器发出的高强度、高度集中的光对医学专业和治疗有巨大的作用。激光器可以杀死皮肤癌细胞、连接视网膜、消除胎记和痣，甚至可以消除身体内部的肿瘤。新的医学激光器技术一直处于医学技术的最前沿。例如，科学家和医生正在不断研究一个利用激光器清除血管斑和其他有害沉积物的新方法。激光器也正普遍地用于矫正近视和远视。专门的氩激光器正用于为眼角膜定型，以此来使光精确地聚焦在视网膜上。当这一功能被完全发展起来，并通过专业部门的检验后，将大大减少人们对眼镜的需求。以上所述的这些激光器的应用手段都非常激动人心，但这仅仅是医学激光技术的开始。

激光器如何被应用于通信系统？

就像激光器被广泛地应用于医学领域一样，激光器在通信领域也有非常巨大的作用。例如，在光纤电缆中的脉冲激光信号可以即刻传播成千上万的电话信号和电视信号。这远远多于其他任何形式的通信媒介物曾经传送的信号。计算机马上将通过激光光纤电缆传送信息。该技术在使信息传送得更快的同时，还会防止常规系统出现电子元件过热的问题。

音乐光碟利用激光器录下和播放音乐。

数字激光唱片也利用激光器来读写信息。激光唱片激光器对准有隆起和凹陷的信息层，信息层中大约4万个隆起和凹陷相结合能够存储一比特数字信息。实际上激光器读写信息只会有两种可能，一个隆起被赋予一个一值，或者一个凹陷被赋予一个零值，可以完成来自无裂痕光盘的信息转换。

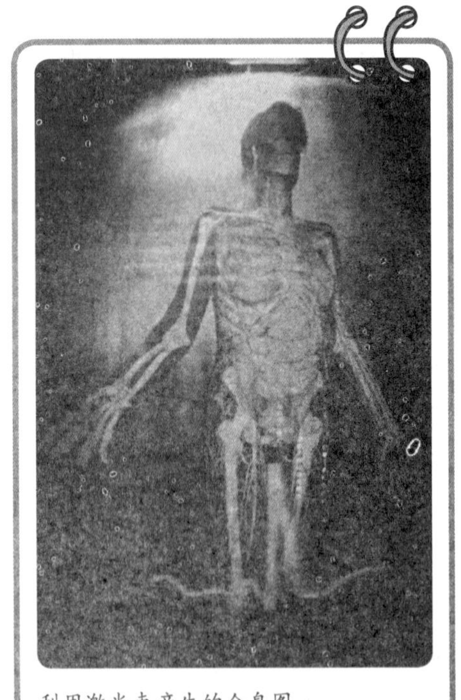

利用激光束产生的全息图。

▶ 全息图如何利用激光器储存信息？

全息图看起来像是被保持在二维电影界限内的三维图像。它们常常被用在信用卡上，因为复制它们是非常困难的，因此这种技术能用来防止伪造者制造假的信用卡。全息图是由激光束产生的,激光束分解并反射物体的不同部分并记录在一种特殊类型的摄影胶片上,摄影胶片记录来自两个或者多个光源的干扰波阵面。当这个记录被正确地照射时,原来的波阵面的重建被完成了,就可以看到原来的图像了。

放射现象

▶ 什么作用力可以阻止原子中的亚原子微粒飞散开?

尽管质子和中子有质量并受到重力的影响,但将这些粒子束缚在一起的并不是重力,而是一种被称为“强核力”的力。这个作用力仅对亚原子微粒起作用,并且当距离大于10^{-15}米时,它就失去了吸引的能力。

▶ 为了分离一个原子核,需要做些什么?

冲破原子核中质子和中子之间引力所需的能量总数称为结合能。原子核越强越稳定,所需的结合能越大。爱因斯坦的公式$E=mc^2$表明了打破原子核强大引力所需能量的数量。

如果你准备了一组自由的质子和中子并对它们进行称量,然后把它们聚集成一个原子核并进行再一次的称量,你将会发现这个原子核比那组质子和中子轻。原子核的结合能等于原子核的质量与构成它的质子和中子之间的质量差乘以光速的平方。如果你想要分离原子核,你将不得不做同样大的功来把它变回质子和中子。

▶ 什么是放射性粒子?

有几种不同类型的放射性粒子,根据环境和暴露程度的不同,它们既可以是有益的,也可以是有害的。第一种主要类型的放射性粒子是α粒子。本质上它是一个带阳性电荷的氦原子,它由2个质子和2个中子构成。α粒子很难穿透大部分物质——事实上,一张很薄的纸就可以阻挡一个α粒子。

辐射是具有辐射性粒子的核(比如说铀或钚)在衰变的过程中产生了两个或多个辐射性粒子时产生的。辐射性粒子可以自然地形成(比如每天在环绕我们的空气中形成),也能在核反应堆中人为地形成。许多人惧怕放射物和辐射物,因为如果人类的细胞组织过度地暴露在辐射中,就会发生有害的电离效应。然而,放射现象在某种程度上对人类是有益的,它可以帮助治疗几种类型的疾病。

另一种众所周知的放射性粒子是在原子核里的中子(它本身的辐射性很强)衰变为质子后被释放出来,在这个过程中被射出的电子被称为β粒子。带阴性电荷的β粒子比α粒子运行的距离更远,运动一直持续到它与其他原子和电子碰撞后失去能量为止。β粒子比α粒子更坚固,它能穿透纸和其他类似的物质,但可以被一张铝片阻挡住。

最后,所有放射线中最有潜在危险的是伽马射线。在电磁波谱中,它的频率极高,伽马射线只是不可见光或光子的一种形式。它是当原子核从高能状态运动到低能状态时形成的。伽马射线具有如此高的频率和能量以至于它几乎能穿透任何物质。然而,铅良好的吸收性能可以有效地阻挡伽马射线。

谁发现了放射衰变?

1896年,安东尼·亨利·贝克勒尔(Antoine-Henri Becquerel)用铀的化合物进行实验时,他发现它们自然地释放出射线,并且射线的强度取决于实验中使用的铀的数量。

玛丽·居里在放射现象方面得出了什么重大发现?

玛丽·居里和她的丈夫皮埃尔·居里是首次把原子核的衰变称为“放射现

象”的人。在贝克勒尔之后，这对夫妻又发现了四十多种放射性元素。1903年，玛丽·居里、皮埃尔·居里和贝克勒尔因为他们在放射性领域的研究和突破一起分享了诺贝尔物理学奖。

居里家族还有谁也获得了诺贝尔奖？

玛丽·居里的父亲是波兰一个高中的物理教师，玛丽·居里有一个女儿也成为物理学家。1935年，伊雷娜·居里（Frédéric Joliot-Curie）和她的丈夫因为人工形成放射性元素而获得了诺贝尔化学奖。

半衰期是什么？

衰变的半衰期是衰变进行的速度有多快的一种表示方法——是衰变的比率或速度的量度法。特别需要指出的是，半衰期是正在衰变的物质减少到原始量一半时所用的时间。衰变越快，耗尽一半物质所需的时间就越短，半衰期也就越短。

放射性元素的半衰期是测量一半放射性核分裂需要多少时间的手段。根据特殊的放射性物质，半个原子核衰变的时间能够在任何地方从1秒钟的一部分到上千年乃至上亿年。例如，钋的同位素的半衰期时间只有16/1 000秒，而铟能够在它的半个原子核衰变之前存活4.41×10^{14}年。

玛丽·居里（左）和她的女儿伊雷娜·居里都是获得过诺贝尔奖的物理学家。

如何探测放射物？

通过放射物所发生的电离作用进行探测。探测放射物最常使用的工具

怎样使用放射测定物体的年限?

考古学家和人类学家使用碳原子-14的放射性半衰期来帮助测定古代人工制品的年代。通过分析碳原子-14在考古学的试样中释放出β辐射量,并将它和一种新型的碳原子-14的辐射量做比较,科学家能够测定出该制品的大概时期。例如,碳原子-14 的半衰期是5 730年。如果从古老的美洲原住民定居地挖掘出的骨骼制品的辐射量达到一个新碳原子-14所释放的β辐射量的25%,那么该制品的年代大约有11 460年。

是盖格计数器,它包括一个装满天然气的圆柱形金属电子管。当高能量放射性粒子与管内天然气发生作用时,就分离天然气分子并释放出中子,探测器会在盖格计数器上显示出接收到的放射物。其他探测放射物衰变的仪器有感光的闪烁计数器、半导体探测器和泡沫箱。

放射能为人们做什么?

当射线在你的细胞里电离物质时,确实对你的身体造成损害。如果有高度电离的轨道穿过你的细胞壁,细胞会被割裂。如果脱氧核糖核酸(DNA)被电离,细胞就会变异为癌细胞。另一方面,一个细胞可以允许电离轨道穿过,而细胞里没有重要的东西受到影响,那么细胞就受到了极小的损伤或根本不损伤。电离轨道也能将很多自由原子团引入细胞中,可以改变细胞的化学性质,这就可以带来更多可能的效果。

放射物的正常水平不足以对人类造成伤害。然而,经证明,过度暴露在放射物之下(如伽马辐射和贝塔辐射)是十分危险的。人们认为伽马辐射比贝塔辐射更危险,因为人们很难阻挡伽马辐射,并且它对人体的每个器官和组织都会造成一定的影响。在辐射强度较高地点工作的人患癌症的概率更高。对于在这样地点工作的怀孕女性来说,她们所生的孩子患有先天缺陷的危险性更高。

放射在一些方面也能帮助我们。一些癌症患者使用放射疗法来治疗癌症。

尽管放射物对患者有害,但是它能杀死某些癌细胞,使病症减轻。当癌细胞暴露在射线下时,它比正常的细胞更容易死亡。非中性粒子产生的射线有一点好处,拿质子为例,射线在路径的末端完成损害后,粒子才会停下来。这样,你可以用辐射束击中肿瘤,在轨迹中,它造成损害很小,但是在肿瘤处造成的损害却很大。你可以在不同的轨道上放射多个辐射束进行治疗,辐射的轨道都相交在肿瘤处;每个辐射束对肿瘤都造成了一定的损害,但在辐射轨道上的细胞并没有受到辐射的伤害。目前很多治疗方式都是采用不同轨道辐射相交汇的方式。

使用盖格计数器探测放射物。

核 物 理

核 反 应

什么是核反应?

简单地说,核反应是原子核之间碰撞的相互作用。这种反应是原子能发电站和核武器供给的能量来源,也是使星星发光的能量来源,所以核反应是天体物理学研究的关键。

两种类型的核反应是什么?

裂变和聚变是核反应的两种方法。裂变是把一个重核分离成两个较轻的

原子核来引发核反应，裂变能形成一连串相似的反应。另一种方法是聚变，它是与核裂变完全相反的方式。裂变是分离原子，而聚变是将一个轻核与另一个轻核结合在一起形成原子核，这个过程可以产生能量。在聚变后，因为一部分粒子的质量被转化为核能，所以原子的质量变得更小。迄今为止，所有的核电厂都是使用核裂变来产生核能，然而科学家仍在研究持续聚变反应的有效方法。

核 裂 变

谁是恩里科·费米，他对原子核物理学的贡献是什么？

尽管核裂变反应最初是被德国柏林的莉泽·迈特纳（Lise Meitner）和奥多·哈恩（Otto Hahn）观察到的，但是直到1942年，恩里科·费米（Enrico

恩里科·费米。

Fermi）在芝加哥大学进行了一系列的试验才实现了第一个可控的核反应。1942年12月2日，费米，这位在第二次世界大战前移居到美国的意大利物理学家，成为第一个能实现裂变反应的人。费米在美国新墨西哥州的洛斯阿拉莫斯市工作（芝加哥外的费米国家加速器实验室，是以费米的名字命名的），他建议可以运用核能来打败日本人。尽管费米一生中不断地研究裂变，但是他和其他的许多科学家都认为不应该在战争中使用核武器。

核裂变的优点是什么？

第二次世界大战后，许多人认为核裂变将是一个新的、充裕的电力来源。事实上，仅1盎司铀-235就能比100吨煤产生更多的能量。除此之外，仅1克铀-235就能生成1.8万千瓦时的热量。核裂变也能避免由煤、天然气、油和木头等其他方法引起的很多污染物。核裂变不仅能生成惊人数量的能量，而且事实上，在不使用更多能量的前提下，核裂变能通过自己的连锁反应产生持续的反应。

核裂变有哪些缺点？

许多人惧怕核裂变力，惧怕的原因可能是核裂变有可能产生低能级放射物和放射性废物。如今对核裂变已采取了严格的安全预防措施，这种恐惧是没有必要的。人们产生惧怕可能是三里岛和切尔诺贝利核反应堆熔毁事件带来的恐慌，尽管三里岛事故得到了适当的控制，但是切尔诺贝利核事故导致了大量放射物外泄到周围地区。

什么是连锁反应？

连锁反应是连续不断重复发生的一连串反应。当一个中子碰撞铀-235原子时，就开始了核裂变的连锁反应，它把铀-235原子分离成两个其他的原子和3个其他的中子。这些中子碰撞另一个铀-235原子，使得这样的反应反复发生。连锁反应只能在没有足够剩余的铀原子产生分离的情况下才能停下来。

找到铀-235有一定难度吗？

尽管对于一些国家和机构来说找到铀并不困难，但是把铀-235从更充裕的铀-238上分离出来却是特别困难的。为了获得铀-235，需要炸毁和压碎数吨铀-238，然后用化学方法把它分离成纯铀，而铀-235的含量还不到1%。

达到临界质量是什么意思？

为了发生连锁反应，一个裂变引起一个或更多的裂变。如果裂变反应中一个中子的平均量导致了另一个裂变反应，那么它就达到了它的临界质量，并且反应将继续进行。然而，一般来说，如果在裂变反应中产生的中子的平均量少于另一个裂变反应的中子量时，连锁反应就变为次临界，而且不久就将终止。如果每次反应中都有不止一个中子保持裂变反应，反应就达到了超临界的状态。

重水反应堆和轻水反应堆有哪些差别？

能够使用浓缩铀-235的国家及核电站可以使用纯净水作为核反应的冷却剂。这种反应堆被称为轻水核反应堆。那些无法使用浓缩铀-235的国家及核电站不得不使用重水作为冷却剂。这些被称为天然铀核反应堆，因为它们没有能力形成浓缩铀-235。

除了铀以外，其他的元素能被应用到核裂变反应中吗？

还有另外一种元素因为能形成核裂变而被应用到发电站和核武器中，那就是钚，它来源于铀-238原子的 β 衰变，当它被中子击中时，能形成核裂变连锁反应。从铀-238提炼出的钚所发生的核反应被称为增殖，它发生在一个特殊的增殖反应堆里。然而，与铀不同的是，钚是一种极具危险和剧毒性的放射性元素，使用时必须极度小心。

为什么说切尔诺贝利核事故是非战争时期最具破坏性的核事故?

1986年4月26日的早上,苏联共和国乌克兰切尔诺贝利核电站一个核反应堆的冷却水系统出现了故障,该故障引发了一场爆炸和火灾,致使一个反应堆的核心部分被严重熔毁。苏联科学家未采用保障措施切断电力,正相反,他们认为需要加大反应堆的量,因此使用增加电力的方法。和三里岛事件不同的是,切尔诺贝利核电站反应堆周围没有厚层的混凝土。由过热的炉心产生的大量蒸汽烧断了反应堆外围1 000吨的铁制屋顶,使得几千万克里(放射物的单位)的放射物泄漏到邻近的区域和大气层中。

在爆炸之后的几周内,整个欧洲大气层的风带都承载了带有放射物的云朵,欧洲西部和中部以及斯堪的纳维亚的许多国家都和苏联一样,下起了带有污染的雨。爆炸和泄漏在空气中的大量放射物造成的直接死亡人数达到31人,而在事故后的数天里,苏联和欧洲有无数人被迫暴露在高辐射中。

在切尔诺贝利核电站爆炸10周年纪念日的游行中,一个反对使用核武器的游行者穿着骷髅的服装。

在宾夕法尼亚州的三里岛发生了什么事故?

1979年,在宾夕法尼亚州的哈里斯堡三里岛发生的核电站事故是冷却液泵损坏造成的——在原子炉中没有冷冻剂来防止控制棒(控制棒的作用是控制住裂变反应)融化。尽管发生堆内熔毁,但是巨大的混凝土墙阻挡了大部分将要逃逸到空气中的放射物。

$E=mc^2$是什么意思?

阿尔伯特·爱因斯坦一个最著名的发现是能量和质量是相同的,只是它们的形式不同。这是指在你手中静止的这本书事实上是储存能量的一种形式,这被称为静止能量或质量。如果书是一个质量,它就能够完全被转化为能量,而且它能形成大量的能量。

在爱因斯坦的狭义相对论中,他发明了被称为$E=mc^2$的质能方程式,其

1979年3月23日事故后,政府关闭了三里岛大都市爱迪生核电站,一位宾夕法尼亚州警察和核电站保安人员站在核电站门外。

中E是能量,m是物质的质量,c^2是光速的平方。这个公式使物理学家能够计算出形成一定数量的能量需要多少质量(如果所有的质量都能被完全转化为能量的话)。我们可以用汽车为例解释这个概念。汽车使用的燃料有质量。经过化学反应的燃料使一些燃料转化成同样具有质量的尾气。然而,在燃烧燃料的过程中,形成了一些能量——在燃烧燃料之前这些能量并不存在。这些能量实际上来源于燃料。燃料质量的很小一部分被转化为能量。事实上,现在大量的尾气质量比原燃料质量稍微小些,因为一些燃料质量被转化为可用的能量。在核反应中使用了一个类似的概念,质量被用来生成能量(熔合或分离)。

核聚变

什么类型的能量使太阳发亮?

使太阳和所有其他星星发亮的能量是通过核聚变产生的。为了发生核聚变反应,两个原子必须结合在一起,在结合过程中释放大量的能量。每当两个较轻的原子结合在一起形成一个较大形状和质量的原子时,最终合成的原子比最初的两个原子质量小。只有在核裂变过程中,一些质量才能被转化为能量。

核聚变的前景如何?

核聚变也许是能给我们提供长期能量来源的唯一方法。在未来,核聚变发电站将会十分安全,避免放射性废物的侵害并且无污染。人们将很容易得到核聚变的燃料,因为在整个世界范围它都是可利用的。最后,核聚变反应释放的能量比任何其他形式的能量都更加优良。例如,氘氚聚变反应所合成的能量是被放入装置中促使该核反应发生的原有能量的400倍。

人类是怎样促使核聚变发生的?

为了形成核聚变反应,必须将要聚变的两个粒子中的电子剥离,并产生极

速运动。为了防止两个阳性核排斥，粒子的温度要提升到太阳温度的几倍。事实上，温度变得如此之高，以至于这些粒子不是保持在气体状态，而是变成了不同的形态，这种形态被称为等离子体。当聚变发生时，原子核释放出大量的能量，结果，它的质量就比刚开始的质量小。如今，聚变最主要的一个问题是一些高温等离子体不发生熔化，并且容易逃逸。

在热核反应中，有哪些方法可以控制等离子体？

在聚变反应中有3种方法可以控制等离子体。第一种方法是使用一个强磁场来保护反应堆里的材料并且预防泄漏。第二种方法是通过惯性约束来限制等离子体，通过使用多束激光束瞄准反应室内的目标射击的方法来控制等离子体，就像在新星激光器中所使用的方法一样。控制等离子体的最后一种方法是使用重力，但是能够完成此项任务的“反应堆”不是人工的；迄今为止只有太阳和星星能用这种方法控制等离子体。

位于新泽西州平原市的普林斯顿等离子体物理实验室的托卡马克核聚变测试反应堆。

什么是托卡马克？

受控核聚变的发展一直是一项艰巨的任务。已发展的最有希望的技术被称为托卡马克。20世纪50年代，俄罗斯物理学家列夫·阿齐莫维奇（Lev Artsimovich，1909—1973）的研究大大推进了这项技术的发展。“托卡马克”是“有磁场的环行线圈照相机”的首字母缩写词。在托卡马克中，原子核被放置在磁场的中间，磁场有一个圆形线圈，这是一个中空的环形的轮廓。圆形线圈避免离子从反应磁场中逃离，使它们最终回到圈内。

什么是新星激光器？

劳伦斯·利弗莫尔天文台的新星激光器是世界上最强大的激光器，它可以将10个激光束会集在球室的中心，在那里的小燃料试样上激光器形成聚变反应。迄今为止，激光器已经应用在核武器的研究领域，人们也期望新星激光器能帮助物理学家在核能量研究方面取得突破。

既然实现核聚变的主要障碍是等离子体的控制，那么有人能实现冷聚变吗？

1989年3月，科学家史坦利·庞斯（Stanley Pons）和马丁·弗莱希曼（Martin Fleischmann）宣称他们可以实现冷聚变时，他们几乎一夜成名。冷聚变能够解决等离子体控制这个问题，并能节省大量的金钱。而且，从理论上说，这种技术给世界提供了无限的能量来源。尽管他们的发现听起来不错，但科学家不能再现这种冷聚变。这两位科学家因为他们的宣告而获得的声望和赞美很快就变成了难堪。

人类什么时候能使用聚变能量并从中受益？

尽管核聚变产生的能量是无限的，但是从经济学角度来说，加热原子使之成为等离子体的高成本，使核聚变很难实施。然而，许多科学家认为，在未来的40 ~ 50年里，人类将有能力为更广阔的领域提供聚变能量。这些科学家还认

为，在未来不到100年的时间里，人类将要用完世界上所有普通的能量来源，这种原因也促使人们去发现并使用新的能源方式。人们投入无数的时间和金钱研究实现核聚变的新方法。最终，科学界一定会探索出可行的新方法。

核 武 器

谁被认为是“原子弹之父”？

著名的德裔美国物理学家阿尔伯特·爱因斯坦居住在新泽西州普林斯顿的一个安静的城镇，他被许多人称为“原子弹之父”。爱因斯坦发明了$E=mc^2$这个方程式，阐述了质量和能量是同一个事物的两种不同的表现形式。这是第一颗炸弹核反应后所需的最基本理论。爱因斯坦还和其他物理学家写了一封给富兰克林·罗斯福总统的信——这封信实际上是利奥·西拉德（Leo Szilard）写的，信中对原子弹进行了描述，并鼓励国家应该为了这个前景而努力。许多物理学家和历史学家认为爱因斯坦写这封信是为了在技术上赶上纳粹，因为当时纳粹已经发明了核武器。

爱因斯坦是对事物充满好奇、才华横溢而又爱好和平的人，他知道人们称他为“原子弹之父”。其实对于人们给他的这个称谓，他一直觉得愧疚。事实上，一些历史学家说（在这个观点上有些争论）爱因斯坦最初为了原子弹的发明而开展运动（尽管他从没有参与原子弹的发明），他给总统写信，请求不要往日本投放原子弹，而只是将它用来作为逼迫日本投降的一种手段。如果这是事实的话，可以看出他的努力白费了。

什么是曼哈顿计划？

第二次世界大战期间，美国政府很久没有对爱因斯坦和其他科学家所写的那封强烈要求发展原子弹的信做出回应。直到1942年年中，人们所期待的工程诞生了；罗斯福总统批准了曼哈顿计划。美国陆军工程兵团用新曼哈顿工程区的名字命名了这项计划。准将莱斯利·R.戈罗夫斯（Leslie R. Groves）负责管理这项工程，物理学家罗伯特·奥本海默（Robert Oppenheimer）负责指导。这组科学家（包括恩里科·费米）和工程师对原子弹的设计、建造和爆炸进行了高水平和高机密的研究和开发。

第一次核爆炸发生在哪里？

1945年7月16日，在新墨西哥阿拉莫戈多，曼哈顿计划检测和引爆了第一个核爆炸装置。它只是一个研究装置，并不适合作为武器来投放。曼哈顿计划的科学家把在阿拉莫戈多的爆裂归类于“装置”——实际上它是对次临界大规模的钚核爆武器的检测，就像被投放到长崎的炸弹一样。核武器的第一次试验是在广岛。广岛的炸弹是铀-235炸弹；它并没有经过检测，也没有人认为它需要检测。它的设计是如此简单，以至于没有人怀疑它的工作性能。而向心聚爆炸弹的设计更为困难，并且需要进行测试。

第一个投放的原子弹威力如何？

在新墨西哥州的核爆炸成功之后，美国政府决定在1945年8月6日向日本广岛投放第一个引爆的核武器来结束第二次世界大战期间与日本的战争。这个原子弹的绰号为“胖男人”，因为炸弹中的铀-235经历了一次核裂变反应，因此它具有很强的破坏性。它仅在城市上空引爆，通过它的初爆破、火球和放射性辐射，这个原子弹导致了大量的破坏。整个城市的1/3被毁，13万人死亡，18万人无家可归。

1945年8月投放到日本广岛和长崎的两颗原子弹，“胖男人”（后面）和“小男孩”的发射装置。

3天之后，美国在日本城市长崎投放了第二颗炸弹（被称为“小

男孩”)。它导致城市的1/3被破坏,6.6万人死亡。

有全国性监测核能量使用的组织或团体吗?

第二次世界大战后不久,为了规划核能量的使用,美国原子能委员会成立。尽管委员会在20世纪70年代中期被废除,但是监测者的角色被转换为核管理委员会。美国核管理委员会(NRC)现在是能量部的一个分支,它负责核能量的使用和生产的所有方面。美国核管理委员会就相当于国际上的国际原子能组织。

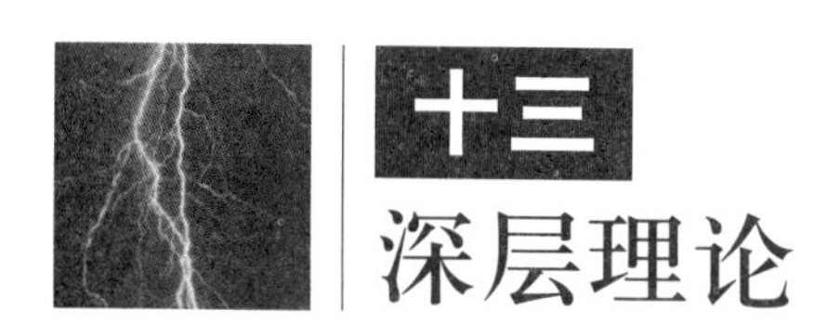

十三 深层理论

大统一理论

宇宙中存在的4个基本力是什么?

根据物理学家所述,有4个基本力控制宇宙的运行。第一个力也是最为明显的力是万有引力。它是一切有质量的物体之间存在的吸引力。为了真正感觉到万有引力的作用,物体必须处在质量巨大的物体附近,这些物体可以是地球、月球或太阳。第二个力是两个力的统一——电磁力(电力和磁力)——詹姆斯·克拉克·麦克斯韦于1861年将两个概念结合在一起。电磁力对于光的传播和电磁频谱的补充起到了决定性的作用。第三个力是核力,它促进形成放射性衰变。这种比较弱的力基本上是一种接触力,也就是说,当两个粒子相互接触或在邻近的范围里,它们之间有很弱的相互作用力。最后,4个基本力中最强大的是强核力,它存在于极小的距离内将质子、中子和其他亚原子微粒固定在核子中。

什么力被统一起来了?

1861年,詹姆詹姆斯·克拉克·麦克斯韦将电力和磁力结合在一起,之后又过了100年,人们才证明电磁力和弱相互作用是一种力。自从1973年弱电磁相互作用力被统一后,物理学家还没能够将强作用力与弱电磁相互作用力相统一。这种统一是了

什么是大统一理论?

许多物理学家都相信自然的基本力曾经一度是单一的力，之后发展形成了其他的力。这一理论被叫做大统一理论（GUT）。这个全面的理论可以解释现在的力是如何形成各种不同的力的。

解宇宙是如何形成的一个重大进步。

在大统一理论中，谢尔顿·格拉肖、阿卜杜勒·萨拉姆和史蒂文·温伯格有哪些发现?

1961年，谢尔顿·格拉肖（Sheldon Glashow）建立理论将电磁力和弱相互作用结合成了统一的力。他尽管没有用实验方法证明相互作用，但认为可以通过发现W和Z玻色子来证明这一点。W和Z的玻色子都是引起弱核力的亚原子微粒。阿卜杜勒·萨拉姆（Abdus Salam）和史蒂文·温伯格（Steven Weinberg）两人真正将电磁力和弱相互作用并入了电磁弱核力中，他们并不是通过发现W和Z的玻色子的方法，而是使用了一种叫做“对称”的概念，即预测亚原子微粒的不规则行为的方式。1979年，因为他们在对称和电磁弱核力发展方面所做的贡献，这3位物理学家获得了诺贝尔物理学奖。

W和Z玻色子是什么时候被发现的?

虽然谢尔顿·格拉肖、阿卜杜勒·萨拉姆和史蒂文·温伯格因为将电磁弱核力进行了理论上的统一而获得了诺贝尔物理学奖，但是直到1983年物理界才最终发现了W和Z玻色子。意大利的物理学家卡洛·鲁比亚（Carlo Rubbia）在瑞士欧洲粒子物理研究所的粒子加速器中发现了W和Z玻色子。这证明了电磁弱核力的存在。卡洛·鲁比亚和与他共事的荷兰物理学家西蒙·范·德·梅尔（Simon van der Meer）共同获得了1984年的诺贝尔物理学奖。

谁发展了大统一理论?

对大统一理论的发展做出重大贡献的人是阿尔伯特·爱因斯坦。他最初的工作重心在计算和理论上,研究的成果将重力和电磁学(爱因斯坦在当时所知道的两种力)进行了统一。爱因斯坦不能解决统一的问题,因为在他的有生之年,另外两个力——强力和弱力被发现了,这使得统一的问题更为复杂。

万 有 理 论

大统一理论和万有理论有什么区别?

大统一理论和万有理论都试图解释在宇宙大爆炸之后宇宙的发展变化情况(本章后面部分会介绍关于宇宙大爆炸的讨论)。大统一理论解释了电磁、强力和弱力。科学家将这些力统一在一起,因为它们都为量子力学原理服务。最后的力是重力,到目前为止还没有证实它是否由量子力学控制,而且也很难与其他依赖量子力学的力统一合并在一起。如果有一天物理学家将万有引力与大统一理论的力融合在一起,这种理论将被称为"万有理论"。这当然是许多科学家的终极目标,一旦实现,这一理论能够解释宇宙初始阶段的状态和发展过程。

我们世界的四维是什么?

我们所生活的世界被普遍认为有四维。前三个描述了空间,它们分别为x(长度)、y(宽度)和z(高度)。比如,单一的维度就像一根绳子,你只能在一维的世界中前后移动。为了将空间扩展为二维世界,就像是在纸上画图,在这种二维世界中,你除了可以前后移动以外,还可以左右移动。如果加入了第三维,你可以离开纸上下移动。最后,在四维世界里,不能用长度、宽度和高度来测量你的位置,而是通过时间来测量。这使我们能记住过去并向未来前进。这就是为什么我们被认为生活在一个四维的世界中,这个世界叫做时空。

什么是弦理论?

弦理论认为所有的粒子实际上都是由弦组成的，该理论成为近些年物理学里最令人激动的领域之一。从20世纪60年代起就有弦理论的论述，粒子是以多维弦的形式存在的。但直到上一个10年人们才真正认真地研究弦理论。如果多维弦真正存在，那么根据一些物理学家和数学家的观点，就能更容易地实现万有理论。然而，对于许多科学家以外的人来说，想要理解在我们现在所知的四维空间以外还有更多的空间有一定的难度。

还有我们未知的维度吗?

数学家西奥多·卡鲁扎(Theodor Kaluza)在20世纪20年代早期最初提出了第五维度。爱因斯坦在接受第五维度概念上存在一定的困难，他并没有在他关于大统一的理论中使用这一概念。一些物理学家和数学家认为不仅仅存在四维或五维，能有多达十维或十一维。但让我们想象五维空间都是不可能的，因为我们根本无法认识到第五维空间的存在。

膨胀的宇宙

什么是宇宙学?

宇宙学是物理学和天文学的一个分支，研究的侧重点是理解和记录宇宙的历史和未来。自从有历史记载以来，人类就努力地了解所生活的世界。在过去的两千年里，我们生活的“世界”除了地球本身以外还扩展到了星际之间。我们现在使用“宇宙”这一术语来表述我们可以观察和测量的范围。在20世纪，宇宙的范围已经超越了拥有1 000亿颗星体的银河系，扩展到了太空中相似的星系，扩展到了最大的望远镜所能观测到的最远距离。宇宙学试图描述宇宙大规模的结构和顺序。就宇宙学的研究目的来说，我们不可能用这一学科去解决行星、恒星或星系的详细结构，它只能描述大范围的宇宙结构并确定宇宙的历史和未来。

谁将宇宙膨胀理论化的？

20世纪早期，埃德温·哈勃（Edwin Hubble）研究了宇宙中不同恒星和星系的大小、距离和运动。他和另一位天文学家将观察的结果总结为理论，这个理论就是宇宙仍然在膨胀。为了支持这个重要的、有争议的观点，他证明了他所观察的大多数星系和恒星在光谱线上呈现出红移（根据多普勒效应，红移意味着物体正在远离地球。蓝移意味着该物体向地球移近）。这是一个实验性的胜利，完全出乎了当时人们的想象。就是这至关重要的证据促进了大爆炸宇宙学说的发展。尽管爱因斯坦也能够在他的计算中得出相同的论述，但是非常不幸的是，他由于引进了一个错误的恒量而得出了错误的结论。

爱因斯坦一生中“最大的错误”是什么？

阿尔伯特·爱因斯坦一生在科学研究领域只犯了很少的错误，而在犯了其中的一个错误后他曾做了一个自贬的评论，并因此而受到大家的称赞。爱因斯坦以及20世纪早期的很多物理学家都错误地认为宇宙是静止的。爱因斯坦经常依赖数字等式来证明真实存在的情况。但是在有关宇宙的等式中，他引进了一个不该包括在内的无重量恒量（被人们称作宇宙学恒量），如果爱因斯坦没有依赖纯粹的等式而且没有制造这个恒量的话，他将是预计膨胀宇宙的第一人，他也就不会犯这么大的“错误”了。

宇宙大爆炸

什么是宇宙大爆炸?

宇宙大爆炸是科学家曾经用来描述宇宙形成的一种模式,即大约在100亿~200亿年以前,宇宙是在经历了猛烈爆炸后形成的。在爆炸中形成了最轻的元素并提供了如今宇宙中存在的所有物质的结构单元。宇宙大爆炸的结果是我们目前生活在一个膨胀的宇宙中,最终的发展模式还不能通过我们目前所拥有的信息来预测。

谁最先提出宇宙始于大爆炸?

1927年,一个叫做乔治·勒梅特(Georges Lemaitre)的比利时牧师提出宇

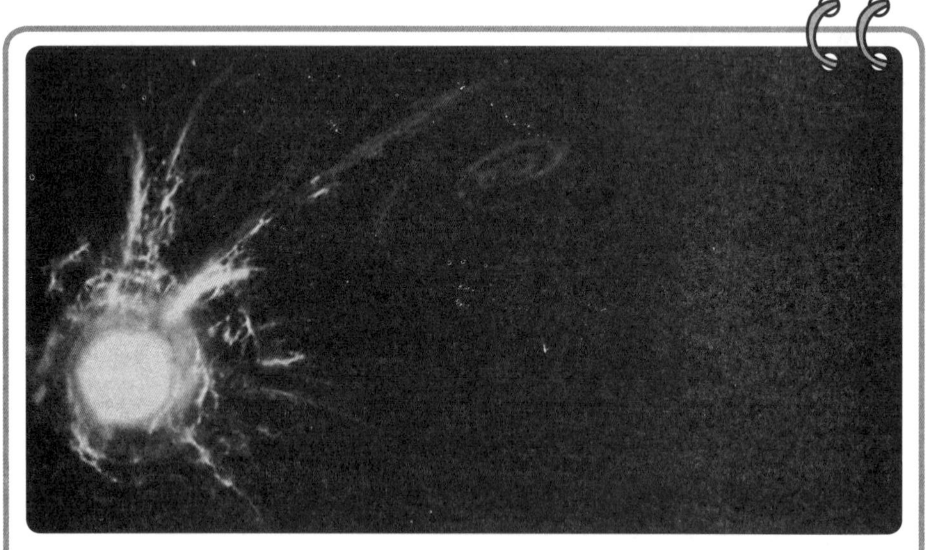

艺术家描绘了宇宙大爆炸之后星系形成的模式。气体形成的螺旋云系已经开始冷凝成未来星系的形状。

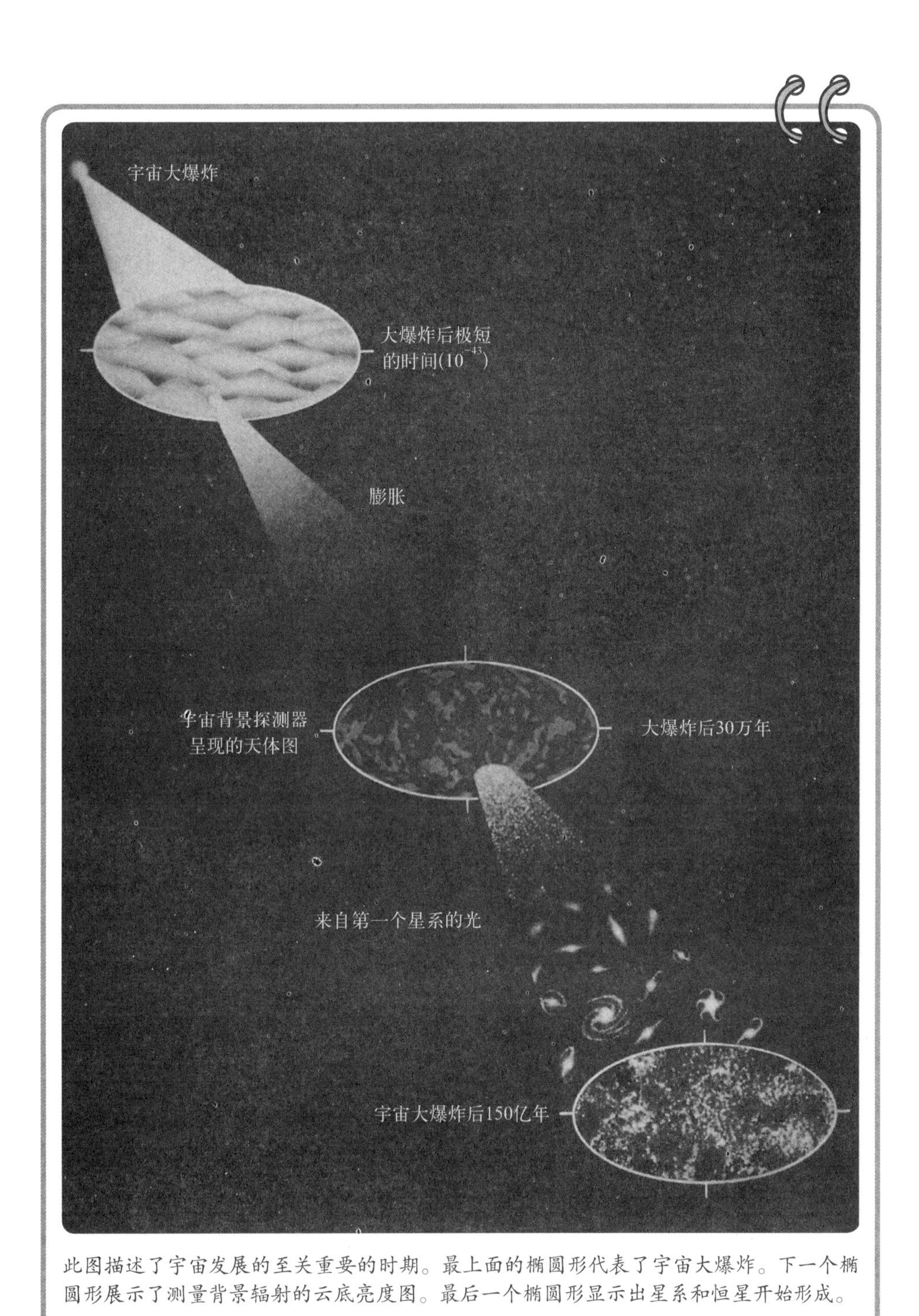

此图描述了宇宙发展的至关重要的时期。最上面的椭圆形代表了宇宙大爆炸。下一个椭圆形展示了测量背景辐射的云底亮度图。最后一个椭圆形显示出星系和恒星开始形成。

宙有一个确切的开始。他认为当一个巨大的、被压缩的原子形成巨大的爆炸后宇宙就开始形成了。勒梅特在比利时的一个期刊上发表了他的想法，但并没有引起大家的重视。直到哈勃在膨胀宇宙领域开始了研究之后，人们才开始关注这一概念。尽管勒梅特关于宇宙大爆炸的想法与如今我们所知道的这一理念有些偏差，但他的想法是宇宙起源理论的基石。

宇宙辐射是如何帮助证明确实发生过宇宙大爆炸?

1964年，新泽西州贝尔实验室的两个科学家偶然听到了来自宇宙各个方向的宇宙辐射的嘶嘶声。正是这种宇宙里的背景噪声成为宇宙大爆炸理论的重大突破。直到那时，一些科学家意识到了宇宙没有开始也没有结束，但是宇宙是一直存在的，而且也将永远存在下去。

谁是斯蒂芬·霍金?

斯蒂芬·霍金（Stephen Hawking）是我们这个时代最受尊敬和最著名的科学家之一，他一直与疾病顽强地斗争。他所患的疾病为肌萎缩性侧索硬化，这种疾病影响了他的神经系统并使他不断地衰弱。他不得不坐在轮椅上并使用语音合成器说话，但这并没有限制他的能力和对科学的渴望，他仍然成为20世纪末期最有影响力的科学家之一。霍金的大部分研究是关于宇宙学。确切地说，霍金帮助证明了黑洞的存在，并在爱因斯坦的相对论和宇宙大爆炸理论之间搭建了桥梁。霍金写了关于宇宙的著名的书，其中包括《时间简史》（*A Brief History of Time*）。

斯蒂芬·霍金。

科学家认为宇宙最终会发生什么?

关于宇宙的未来有3种主要的理论。第一个理论被叫做开宇宙理论,认为宇宙正在膨胀而且仍然会以这个速度膨胀下去。第二个理论叫做闭宇宙理论,是目前较为流行的一种理论,认为宇宙目前正在膨胀,但是最终这种膨胀会结束,整个宇宙会崩溃。一些人认为在宇宙崩溃后,新的宇宙大爆炸会发生。最后一个理论是边缘开宇宙理论。尽管这个理论并不认为宇宙会永远膨胀下去,它确实认为宇宙也不会崩溃。事实上,持这种理论的人认为宇宙的膨胀速度会减慢,最终将停止膨胀。

中 微 子

什么是中微子?

中微子是在宇宙大爆炸时由太阳和宇宙中的其他星体放射出的小的、不易察觉的亚原子微粒。直到近来人们除了知道有大量的中微子存在以外,对中微子其他方面的了解并不多。在宇宙中,中微子的数量是组成原子的普通微粒的10亿多倍。

1930年,人们首次提出了中微子的存在,但直到1956年,人们才在实验中发现了中微子。在组成物质的12个基本亚原子微粒中,中微子被认为是最奇特、最难以理解的。与夸克相同,中微子也有不同的味(味是原子的一种符号),可以被用来区分不同的类型。这些味分别是电子、介子和 τ 介子中微子。人们难以理解中微子的原因是它们很难被观察到。事实上,物理学家认为,每一秒钟有成千上万个中微子穿过人的身体,而且中微子的数量多达500亿。因为它们过于微小并且不带电,所以到目前为止物理学家研究起来仍有极大的难度。

哪种中微子是有质量的?

物理学家在超级神冈探测器中发现了中微子的质量。超级神冈探测器是安

在中微子的观测方面有哪些重要的突破?

理论物理学家探讨过中微子具有质量的可能性,以及它们对宇宙的影响。既然宇宙中有如此之多的中微子,那么知道这种微粒的质量(如果它们有质量的话)是非常重要的,但这个问题似乎是一块绊脚石。直到1998年6月,事情才有了转机。

根据位于地面下2 000英尺(610米)的日本实验室里的物理学家的研究,如果中微子能够振荡、改变味和类型,那么根据量子物理学,中微子是有质量的。

装在日本一座山脚下2 000英尺(610米)深的1 250万加仑不锈钢的地下高纯度水罐。在每一个半小时里,中微子的相互作用会产生微弱的闪光,这种闪光被1.3万个光电探测器记录下来。水罐被深埋在地下是为了消除其他的宇宙射线和其他粒子的干扰。东京大学宇宙射线研究学院对这项研究赞助了1亿美元,有8所日本大学和6所美国大学提供赞助和协作。

中微子的质量对宇宙有什么意义?

中微子质量的发现使全世界的物理学家开始了新的研究,他们试图回答宇宙的新问题。既然宇宙中所有的恒星、星系和行星只占宇宙质量的10%,那中微子在剩下的90%中占有多少比重?这对于宇宙有怎样的影响?许多人认为,既然中微子有质量,那么它们也应该具有万有引力,彼此之间也会相互吸引。也许在几十亿年之后,宇宙将停止膨胀。宇宙因为中微子之间的吸引力而收缩。这些只是理论,随着时间的推移,物理学家将会给出更多的答案和更多的理论,也会提出更多的问题。

相 对 论

什么是相对论?

阿尔伯特·爱因斯坦的相对论包括两个重要的部分:狭义相对论和广义相对论。狭义相对论探讨了当以接近光速行驶时出现的显而易见的现象,并提出了当以恒定速度行进时的坐标系统(惯性参考坐标系)。广义相对论解决加速时的坐标系统(非惯性参考坐标系),并解决在强重力场发生的现象。广义相对论还可用空间曲率来解释地心引力。

阿尔伯特·爱因斯坦。

狭义相对论

什么是狭义相对论?

狭义相对论是爱因斯坦相对论的第一个理论,他阐明了速度永远不是恒定的,因为运动与人的视角是相关联的。然而,爱因斯坦还表述了无论观测者的速度有多快,光在真空中的速度总是3×10^8米/秒。在这个理论中,爱因斯坦还描述了运动是如何影响时间的,并且他还用等式$E=mc^2$来解释质量和能量之间的关系。

爱因斯坦以前的科学家试图计算高速运动物体的场,但是爱因斯坦通过一系列基本的假设正确地得出了结论,其中一个假设是光速是速度的上限,光的速度与观察者的速度相同。这个理论在当时没有实验证据,在物理领域中曾被视为异教。使狭义相对论"特殊的"是爱因斯坦只考虑了物体具有恒定速度的情况,加速度是在之后的"广义相对论"中讨论的。

什么是孪生佯谬?

孪生佯谬是试图阐明时间扩展效应的一个例子。爱因斯坦阐述道:如果双胞胎之一乘坐太空船并接近了光速,对于他来说,时间就会减慢。然而对于地球上双胞胎的另一个人来说,时间却是正常的。这两个人都会觉得时间以正常的速度行进,但当乘坐太空船航行的那个人回到地球上以后,这段对于他来说只有几个月的时间却足以使地球上的人变老,头发变白。

什么是时间扩展?

时间扩展在爱因斯坦的相对论中起到了重要的作用,它是指如果一个人能以光速前行,那么时间将停止。既然没有人可以真正达到这么快的速度,这个规则可以被解释为时间扩展:人行进的速度越快,时间流逝的越慢。这意味着如果一个人可以快速地穿过太空,时间会对运动作以补偿——根据狭义相对论,无论人的速度是多少,物理规律是不变的。高速飞行的喷气机以长时间飞行证明了狭义相对论的时间扩展。使用极其精确的原子钟,物理学家确实发现了在快速飞行的飞机上时间在很慢地运行。这种时间的减速并不会被人轻易察觉,除非获得接近光速的速度。比如说,根据爱因斯坦的公式,如果有人达到了光速的1/10(如今几乎是不可能的),时间将减慢0.5%。事实上,最快的太空船将把时间减慢亿万分之二。除非我们达到或接近光的速度,否则这个结果是人永远意识不到的。

广义相对论

什么是广义相对论?

爱因斯坦的狭义相对论给人们留下了深刻的印象,但是更多的人受到了广义相对论的困扰。事实上,爱因斯坦的广义相对论是如此的"深奥",以至于当时世界上可能只有几十个人能真正理解这个理论。

狭义相对论解决了运动和时间的关系，广义相对论论述的是质量和运动的关系。根据爱因斯坦的理论，物体加速越快，时间对这个物体来说流逝得越慢，它的质量也就越大。

广义相对论的另一方面讲述了质量大的物体（具有更大的万有引力）实际上使空间变形和弯曲。爱因斯坦预测使空间变形的质量大的物体可以使光弯曲。他的理论被1919年发生的日食所证明。在晚上，恒星的位置很容易被确定，然而，在白天（当太阳正好处于这个恒星旁边）这个恒星看起来已经改变了位置。爱因斯坦不得不等待下一个日食，因为炫目的日光使人们不可能观测恒星。爱因斯坦因为这个观察获得了声誉和名望。

爱因斯坦环

什么是爱因斯坦环？

阿尔伯特·爱因斯坦的广义相对论认为像恒星或者星系这种质量大的物体使周围的太空变弯曲，光线在接近该物体时也会变弯曲。他的理论最初被1919年发生的日食所证实，当太阳靠近恒星时，恒星的位置发生了移动。

最近，爱因斯坦的一个关于弯曲的宇宙的不太著名的理论被证实是存在的。它被称作“爱因斯坦环”，是宇宙弯曲了光的路径所形成的。该理论认为如果像星系这样的巨大物体与它后面的巨大恒星物体形成径直的队列时，星系就会产生一个光环。如果对爱因斯坦的理论不熟悉，人们就会认为星系阻挡了后面的物体并使其变暗。但是根据爱因斯坦的理论，远处的物体的光形成弯曲，在星系周围形成了模糊的图像。

有人看见过爱因斯坦环吗？

一组天文学家声称他们发现了不完全的爱因斯坦环。不完整的爱因斯坦环意味着远处物体在星系周围形成的图像是弧形，而不是完整的圆周。这些天文学家在1979年发现了这一现象，他们认为因为遥远的星系和地球并不呈完

全的直线排列,所以形成的图像是弧形。自从1979年以来,人们发现了二十多个不完整的爱因斯坦环。1998年3月,天文学家有了一个惊人的发现。在英国无线电望远镜和哈勃空间望远镜的帮助下,英国和美国的天文学家最终观察到了第一个完整的爱因斯坦环。这个事件证明了爱因斯坦多年前提出的理论是正确的。

黑　洞

什么是黑洞,它对光有什么作用?

斯蒂芬·霍金在黑洞领域获得了重大发现和突破。他的理论来自爱因斯坦的理论。黑洞是具有强大引力场的巨大的物体,它可以使周围的太空发生弯曲变形。如果一个恒星、行星甚至光距离黑洞很近的话,黑洞周围严重弯曲变形的空间将使物体或光盘旋卷入黑洞中,就像水槽里的水流入排水孔一样。将爱因斯坦的相对论与量子物理相结合——这两个理论曾一度被认为是相互矛盾的,霍金向人们展示了黑洞的逃逸速度(一个物体为了摆脱巨大物体的吸引力所具有的速度)是如何超过光速的,然而,既然所有物体的速度都不能超过光速,那么包括光本身,都无法逃离黑洞。

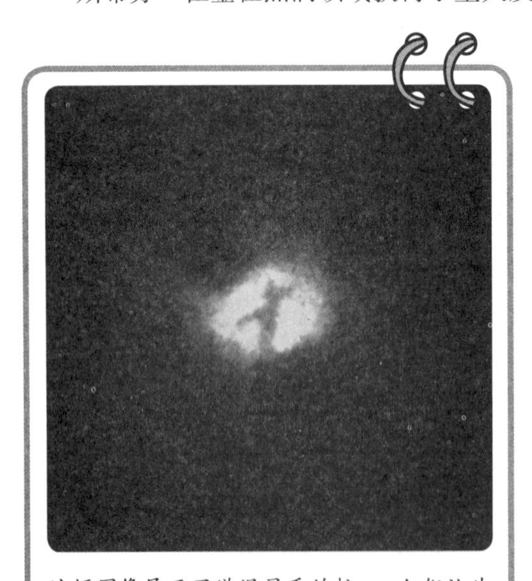

这幅图像展示了漩涡星系的核心,人们认为巨大的尘埃和气体环(中心有"X"形状的黑线)包围和隐藏了一个巨大的黑洞,这个黑洞的质量是太阳质量的100万倍。